广东省人文社科重点研究基地——广东海洋大学海洋经济与管理研究中心
中国海监总队、国家海洋局海岛管理司、广东省海洋与渔业局等资助出版项目

南海综合开发系列丛书

南海综合开发与海洋经济强省建设

顾　问：张登义　王曙光

主　编：朱坚真　孙书贤
副主编：王　锋　陈泽卿　何时都
编著者（以姓氏笔画为序）：
王　锋　邓爱红　孙书贤　龙　俊　刘汉斌
朱坚真　许国炯　何时都　苏静怡　杨岁岁
陈泽卿　陈　超　徐小怡　袁月逃　黄丹丽

经济科学出版社

图书在版编目（CIP）数据

南海综合开发与海洋经济强省建设／朱坚真，孙书贤主编．
—北京：经济科学出版社，2012.9
（南海综合开发系列丛书）
ISBN 978－7－5141－2426－2

Ⅰ.①南…　Ⅱ.①朱…②孙…　Ⅲ.①南海－海洋资源－综合开发－研究②海洋经济－区域经济发展－研究－广东省
Ⅳ.①P722.7②P74③F127.56

中国版本图书馆 CIP 数据核字（2012）第 219115 号

责任编辑：高进水　周　昊
责任校对：曹　力
版式设计：代小卫
责任印制：李　鹏

南海综合开发与海洋经济强省建设
主编　朱坚真　孙书贤
经济科学出版社出版、发行　新华书店经销
社址：北京市海淀区阜成路甲 28 号　邮编：100142
总编部电话：88191217　发行部电话：88191537
网址：www.esp.com.cn
电子邮件：esp@esp.com.cn
北京欣舒印务有限公司印装
787×1092　16 开　15 印张　300000 字
2012 年 8 月第 1 版　2012 年 8 月第 1 次印刷
ISBN 978－7－5141－2426－2　定价：36.00 元
（图书出现印装问题，本社负责调换。电话：88191502）

《南海综合开发系列丛书》编辑委员会

《南海综合开发系列丛书》总序

全国政协副主席　张梅颖

南海在我国经济社会发展、资源开发、对外贸易、海域安全等多方面具有十分重要的战略意义。21 世纪，在我国继续实施沿海开放战略、西部大开发战略、中部崛起战略的基础上，必须进一步实施南海综合开发战略，并将海洋产业发展战略与东中西部产业转移有机结合在一起，作为国家发展战略通盘考虑，这关系到我国未来经济社会发展的后劲与空间。

一、南海的现实价值与潜在价值

南海濒临中国大陆，东临菲律宾群岛，南部是大巽他群岛，西部是马来半岛和中南半岛。南海南北长约 1 600 海里，东西宽约 900 海里，面积约 350 万平方千米，平均水深 1 212 米，最大深度 5 559 米。南海是相当大的深海盆，大陆架以西南部最宽。主要海湾有北部湾、泰国湾等，主要入海河流有珠江、红河、湄公河、湄南河等。

中国南海有四大群岛，分别是东沙群岛、中沙群岛、西沙群岛和南沙群岛。北自北卫滩、南至曾母暗沙，南北跨纬度 17°，东西跨经度逾 11°，由暗滩、暗礁、沙洲和岛屿组成，总面积约 12 万平方千米。南沙群岛是分布范围最广、岛礁数量最多的一组大群岛，有些外文图书称其为“斯普拉特利群岛”。东沙群岛是南海诸岛中位置最北和最小的群岛，位于汕头市以南约 260 千米、珠江口东南方约 315 千米，属广东省管辖的群岛。东沙群岛为西太平洋和南海航海路径所经之地。中沙群岛在南海诸岛中位置居中，主要部分由隐没在水中的暗沙、滩、礁和岛组成，长约140千米，宽约60千米，中沙被利用为航行辨别航道的标志，附近海域是南海重要渔场。西沙群岛是南海诸岛中最西部的群岛，从东北向西南延伸，略呈椭圆形，西沙是南海重要渔场，扼南海航运要冲，因此是南海诸岛政治、经济中心。南沙群岛是南海诸岛中位置最南、岛礁最多、散布最广的群岛，群岛海域广大，约82.3万平方千米，南沙群岛南北宽约150千米、面积9万平方千米以上，处于南海航运枢纽地位；中沙群岛、西沙群岛和南沙群岛都属海南省三沙市管辖。

南海的海洋生物资源主要包括海洋植物、海洋动物、海洋微生物。有经济价值的主要是鱼类、藻类、甲壳类和海兽类。南海水温分布具有明显的热带深海特征，物种资源极其丰富，已记录的物种数达2 800多种。据调查，中远海渔业资源量大约为2.25吨~3.92吨/平方千米，南海中上层区的鱼年产量1.4吨/平方千米，深海区0.7吨/平方千米。如果按350万平方千米计算，年总产量可达945万吨，最大持续渔获量为472万吨。

南海的石油天然气资源。南海与东海等组成的亚洲大陆架是与波斯湾、墨西哥湾、北海等地区齐名的世界四大海底储油区之一。据初步调查，南海有11个含油盆地，250多个油气田，其中天然油气田72个，气田63个；其中南海北部28个油气田。据专家保守估计，仅南沙油气储量就超过200亿吨，占整个南海油气资源的一半以上，有“第二个海湾”之称。

南海的港口资源。以广西、粤西和海南岛4 845千米的大陆和岛屿岸线为例，共分布着11个海港和港口，其中适宜建设中等以上泊位的港址有8处，可建万吨级以上码头的港口有钦州港、防城港、铁山港、洋浦港等处。

南海的矿产资源。在濒临南海的海南省、广西壮族自治区及广东湛江沿海，滨海沙矿资源非常丰富，主要有钛铁矿、锆英石、独居石、玻璃石英砂。其中钛铁砂矿、锆英石矿探明储量分别为1 429万吨（占全国的76%）和145万吨，在全国占有重要地位。

南海的可再生能源。蕴藏在南海的可再生能源有潮汐能、波浪能、海流能、温差能、盐差能等。从技术经济上综合分析，潮汐能利用现实可行，其次是波浪能。据调查计算，南海潮汐能资源蕴藏量装机容量为846.4千瓦，年潮汐总能量为217.3亿千瓦时，分别占全国的7.7%和7.9%。

南海的旅游资源。当今国内外旅游者所喜爱的阳光、海水、沙滩、绿色和空气五大要素，构成了南海极富魅力的热带滨海旅游特色。与其他海区相比，南海沿海的大陆及海南环岛海岸带属季风气候区，兼有热带向亚热带过渡的特征。夏不极热，冬不甚寒，是我国“天然大温室”，可建成避寒冬泳旅游度假胜地。

南海的其他资源。南海的广西、广东沿海及海南省海岸带土地面积超过2.62多万平方千米，其中潮间带的滩涂约2 900平方千米。海洋水体中含有丰富的化学物质，主要有氯化钠（海盐），其余有氯化钾、氯化镁、溴、碘、铀、重水等。

南海海域众多的岛、礁、沙滩，虽面积小，分布范围广，且多为珊瑚礁，这些礁本身开发的价值并不大。但根据《联合国海洋法公约》，1个远离大陆的珊瑚礁或小岛，至少可以成为拥有1 543平方千米的领海和43万平方千米的专属经济区海域的合法依据，因而海域的任一岛或礁超越了它本身的价值所在。据测算，整个南海断续国界线内的面积约为210万平方千米。

南海海域蕴藏着大量的矿藏资源，其中油气资源尤为丰富。据权威部门初步估计，南海油气储量约500多亿吨，按目前世界市场最低价格估计约合15 000亿美元；南海北部的天然气水合物储量达到我国陆上石油总量的一半左右。据测定，1立方米天然气水合物可释放200立方米甲烷气体，其能量密度是煤的10倍，是常规天然气的2~5倍。另外，南海中的铀、氚等海洋核能储量也非常可观。随着世界石油储量日渐减少，南海丰富的油气资源，其战略价值越来越为人们所重视。南海海盆附近还蕴藏着丰富的多金属结核，它是现代电子、航天、精密机械工业所需的高级原材料。东沙、西沙和南沙历来是我国重要的海洋渔业产区。

南海地处沟通太平洋和印度洋、连接亚洲和大洋洲的“十字路口”位置，其东北部的台湾海峡和西南端的马六甲海峡，横扼太平洋与印度洋两端的出口，有着极为重要的政治、军事战略价值。世界经济、科技全球化趋势越来越明显，国际经济关系日趋多极化，国际经济贸易集团化、区域化趋势明显增强，各类经济集团化组织遍及世界各地，对国际经济贸易发展产生了多方面的影响。在复杂的国际背景下，亚太地区正在形成东北亚、中亚、南亚及东南亚等经济合作圈的态势。其中连结东盟、东南亚国家的南海海域在21世纪国际经济合作中具有日益重要的战略作用，是中国西部尤其是西南地区重要的出海通道和市场空间。

南海与其附近的群岛，一起构成了对亚洲大陆的包围圈。它既是陆地国家争夺海权的必由之路，也是海洋国家争夺陆权的战略基点。南海空间广阔、深邃，军事力量在海洋中易于实施突然袭击，隐蔽防御。南海的军事利用价值包括屯兵、练兵、武器实验和作战四个方面。岛屿可以控制海洋交通线及其附近海域，还可以屯驻大量兵力，成为不沉的航空母舰；荒岛荒礁可以用于武器试验；海湾可以屯驻兵力，进行各种补给、维修。此外，南海海域兼有陆、海、空多维空间性，海洋的军事利用也兼有陆战、海战和空战的综合性特征。

南海是沟通太平洋与印度洋，连接亚洲、美洲、大洋洲、欧洲、非洲的重要国际海上通道，是当今世界经济热点“东南亚经济圈”、“华南经济圈”的直接辐射和影响范围。它是世界政治经济地理结构的一个重要环节，是全球政治经济运转的通道。在经济全球化的背景下，世界各国的物质生产活动紧密相连，原材料和最终产品的运输，越来越多地需要跨洲进行，海洋运输有很多优越性，如连续性强，费用低，适合大宗货物运输等，成为各国经济交流的主要通道。我国进口的石油中80%通过南海航线运送。此外，我国工业所用的大量初级产品的进口、加工产品的出口、工程承包劳务输出、国际旅游等都依赖于南海航线的通畅。以南海航线中的马六甲海峡为例，每年通过马六甲海峡的船只高达8万艘，平均每天有将近50艘船只通过。这些船只运载了世界进出口物资的25%，世界原油的50%、天然气的66%。日本每年从非洲和中东地区进口的90%的石油及其他大量的原材料经过此处运输。因此，日本把马六甲海峡航路称为日本的“海上生命线”。韩国石油进口的79%主要来自于中东地区，其能源安全对南海航线的信赖程度相当高。除亚太国家外，世界其他国家经济发展与南海航线的关系也相当密切。以世界经济最发达的美国为例，美国从东南亚进口的天然橡胶等战略物资大部分都由此通过，每年经由印度洋穿越马六甲海峡进入南海和太平洋的石油贸易量有100万吨之多。如果考虑到美国国内市场对中国和亚太其他国家商品的需求以及庞大的中美贸易总量，美国经济与南海地区航线的关系也非常密切。

二、南海开发在我国经济发展中的地位

20世纪80年代以来，中国经济保持近30年持续高速的发展。各地区按照中央的统一部署，根据自身客观条件，采取有力措施加快发展，区域经济保持了持续、快速发展的良好态势，形成了经济发展的基本规模，促进了区域内的产业在经济结构、地区结构、城乡结构调整方面，呈现出多层次和全方位的对外开放格局，一些经济集聚区基本形成，推动了地区之间的经济发展，提高了国民经济的市场经济化程度。但是，中国区域经济在非均衡发展过程中，地区间的经济差异也日益扩大。主要表现为沿海和内地、东部与中西部的差距扩大。从经济增长速度来看，西部虽然增长很快，但与东中部还有很大差距。从人均生产总值、城镇居民人均可支配收入等指标来看，差距不但很大而且还有扩大的趋势；西部农民人均纯收入的状况更为严重，不到东部农民人均纯收入的一半；从经济发展外向程度来看，西部外贸依存度明显低于全国平均水平，且在利用外资上表现出很大的差距。尽管区域经济发展的差异性始终客观存在，但区域经济发展差距过大将给经济社会带来许多负面影响。针对中国区域经济技术转移、扩散、产业升级的要求，为了进一步消除发展中的障碍，中国区域经济的整合已是必然趋势。

为此，党中央、国务院开始着手从总体上解决东部与中西部地区的关系，并制定了相应的区域倾斜与产业倾斜政策，在继续发挥东部地区

增长优势的同时，逐步促进中西部地区的发展。在“八五”期间，沿海地区在继续发挥其增长优势的同时，国家加快了对中西部的开发开放，并先后开放了沿江、沿边、沿黄、沿陇海线等内陆地区，使我国的区域经济发展进入了新的格局。从2000年实施西部大开发战略以来国家不断加大对西部基础设施建设的投入，在中央转移财政支付、信贷、税收政策等方面，制定并实施了一系列旨在促进西部地区经济社会发展的优惠政策。这些政策的实施，对西部地区吸引资金、推进产业结构调整发挥了重要作用。但由于自然地理位置的差异，中西部和东部地区的区位差别明显，表现为因远离海港而带来的对外贸易运输成本的逐渐提高，高运输成本的存在使得区际贸易的范围相对缩小，运输费愈高交易的数量愈少，从而导致整个生产成本的上升。而成本收益法是市场配置资源的基本法则，对于以追逐利润为天性的资本和企业来说，当中西部地区难以提供和东部沿海地区同样的机会，甚至存在更大的不确定性风险时，它们不可能进入。这种区位条件限制了中西部地区从商业起步、加速积累资本、优先进入工业化经济的外部市场条件，导致很难在中西部地区形成良好的经济发展态势。

毋庸置疑，能源对经济增长的作用是不可忽视的。我国从1994年变为石油净进口国以来，石油消费量不断飙升，石油对外依存度逐年提高，成为全球第二大石油进口国。我国能源增长不能满足国民经济发展的需求，能源消费总量明显地受到储存量的约束，能源短缺与高能耗的粗放经济增长方式以及由能源消费所带来的环保影响，成为国民经济发展的“瓶颈”，能源的稀缺性明显体现。中西部资源丰富，但是相对于承接东部产业转移所需的能源而言，仍有很大的差距。开发南海的石油、天然气资源，可以有效地弥补中部、中南和西南能源缺乏的问题，增强中西部地区整体承接产业转移的资源比较优势，同时可以带动其相关产业的投入，促进东部产业转移的进程。

在架构以运输体系为主、通信、能源体系为辅对外开放型的通道体系中，通过结构要素的有机组合，以干线为主，支线为辅，进行分流，形成网络，大幅度提高运能；建立水、陆、空相结合的立体运输结构。

长途运输以铁路、水路为主，中短途运输以公路为主，高附加值运输以空运为主；加强通道本身及各项配套基础设施的建设，如港口、码头、泊位、仓库、房地产、商储、金融、旅游设施等硬件建设，其规模应与腹地开发规划、物资流量及支撑港口的运输体系的通过能力相适应，大体保持同步发展或略有超前。扩大通道的兼容性。采取主流与分流货运相结合，外贸物资与内贸物资运输相结合，转口物资与出口物资运输相结合。优先发展邮电通信网络建设，狠抓能源配套基础建设，保证通道本身和沿线经济开发的能源需要。

南海沿海的越南、缅甸、老挝和柬埔寨等国属于农业国，拥有一些初级水平的工业，但是总体来说工业非常不发达，产业类型主要是资源型产业；泰国、印度尼西亚、菲律宾的工业化程度也不高。西部地区比较低的收入水平决定了其需求结构必然与中国较大贸易伙伴（欧盟、美国、日本、东盟、韩国、俄罗斯、澳大利亚和加拿大等）的需求结构有着很大差异，与东盟国家的产业结构类似，两者的产业差距与西部和东部之间的差距相比，大大缩小，容易发生贸易。尤其是中部和中南部地区，工业基础条件好，运输通道的建立，可以有效地缩短路途时间、改善运输条件，减少运输成本，为中部及中南部地区开拓东盟市场、吸引区位经济组织创造了有利条件。

在改革开放条件下，国内联系和外国联系的格局是由若干个以沿海发达地区为核心的沿海——内陆互动的子系统组成，立足沿海前沿地带，国外联系和国内联系在沿海海港高度同构，并且有同构性不断提高的趋势。因此，我国西部地区要改变落后面貌，赶上沿海地区，必须从过去内向型、封闭式发展战略向外向型开放式发展战略转变，即向沿海转移，向铁路线、国道公路线、大江边转移，以资源为基础，以建设出海大通道为纽带，加快区域各省区的合作和优势互补，大力发展外向型经济，奔向海洋、走出亚洲、走向世界。

以“通道”、“港通”，促进外向型经济大发展为目标，使大西南、中南部分地区和我国的南海地带，变资源优势为外向型的商品经济优势，以适应与国际市场接轨的需要。要确立三大观点：即应把大通道建设理解为“大交通、大流通、大市场”建设，以建设高度国际化、信息化、社会化、现代化、市场化的区域经济，使之对大西南乃至西部地区产生较大的辐射力和吸引力，有效地疏导整个西部的物资流、资金流、信息流、人才流，促进西部地区经济共同走向繁荣。大通道不仅是大西南的通道，而且是湘西、鄂西地区乃至西北部分地区联合起来走向海洋、走向世界的大通道。大通道不仅包括硬环境建设，而且包括软环境建设。要下大力气发展基础产业，以四通（交通、通信、流通和资金融通）起步，打好基础，以道路兴港口，以港口兴城市，道港同步，建设全方位、多功能、多层次、多渠道的立体型、网络型、效益型的出海出境的通道系统，以开放促开发。

当中西部地区与东部沿海的产业结构同构化程度提高时，产业自身运转所需要的各种要素包括资金、能源、人力、信息等形成聚集。同时产业的配套设施也会形成聚集，从而以点到线，以线到面依托运输通道形成一定规模的生产力聚集后，由于规模效应和积聚效应的作用，每个聚集的节点将可能产生更大的吸引力和排斥力，形成更大生产力组织聚集与扩散。中西部地区对外经济通道由于其很大的集疏能力和开放性，区域内的配套企业与东部产业资本之间耦合程度不断深化，这样一方面能够更好地吸引国际产业资本转移，为东部产业资本的发展提供有力的支撑；另一方面，区域内的配套企业通过与东部产业资本深度耦合，纳入东部产业资本的生产体系，获得专业化的分工收益和溢出效应。这会对东部沿海地区的企业产生极大的吸引力，也是吸引东部产业资本把根留住的基础，从而促进东部企业组织向中西部转移。

南海沿海地带的开发对周围地区存在一个“力场”，有吸引作用。轴线附近的社会经济客体则产生一个向心力，这个力不只指向轴线上的一个点（城镇），而是若干个点或一条线。轴线上集中的社会经济设施通过产品、信息、技术、人员、财政等，对附近区域有扩散作用。中西部地区必须具备抓住这种发展机会的条件，迅速积累起相对稀缺的生产要素并与区域的要素相结合，形成新的生产力，推动社会经济的发展。

三、编辑出版《南海综合开发系列丛书》的主要目的

南海是21世纪中华民族的核心利益。我们必须抓住机遇、迎接挑战，改变长期对我国严重不利的南海海洋局势。

实施南海综合开发战略，是近年来我国政府顺应国际潮流的重要政策和举措，可以为我国合理开发和保护海洋资源，发展海洋产业，建设海洋强国提供政策支持；加速海岸带、海岛、海湾、大陆架等海洋区域及海洋动物、植物、环境与海洋生态系统的开发和保护，统筹我国海陆产业经济发展，加快东中西产业转移和生产力合理配置；可以提高中国人民对海洋权益、海洋产业及海洋经济地位与作用的认识，普及海洋资源开发与保护、海域安全、海洋利益等基本理念和意识；处理与南海周边国家海域、海洋权益关系，建立环南海海洋产业协作体系和国际经济新秩序；全面落实《全国海洋经济发展规划纲要》，更好地体现发展是执政兴国的第一要务，将海洋优势转化为经济优势，促进我国海洋经济跨上一个新台阶。

改革开放以来，我国的传统海洋产业稳步发展，新兴产业迅速崛起，海洋经济已成为国民经济发展中重要的、强劲的、新的经济增长点。但从世界范围来看，我国可以说是一个海洋经济大国，但还不是海洋经济强国。今后我国社会经济发展必然越来越多地依赖海洋，海洋必将对国民经济做出越来越大的贡献。可以预见，通过实施南海综合开发，加强南海维权，促进南海海洋经济在未来20年持续快速发展，必将使我国逐步成为海洋经济强国。

广东海洋大学、中国太平洋学会、中国海洋发展研究中心、农业部南海区渔政渔港监督管理局、国家海洋局南海分局、广东省海洋与渔业局等单位经过多年筹备，联合组织有关专家学者编写《南海综合开发系列丛书》，作为进一步贯彻落实我国南海综合开发战略，向广大群众尤其是涉海专业的大学生、研究生普及海洋开发与管理知识，激发他们从事南海综合开发与管理的热情，满足广大专家学者迫切需要了解南海综合开发与管理前沿成果的愿望，让中国人民了解南海海洋方面的情况，

从而增强对南海问题的认识，重视蓝色国土的价值。

本套丛书的编写注意“理论性”与“实践性”的合理结合。首先，本套丛书以具有重要影响的南海综合开发与管理研究的学术带头人领衔，国内有关专家学者参与的方式形成较强的学术阵容，注重海洋开发与管理学科发展的最新动向，站在21世纪的学术前沿反映海洋开发与管理学科的新成果。此外，本套丛书还邀请了各级海洋管理部门中从事海洋开发与管理的实际工作者参加编写，注重与海洋开发管理实践的有机结合。

希望通过《南海综合开发系列丛书》的出版发行，进一步加强广东海洋大学、中国太平洋学会、中国海洋发展研究中心、农业部南海区渔政渔港监督管理局、国家海洋局南海分局、广东省海洋与渔业局等涉海单位和部门的合作及交流，有效地提升涉海管理部门的影响力和知名度，增强高校和涉海管理部门在南海综合开发与管理中的作用，培养一批能担当未来重任的中青年学术骨干，造就一支高效的南海综合开发与管理研究团队。与此同时，《南海综合开发系列丛书》的出版发行，对推进南海综合开发与管理工作，维护我国海洋权益，实现可持续发展战略，都具有十分重要的理论与现实意义。

2012年9月于北京

促进南海综合开发　建设广东海洋经济强省

（代本书序）

中国太平洋学会理事长 国家海洋局原局长　张登义

21世纪以来，国际上掀起了新一轮海洋开发热潮。海洋经济成为世界经济新的增长点，海洋产业成为世界经济增长中最具活力、最有前途的重要领域之一。向海洋进军成为世界主要沿海国家重大的战略选择。党中央、国务院对加快海洋经济发展高度重视，提出建设海洋强国的宏伟目标，实施海洋开发成为国民经济发展的重要任务。党的十七届五中全会公报和“十二五”规划建议从国家战略高度作出了“发展海洋经济”的部署，并确立了“十二五”期间海洋事业的发展方向和目标。国家在2010年启动了海洋经济发展试点工作，把粤、鲁、浙三省作为首批试点地区，标志着国家海洋战略的全面启动。沿海各省、市纷纷把发展目光投向海洋，提出了加快发展海洋经济的战略措施。辽宁提出实施沿海经济带“五点一线”的发展战略，天津提出全面推进滨海新区开发建设，河北提出海洋经济新增长极建设，山东大力实施建设“海上山东”的战略，浙江提出建设海洋经济强省，福建提出构建海峡西岸经济区，江苏提出“向海洋进军”，广西积极推进蓝色计划，海南提出“以海兴岛”战略。“海洋运动”拉开序幕。

广东作为海洋大省，谋求蓝色崛起条件得天独厚。区位优势、资源优势和基础设施优势，是发展蓝色经济的基础。广东濒临南海，毗邻港澳，紧靠东南亚，东接海峡西岸经济区，西连北部湾经济区，南临海南国际旅游岛，发展海洋经济具有良好的区位条件。广东海域辽阔，海岸线长，滩涂广布，陆架宽广。全省海域面积41.9万平方公里，是陆域面积的2.3倍；大陆海岸线4 114公里，居全国首位；海岛1 431个、海湾510多个、滩涂面积20.42万公顷；发展海洋经济具有良好的资源禀赋。经济产业基础雄厚，海洋科技力量基础较好，文化和地缘优势突出，发展海洋经济具有良好的支撑条件。《广东省国民经济和社会发展第十二个五年规划纲要》提出了加快建设海洋经济强省的战略目标。国家将广东列入全国海洋经济发展试点地区，赋予广东海洋经济发展先行先试的权责。广东试点的特色主要体现在依据南海优势资源，实施南海战略。

从陆地走向海洋，南海是广东发展海洋经济的主战场。南海资源极其丰富，渔场面积达到20多万平方公里，鱼类有1 500多种；南海海床下蕴藏着大量的锰、铜、镍、钴、钛、锡以及钻石等重要矿产，其中锡的储量占世界60%；石油储量近500亿吨，天然气储量达15万亿立方米，被称为“第二个波斯湾”。此外，南海位居太平洋和印度洋之间的航运要冲，是世界第二大海上航道，我国进出口贸易的80%是通过南海运输的。南海紧邻的东盟地区是世界第三大自贸区，也是将来全球经济最为活跃的地区之一。随着东盟“10+1”合作协议的生效，南海开发必将成为国家重大的战略部署，南海周边区域进入从政治到经济的全面合作。广东省通过“南海战略”成为国家战略部署的主要承载省。南海作为广东省发展海洋经济的重要方向和关键领域，其对广东实现蓝色崛起的战略意义主要体现在以下方面：

一、推进南海油气开发，有利于解决广东的能源瓶颈

珠江三角洲是中国经济最活跃的地区之一，对能源的需求与日俱增，而地区常规能源十分缺乏，尤其石油天然气短缺的矛盾十分突出。南海是我国唯一的深水海，是一个可以撬动油汽工业、海洋工程、海洋科技等跨越式发展的关键支点。实行南海战略，核心就是要推进南海油气开发，缓解能源压力。依托南海开发和广东港口、航道、市场优势，把广东建成我国重要的油气资源战略储备基地之一。

二、发展海洋科技，有利于推动广东产业转型升级

海洋是世界高新科技和新兴产业的重要领域。南海是我国唯一的深水海，资源勘探和开发可以带动我国深海技术和海洋油气、海洋工程产业的发展。海洋开发必须以近陆为陆基支撑。福建构建海西经济区，侧重于对台产业合作；海南定位为国际旅游岛，侧重于服务业；广西重点建设北部湾经济区，作为西南大出口。因此，广东位于南海之滨，经济技术实力宏厚，是南海开发的最好陆基。目前，广东经济面临着资源紧缺、劳动力短缺、环境恶化、土地空间紧缩等一系列发展问题。广东应瞄准南海开发陆基建设，以增加海洋财富、保护海洋健康、提高海洋服务能力、推动科学发展的目的，实行高技术先导战略，形成高技术、关键技术、基础性工作相结合的海洋科技战略，从“珠江时代”引向“海洋时代”。

三、发展海洋战略性新兴产业，有利于广东构筑现代海洋产业体系

抢占蓝色制高点是各国海洋经济发展的重要目标。围绕南海开发，发展海洋工程装备产业，大力提升高新技术、高附加值船舶的设计制造能力和船舶配套设备自主品牌的开发能力；建设近海海洋产业链系统和终端商品生产加工产业链系统，使海洋产业链体系的资源优势在广东本地快速转化为产品优势，以南海为中心构筑全球化的海洋运输网络体系；开发近海风能发电，建立潮流能发电和波浪能发电等示范工程；建立海水利用示范工程和示范区，工业海水、生活海水、淡化海水等全面发展的海水综合利用产业；依托国家级生物产业基地，建设国家海洋生物技术和海洋药物研究中心；全方位提高海洋第三产业的辐射能力和开放度。

四、围绕南海推进海洋合作，有利于完善广东的产业布局和深化开放程度

推动“三圈”的海洋合作，分别是以珠三角海洋经济区为支撑，加强与港澳海洋产业合作，重点发展临海重化工业和现代海洋综合服务业，构建粤港澳海洋经济合作圈；以粤东海洋经济区为支撑，对接海峡西岸经济区，重点发展海洋能源业、临港重化工业、水产品深加工业，构建粤闽台海洋经济合作圈；以粤西海洋经济区为支撑，对接北部湾经济区、海南国际旅游岛，重点发展临海重化工业、外向型渔业、滨海旅游业，构建粤桂琼海洋经济合作圈。加强与东盟国家的海洋合作，大力推动企业到东盟国家投资，开展与东盟国家主要港口的深度对接，在东盟“10+1”合作的南宁陆线之外，于南海开辟一条东盟“10+1”合作的广东海线，从而把南海建成东盟“10+1”合作的经济内海。

深耕南海，不断挖掘海洋的潜力，发展海洋经济已经成为了广东经济重要组成部分。广东海洋产业在生产总值上连续16年居于全国之首，2010年全省海洋生产总值达8 291亿元，占全省地区生产总值的18.2%。海洋产业有了较大的发展，特别是海洋高效渔业、海洋油气业、滨海旅游业等海洋主导产业达到国内领先水平。海洋渔业、海洋油气、海洋交通运输业、滨海旅游业作为广东省的海洋支柱产业一直稳居全国前列。但由于各方面的限制，在发展过程中依然存在着诸多问题与不足之处。具体表现为海洋产业综合发展水平不高，产业结构不平衡；科学研究基础薄弱，技术水平不高；环境问题突出及社会支撑体系有待完善。为此，广东省应该充分发挥优越的区位条件和雄厚的产业基础优势，在经济上与国家的“南海开发”战略对接，打通与东盟协作的海上通道，确立广东在东南亚地区经济发展的核心地位，围绕“国家南海开发的桥头堡和支援基地”的定位全面构建现代海洋产业体系，实现蓝色崛起的宏伟目标。

广东省人文社会科学重点研究基地—广东海洋大学海洋经济与管理研究中心经过多年努力，在国家海洋局、中国海监总队和广东省人民政府及相关部门的大力支持下，近几年在南海问题上取得了很多可喜的成果。在近几年民盟中央举办的“沿海省市发展海洋经济研讨会”上发挥了积极的作用，为宣传我国海洋资源开发和保护，促进沿海省市海洋经济和海洋产业发展，利用海岸线、海岛资源等方面提供了富有创造性的、有价值的重要材料，通过民盟中央呈报中共中央、国务院，得到了主要领导和相关部门的高度重视和批复。在了解国内外海洋情况，增强对海洋重要性的认识，重视蓝色国土价值，发展海洋经济、海洋产业等意义重大。

本书是在以下课题成果的基础上编写而成的：广东省人民政府重大决策咨询招标项目《广东加快发展新兴海洋产业实现“蓝色崛起”研究》(2010 年)、广东省自然科学基金项目《沿海港泊建设与货客进出口量平衡发展测度研究》（2010 年)、广东省海洋与渔业局委托项目《广东现代海洋产业体系研究》（2009 年)、国家海洋局中国海洋信息中心委托项目《珠三角区域海洋经济发展布局研究》(2011 年)、中国海监总队委托项目《中国南海生物资源开发利用与管理研究》(2010 年)、中国海洋发展研究中心委托项目《南海周边五国海洋问题年度动态研究》(2010 年）等。希望本书的出版对人们了解、投资、开发南海和广东海洋资源，认识南海和广东在21世纪对促进我国和平崛起、经济全球化及东中西部产业转移，打造面向东盟、服务亚洲等战略目标所发挥的重要作用。与此同时，对推动广东区域经济协调发展，从而为我国区域协调发展提供样本。

深蓝广东，已经扬帆出航，朝着经济发达、民生幸福、环境优美海洋强省目标奋力前行！

是为序！

2012 年 9 月于北京

目　录

第一章

南海资源综合开发

第一节　南海资源综合开发的潜力与价值

一、南海独特的区位

（一）南海的地理位置

我国大陆濒临四大边缘海域，自北往南依次是渤海、黄海、东海、南海。南海是中国最深、最大的海，也是仅次于珊瑚海和阿拉伯海的世界第三大陆缘海。其中，南海因其位于我国大陆的南方，故名，亦称南中国海。在浩瀚的南海海洋上，散布着大小200多个岛屿礁滩，统称为南海诸岛。南海与南海诸岛地理位置非常重要，热带自然风光十分绮丽，资源蕴藏量巨大，是我国神圣领土不可分割的一部分。[①] 南海是世界著名的热带大陆边缘海之一，面积辽阔，水体巨大，水域深渊。南海，以闽粤沿海省界到诏安的宫古半岛经台湾浅滩到台湾岛南端的鹅銮鼻的连线与东海相接。整个南海几乎被大陆、半岛和岛屿所包围，北面是我国广东、福建沿海大陆和台湾、海南两大岛屿，东面是菲律宾群岛，西面是中南半岛，南面是力里曼岛与苏门答腊岛等。南海位于北起北纬23°37′，南迄北纬3°00′，西自东经99°10′，东至东经122°10′。南北横越约2 000公里，东西纵跨大约1 000公里，整个海域面积约350万平方公里，其平均水深为1 212米，最深处为5 559米。

南海与南海诸岛自古以来就是我国的海疆边防。我国政府历来重视派员巡视管理，我国人民曾屡次在南海与南海诸岛上抗击形形色色的侵略者。在当今人类为开发海洋、拥有海洋而展开的激烈竞争中，南海与南海诸岛的战略地位更为重要，南海与南海诸岛介于印度洋和太平洋之间，特别是南沙群岛及附近海域，与号称

---

① 郭渊：《地缘政治与南海争端》，中国社会科学出版社2011年版。

“亚洲门户”的马六甲海峡仅一水之隔，扼居太平洋、印度洋要冲。在国际航海交通上，我国与东南亚、南亚、西亚、非洲以及欧洲等地来往的航线往往都经过南海诸岛海域；在国际航空交通上，我国、朝鲜、日本与东南亚各地的航线，菲律宾与中南半岛各地来往的航线等都经过南海上空。①

南海海底地形复杂，主要以大陆架、大陆坡和中央海盆三个部分为主，呈环状分布。中央海盆位于南海中部偏东，大体呈扁菱形，海底地势东北高、西南低。大陆架沿大陆边缘和岛弧分别以不同的坡度倾向海盆中，其中北部和南部面积最广。在中央海盆和周围大陆架之间是陡峭的大陆坡，分为东、南、西、北四个区。南海海盆在长期的地壳变化过程中，造成深海海盆，南海诸岛就是在海盆隆起的台阶上形成的。其东沙群岛位于北部陆坡区的东沙台阶上；西沙群岛和中沙群岛则扎根于西陆坡区的西沙台阶和中沙台阶上；南沙群岛形成于南陆坡区的南沙台阶上。西南中沙群岛共有大小岛礁200多个，一般按照它们在海面上下的位置分为五类：岛、沙洲、暗礁、暗沙、暗滩等。其中，岛是露出海面、地势较高、四面环水的陆地。岛的形成时间较长，陆地形状不易受台风吹袭而变形，面积相对较大，一般有植物生长。我国西南中沙群岛的岛屿属于海洋岛，有珊瑚岛（沙岛、岩岛）、火山岛之分。沙岛是由珊瑚碎屑、贝壳碎屑和其他沙粒堆积在珊瑚礁礁盘上，日积月累而形成的珊瑚沙岛，西南中沙群岛绝大部分是这一类岛屿，岩岛是由珊瑚沙岩和珊瑚石灰岩结成坚固的珊瑚岩岛，西沙群岛中的石岛就是一个典型的岩岛。火山岛是由海底火山喷发物质堆积而成的岛屿，西沙群岛中的高尖石是南海诸岛中唯一的火山岛，上述的岛屿在我国渔民中称之为“峙”、“峙仔”。

（二）南海的战略地位与意义

1. 经济地位

总的来说，南海所占据的重要经济地位主要来源于两方面的因素：一方面，南海的经济地位与其是世界上重要的航道密不可分。自古以来，南海就已经是一条重要的国际航道，早在魏晋南北朝时期，中国与南海诸国之间的海上航行就已经由原来紧靠海岸及利用部分陆路变为利用南海季风直接穿行南海海域。随着造船技术和航海技术的发展，这条经西沙群岛、南沙群岛，取道马六甲海峡，进入印度洋并到达波斯湾和红海的航线出现了繁忙的景象，而明代郑和七下西洋就是这条“海上丝绸之路”发展到巅峰的标志。当今，南海仍然是重要的交通航道。南海地区处于当今世界经济增长最快的发展地带之一，沟通太平洋和印度洋，是亚洲乃至世界上重要的海上通道。专家指出：“近年来由于亚太经济和对外贸易的持续、迅速发

① 朱坚真、乔俊果、师银燕等：《南海开发与中国东中西产业转移的大致构想》，载于《海洋开发与管理》，2008年第1期。

展，亚太地区对外贸易的最主要通道——南海地区的海上航线——已经成为世界上最繁忙的航线之一”。南海是世界上第二大海上航道，仅次于欧洲的地中海，全世界一半以上的大型油轮及货轮均航行经过此水域。经马六甲海峡进入南中国海的油轮是经过苏伊士运河的3倍、巴拿马运河的5倍，经过南中国海运输的液化天然气占全世界液化天然气总贸易量的2/3。[①] 这条能源供应线对日本和中国尤为重要。日本每年从中东进口的18亿桶原油中有70%是经过这条航道。另外，日本出口欧洲市场的货物和对东南亚的贸易也主要依靠这些航道。而中国依赖这些航道的程度已超过日本，据统计，2009年中国全年进出口总额达22 073亿美元，其中有87%的外贸是通过水路进行的，这其中相当一部分是通过南海国际航道运输的。另外，中国有超过1/3的能源进口需要经过南海海域。因此，南海不仅是东南亚各国对外贸易的主航道，更是东亚各国的“海上生命线”。

另一方面，南海重要的经济地位来源于其丰富的物质资源。南海位于太平洋北面，除具有独特的热带、亚热带气候资源和生物等特色资源外，还具有丰富的海底油气资源、海洋能源、港址资源、滨海砂矿和旅游资源等，是我国沿边四海中自然资源最富集的地区，尤其是油气、热能、滨海生物资源具有显著的比较优势。

2. 海洋国防安全地位

南海作为中国的南大门，因其重要的交通枢纽地位成为沟通中国与世界各地的一条重要通道，是太平洋和印度洋之间的海上走廊。南海深入东南亚腹地，周边国家众多，素有“亚洲地中海”之称。南海所在的东南亚地区靠近中国富饶的南部地区和重要的战略地位的西南地区，对中国的南部形成一个半包围形势。所以，南海具有重要的战略地位，其安全和稳定直接关系到中国的国家安全。

随着人类发现并开启了航海时代，海洋的战略地位不断地持续上升。对于中国而言，南海的价值不仅在于缓解中国的能源，人口，资源压力，甚至能为中国的国防提供了一个宝贵的战略空间。在两次世界大战中，美国之所以能够自由选择在有利时机参战，正是海洋为其提供了充足的战略纵深和战略屏障。在中国近代的屈辱史上，外敌的入侵就是来自于海洋入侵，海洋是军事输送的便捷通道。所以，如能有效控制南海地区，那么中国就可在该方向上获得广阔的战略阵地，南海诸岛可以成为中国南疆的重要屏障。

改革开放30多年来，中国东南沿海成为中国经济的重心，华南沿海地区更是中国最为富庶的地区之一，南海诸岛可以为保卫中国的华南沿海地区提供保障。中国西南地区作为长期建设的战略大后方，一旦南海局势紧张造成动荡，中国将失去一个稳固的战略依托。中国海权发展战略必须考虑海洋方面的地缘政治处境，从捍卫领土完整的基本主权需求来看，来自海洋方面的挑战包括台湾问题、南海问题、

① 郑泽民：《东南亚位置决定命运》，载于《东南亚杂志》，2005年。

钓鱼岛问题。南海作为中国东南沿海最重要的天然屏障和中国海防之关键所在，直接关系到中国海防线是否完整，构成了中国制海权不可或缺的战略要冲，也是中国海军走向远洋的主要出海口和经济发展的海上生命线。

二、南海丰富的海洋资源

（一）南海品种繁多的生物资源

南海海洋生物资源种类繁多，主要海洋植物是海藻，海洋无脊椎动物有棘皮类的海参、海星和海胆，腔肠动物有珊瑚和海蜇，多毛类有沙蚕，贝类和头足类软体动物，甲壳类的虾、蟹等；脊椎动物有各种鱼类，还有海龟等爬行动物和鲸、海豚等哺乳动物。它们有的可供食用，有的可供药用，有的可作工业原料，用途甚广，储量丰富。据统计，南海的底栖动物达6 000多种，南海的鱼类2 000多种，其中南海北部大陆架海域栖息约1 000种以上鱼类和多种其他游泳动物。①

1. 海洋植物资源

南海的海洋植物资源主要是海藻资源，其中经济价值较高的，有褐藻类的马尾藻、羊栖菜；红藻类的紫菜、江蓠、海萝、鹧鸪菜、海人草、麒麟菜等。南海北部沿海产马尾藻种类较多，估计有50种以上，已知的约有30多种。常见的种类有铜藻、裂叶马尾藻、匍枝马尾藻、亨氏马尾藻、半叶马尾藻、鼠尾藻、瓦氏马尾藻、羊栖菜等。②

2. 海洋动物资源

（1）虾蟹类资源。南海海域生活着许多甲壳动物。浮游甲壳动物的毛虾、莹虾、磷虾是经济鱼类的重要天然饵料，有的也可食用。对虾科的对虾、新对虾、仿对虾、鹰爪虾等经济价值较高。龙虾也是经济价值高的大型虾类。南海具有较丰富的虾类资源，年收获量约15万~20万吨。主要虾类渔场在泰国湾、马六甲海峡附近沿岸海区。南海北部的珠江口海区，也是较重要的虾类渔场。毛虾是十足目樱虾科毛虾属，主要种类有日本毛虾、红毛虾、锯齿毛虾和中国毛虾。毛虾体长一般20~40毫米左右，是大型浮游动物，主要栖息在沿岸浅海，每年春、夏季大量在河口和海湾繁殖，繁殖力强、生长迅速、产量大。

南海北部常见的蟹类有：短桨蟹、短眼蟹、豆蟹、扇蟹、绵蟹、银光梭子蟹、磁蟹、玉蟹、关公蟹、馒头蟹、黎明蟹、蛙形蟹、蜘蛛蟹和菱蟹等，形态多种多样，但主要经济种类有三疣梭子蟹、远游梭子蟹、红星梭子蟹、锯缘青蟹、异齿

---

① 陈正兴、李辉权：《南海北部大陆架底层鱼类资源密度概率分布型的研究》，载于《水产学报》1987年第2期。

② 张帆：《环境与自然资源经济学》，上海人民出版社1998年版。

蟳、斑纹蟳和日本蟳等。锯缘青蟹俗称水蟹、肉蟹、膏蟹，主要栖息于盐度较低的潮间带和沿岸浅海泥砂质底部，是质量最好的食用蟹。梭子蟹主要栖息于近海泥砂质底部，在港湾和河口附近数量比较多，是主要的经济蟹类。蟳也是梭子蟹一类，常栖于泥底海藻之间，也是重要的食用蟹类。

（2）鱼类资源。中国南海海洋鱼类有1 500多种，大多数种类在西南中沙群岛海域都有分布，其中很多具有极高的经济价值。主要有马鲅鱼、石斑鱼、红鱼、鲣鱼、带鱼、宝刀鱼、海鳗、沙丁鱼、大黄鱼、燕鳐鱼、乌鲳鱼、银鲳鱼、金枪鱼、鲨鱼等。特别是马鲅鱼、石斑鱼、金枪鱼、乌鲳鱼和银鲳鱼等，产量很高，是远海捕捞的主要品种。西南中沙群岛的鱼类资源十分丰富，品质十分优良，而且盛产我国其他海区罕见的大洋性鱼类，如：金枪鱼、鲨鱼等。①

关于南海的鱼类资源量，目前还没有一致的结论，一方面由于评估方法和资料数据的来源不同；另一方面也与资源结构变化有关。有的学者根据初级生产力的营养动态法估算南海鱼类资源的年生产量约为2.40×10^{6}吨，如可捕量按50%计算，约为1.20×10^{6}吨；而有的学者按营养动态法推算，海区总面积为350×10^{4}平方公里，净初级生产力为每年每平方米固碳量为40克，生态效率为15%，则南海每年鱼类资源的生产量为9.45×10^{6}吨，其中，大约有100种鱼类有捕捞价值。

（3）贝类和头足类软体动物。南海中部的珊瑚礁群岛为软体动物提供多种多样的栖息环境，南海自大陆架到珊瑚礁群岛以至深海，栖息着种类繁多的贝类，经济价值较大的有鲍、牡蛎、贻贝、蚶、蛤、珍珠贝、马蹄螺、蝾螺、凤螺、宝贝、砗蝶等。② 海贝种类繁多，在西南中沙群岛分布约有250多种。其中，属于软体动物门瓣鳃纲牡蛎科的牡蛎，南海北部沿海约有18种，其中近江牡蛎、密鳞牡蛎、僧帽牡蛎、长牡蛎等是重要的养殖种类。南海南部泰国湾和巽他大陆架近海也有牡蛎养殖；属于软体动物门瓣鳃纲异柱目贻贝科的贻贝，南海北部近海种类较多，约有20多种，是沿海常见的附着贝类，常附着栖息于低潮线至水深5~6米的水流通畅的岩石等基质上；还有盛产于北部湾的日月贝、珍珠贝等。

南海的头足类软体动物，分布广，数量丰富，经济价值较高。主要由有鱿鱼、墨鱼和章鱼的乌贼科，枪乌贼科、蛸科和柔鱼种的种类组成，其中，在南海北部大陆架有台湾枪乌贼、火枪乌贼、神户枪乌贼、田乡枪乌贼、杜氏枪乌贼、剑尖枪乌贼、莱氏拟乌贼、太平洋斯氏柔鱼、夏威夷柔鱼等10多种；南海北部大陆架主要有虎斑乌贼、拟目乌贼、金乌贼、曼氏乌贼等；南海南部大陆架海区也有墨鱼出产，暹罗湾的墨鱼，多为乌贼属种类。

（4）爬行动物和哺乳动物。南海上生活着多种爬行动物，有海龟、玳瑁、蠵

① 麦贤杰：《中国南海海洋渔业》，广东经济出版社2007年版。
② 张莉：《南海海洋生物多样性保护和可持续发展》，载于《南海研究与开发》，2001年第2期。

龟、海蛇和鳄等。其中，海蛇在南海南部约有 20 多种，在北部湾已知的有 7 种：长吻海蛇、哈氏平颏蛇、环纹海蛇、青环海蛇、淡灰海蛇，小头海蛇和海蝰。而北部湾数量最多是长吻海蛇，主要分布在湾的中部。其次是哈氏平颏蛇，分布于水深 70 米以浅的沿岸海区。淡灰海蛇和青环海蛇，则主要分布在湾的中部和北部。①

南海热带海洋中还有一些海生的哺乳动物，已知南海鲸类有须鲸亚目的座头鲸、蓝鲸、鳁鲸、灰鲸、小组鲸、长须鲸、鳀鲸、露背鲸；齿鲸亚目的抹香鲸、小抹香鲸和虎鲸，以及海豚类的真喙海豚、蓝白副喙海豚、胆鼻喙海豚、无喙海豚、无鳍鼠海豚和灰海豚等。

此外，由于南海海域广阔，地质和气候复杂，形成了较为复杂的生物种群。除了上述提及的生物资源，还有许多未知或者目前还没统计的其他海洋生物资源，如海洋浮游生物。因此，应该建立南海生物种类的基因库，加大对其的管理和保护力度，使其成为人类宝贵的资产。

（二）南海宝贵的油气资源

南海蕴藏有丰富的石油、天然气资源。南海与世界其他石油及天然气产区的比较如表 1－1 所示。南海南部全部或部分在中国传统疆界线以内的新生代含油盆地有 8 个，即曾母盆地、北康盆地、笔架南盆地、礼乐滩盆地、南薇盆地、文莱——沙巴盆地、万安盆地、中建及中建南盆地、巴拉望盆地，总面积约 4.1×10^5 平方千米。据估计，在中国传统疆界线内的油气储量约为 $1.38\times10^{10}\sim1.65\times10^{10}$ 吨油当量。

表 1－1　南海与世界其他石油及天然气产区的比较

地区	石油探明储量（10 亿桶）	天然气探明储量（兆亿立方英尺）	石油开采（百万桶/天）	天然气开采（兆亿立方英尺/年）
波斯湾	674.0	1 918.0	21.1	6.8
北　海	15.9	147.2	6.6	9.3
里　海	16.9～33.3	177～182	1.1	2.1
南　海	约 6.9	约 136.9	2.0	2.5

资料来源：杨川恒，钱光华：南沙海域油气勘探开发现状与前景、展望。

曾母盆地面积约为 1.83×10^5 平方千米（位于中国传统疆界线内面积 1.27×10^5 平方千米），是南海南部大陆架最大的新生代沉积盆地。该盆地的油气勘探始于 20 世纪 50 年代，目前共发现 30 多个气田，近 20 个油田及 10 多个含油气构造。根

① 梁松：《南海资源与环境研究文集》，中山大学出版社 1999 年版。

据利用沉积岩体积法对该盆地油气资源进行的评价，其油气资源量约为$5.19\times10^9\sim6.19\times10^9$吨油当量，其中在这个传统疆界线内的油气储量约为$3.91\times10^9\sim4.67\times10^9$吨油当量，占盆地总油气储量的75.4%，属Ⅰ类远景区。①

万安盆地，国外称未西贡盆地、胡志明盆地或南昆仑盆地，位于南海西南端，主体水深小于500米，新生界厚度大于2 000米的有8.5×10^4平方千米，在中国传统疆界线内的面积有6.30×10^4平方千米，约占盆地总面积的74%。2001年，该盆地已钻井80多口，其中36个有显示油气的构造。1987年，中国开始在该盆地进行钻探。1972～1975年，越南开始在该盆地进行钻探，并先后发现了大熊油田，兰龙油田、西兰花/红兰花气田及若干含油气结构，并于20世纪90年代初投入生产。其中大熊油田是该盆地唯一正在生产的油气田，而西兰花/红兰花气田是越南近年来的一大油气勘探发现。除飞马含油结构位于中国传统疆界线外，大熊油田位于中国传统疆界线两侧，而越南发现的其他油田及含油结构均位于中国传统疆界线内。采用有机碳法、生油岩体积法和沉积岩体积法等进行评价，该盆地的油气储量为$2.29\times10^9\sim2.8\times10^9$吨油当量，其中位于中国传统疆界线内的约为$1.67\times10^9\sim2.07\times10^9$吨油当量，约占该盆地总油气储量的72.7%～73.8%。

文莱—沙巴盆地面积9.40×10^4平方千米（位于中国传统疆界线内面积有3.30×10^4平方千米），盆地大部分水深在500米以内。目前主要有文莱和马来西亚在此进行油气勘探和开采。根据利用沉积岩体积法对该盆地油气资源进行的评价，其油气储量为$2.84\times10^9\sim3.39\times10^9$吨油当量，其中位于中国传统疆界线内的油气储量为$9.82\times10^8\sim1.17\times10^9$吨油当量，占该盆地总储量的34.53%。

笔架南盆地全部位于中国传统疆界线内。1988年中国的126专项调查中，依据多道地震资料，对其油气资源潜力采用沉积岩体积法进行评价，其油气储量约为$1.04\times10^9\sim1.24\times10^9$吨油当量。巴拉望盆地分为北巴拉望盆地和西巴拉望盆地，北巴拉望盆地面积1.68×10^4平方千米，位于中国传统疆界线内的面积为7.22×10^3平方千米，利用沉积岩体积法进行评估，北巴拉望盆地的油气储量约为$3.48\times10^8\sim4.16\times10^8$吨油当量，其中位于中国传统疆界线内的储量为$1.49\times10^8\sim1.78\times10^8$吨油当量，约占该盆地总储量的42.9%。西巴拉望盆地的油气储量约为$4.56\times10^8\sim5.44\times10^8$吨油当量，其中位于中国传统疆界线内的储量约为$2.20\times10^8\sim2.63\times10^8$吨油当量，约占该盆地总储量的48.3%。

南薇盆地分为南薇西和南薇东盆地，均位于中国国界线内，面积分别为4.30×10^4平方千米和4.67×10^3平方千米，水深900～2 100米。根据利用沉积岩体积法对该盆地油气资源进行的评价，南薇西盆地的油气储量为$8.47\times10^8\sim1.01\times10^9$吨油当量，南薇东盆地油气储量为$6.60\times10^7\sim7.90\times10^7$吨油当量。

① 张智武、吴世敏等：《中国近海油气勘探历程回顾与展望》，载于《大地构造与成矿学》，2005年第3期。

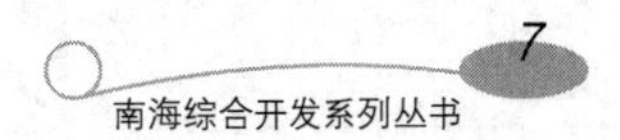

北康盆地全部位于中国国界线内。目前马来西亚已在该盆地进行油气开采。利用沉积岩体积法进行评价，该盆地的油气储量为 $2.09\times10^{9}\sim2.49\times10^{9}$ 吨油当量。①

礼乐滩盆地全部位于中国传统疆界线内，面积 3.90×10^{4} 平方千米，目前是菲律宾在南海进行油气勘探活动的主要地区之一。根据利用沉积岩体积法对该盆地油气资源进行的评价，其油气储量为 $5.33\times10^{8}\sim6.36\times10^{8}$ 吨油当量。

中建盆地位于中国传统疆界线内，中建南盆地位于中国国界线两侧。根据广州海洋地质调查局的调查，中建盆地的油气储量为 $1.12\times10^{8}\sim1.34\times10^{8}$ 吨油当量。中建南盆地的油气储量为 $6.89\times10^{8}\sim8.07\times10^{8}$ 吨油当量，位于中国传统疆界线内的油气储量为 $4.62\times10^{8}\sim5.41\times10^{8}$ 吨油当量。

除上述盆地外，在中国国界线内，还有一批沉积盆地，如双峰南盆地、安渡北盆地、康泰东盆地、南华北盆地、中亚北盆地群、排波盆地等。据调查，它们均属于Ⅲ类油气远景区。

南沙群岛蕴藏有丰富的鸟粪磷矿。据测算，太平岛鸟粪磷矿原有储量 8.90×10^{4} 吨，其中大部分已被日本开发，同时南子岛部分鸟粪亦被开发。第二次世界大战后，两岛尚有磷矿储量 7.00×10^{4} 吨。据调查，目前除太平岛和南子岛外，中业岛、南钥岛、景宏岛和安波沙洲等岛屿，也有较丰富的鸟粪磷矿资源。

除油气资源和鸟粪外，在南海南部还发现了其他矿藏，如安滩西南与南康暗沙和曾母暗沙海域，发现了钛铁矿、金红石、锆石及独居石，在南海 12°N 以北、113°E 以东的陆坡区和深海盆区发现了 10 处锰结核、12 处钴结核。②③

（三）南海其他方面的资源

1. 海运资源

从地理位置看，南海是沟通太平洋、印度洋和连接亚洲、大洋洲的海上战略要道。它北部的台湾海峡通往东海和黄海；南部的卡里马塔海峡通往爪哇海；东北有巴士海峡通往太平洋；西南侧的马六甲海峡联系印度洋，是通往欧洲、非洲的要道。可以看出，南海是我国和其他东北亚国家与东南亚、南亚、西亚及欧洲、非洲等地区的主要海上通道。且南海岸线曲折，海湾众多，有港湾 210 处，可建 5 万～10 万吨泊位的大港址占全国的 41%，对外开放一类口岸占全国的 48%，有深水航道 12 条。

2. 滨海矿砂资源

调查表明，海南岛、广东和广西滨海地区是我国滨海砂矿的主要分布地区，其

①② 专项综合报告编写组：《我国专属经济区和大陆架勘测专项综合报告》，海洋出版社 2002 年版。

③ 郭文路、黄硕琳：《南海争端与南海渔业资源区域合作管理研究》，海洋出版社 2007 年版。

中广东沿岸集中了全国滨海砂矿总量的90%以上，非金属砂矿的80%以上，有用矿物达几十种，其中形成工业矿床的有独居石、锆英石、磷矿石、钛铁矿、金江石、锡石、铌钽铁矿等。

3. 滨海旅游资源

南海拥有大量的滨海旅游资源，广东、广西和海南等沿海地区风景秀丽，气候宜人，拥有着发展自然风景旅游的海滩、群山、热带动植物，热带气候等资源，以及开展人文景观旅游的历史文化古迹、热带民族风情、海鲜美食、水上体育娱乐运动等资源，旅游资源得天独厚。

4. 太阳能资源

南海诸岛每年受太阳直射两次，总辐射量较高，其太阳能资源的丰富程度超过中国绝大多数内陆地区，可与青藏高原相比，是中国太阳能资源的高值区。全年气温变化呈双峰型（3～5月，8～9月），日照数可达2 400～3 000小时，日均气温大于或等于10℃的年积温达9 230～10 180℃年平均气温，东沙岛为25.3℃，永兴岛为26.5℃，太平岛为27.9℃。全年各月平均太阳辐射总量为190～260瓦每平方米，南沙地区年平均值为220瓦每平方米。季节变化幅度最小，终年处于强烈的太阳照射下，因而太阳能的开发潜力很大。

5. 风能资源

按中国风能划定的标准，南海诸岛有效风速（3～20米每秒）出现的时数，介于5 500～7 000小时之间，有效风速出现时间的概率介于65%～85%之间，有效风能密度介于200～600瓦每平方米之间，属中国风能资源非常丰富的地区。在中国海区中是仅次于台湾海峡和巴士海峡的风能高值区。

6. 波浪能资源

南海诸岛海面开阔，季风和热带气旋盛行，一年之中除4～5月波浪略少外，其他月份的风浪和涌浪出现频率很高。年平均风浪波高为1.3米，涌浪为1.8米，一年中平均波高最小的季节是4～5月，约为0.7～0.9米。在东北季风时期，全海区以东北风浪为主，东沙群岛附近是大浪区；西南季风时期，南海中部（南沙群岛西北部、中沙群岛和西沙群岛附近以西南浪为主，浪大，而北部和南部以南浪为主，波浪略小。波浪能开发潜力大。

7. 温差能大

南海诸岛大部分位于深海中，其四周礁外坡陡峭，礁外缘很近的水深就达到500米以上，年平均表层水温在25～28℃之间，而水深500米处的水温常为8～9℃，1 000米处水温常为5℃，存在巨大的温差能源。[①]

---

① 郭文路、黄硕琳：《南海争端与南海渔业资源区域合作管理研究》，海洋出版社2007年版。

三、南海海洋资源开发的总体评价

（一）南海海洋资源开发现状及存在的问题

20世纪80年代以来，环南海北部的广东、广西、海南是世界上经济增长较快的地区，海洋经济一直以两位数的速度快速增长，远高于同期国民经济的综合发展速度。不但传统的海洋渔业、盐业、运输业得到了长足的进步，新兴的海洋油气、滨海旅游、海水利用、海洋能开发、海水化工等产业也有了一定的发展。近年来，随着科学技术的发展，特别是海洋技术的突飞猛进，海洋产业结构优化升级，使我国南海周边三省的海洋总产值实现了连年递增的目标。例如，2010年三省区主要海洋产业总产值分别达到8 000亿元，570亿元和523亿元。其中，广东海洋生产总值连续16年居全国首位，约占全省GDP的17%，比2009年增长17.6%。我国南海资源丰富，其开发利用取得了一定的成就，但从其拥有的资源特点和面临的形势来看，我国南海资源开发利用还存在不少问题。

1. 近海资源开发较好，但有的已经开发过度，远岸资源开发尚处于起步的阶段。南海海域虽然总的生态环境较好。但近年来一方面受科学技术水平等客观条件限制；另一方面由于海洋资源的开发上重近轻远，缺乏科学的规划利用，导致近岸海域环境污染程度日益加剧，整体环境质量不断下降。如在近海捕捞中，长期存在船小、户多，违规作业现象，造成资源衰退。近年来，实施的休渔制度虽然取得一定成效，但休渔后往往出现报复性狂捕，10多天就能把几个月保护的成果葬送掉，未能从根本上解决问题。在海岸开发中，各行各业争用岸线与滩涂，盲目围海造地、修建海岸工程现象十分突出，造成局部海域污染严重，赤潮频发。

2. 油气资源流失比较严重。我国南海海洋权益受到侵犯，许多岛礁被侵占、资源被掠夺、海域划界矛盾突出。我国与南海周边相邻或相向的菲律宾、印度尼西亚、文莱、马来西亚、新加坡、越南等国存在海域划界和岛屿归属的矛盾和争议。在资源开发方面，这些国家积极对外招标，与区外大国搞共同开发，加速南海油气资源的开发。目前已有60多个国家的公司插手南海，每年从南海开采石油5 000多万吨，很多是在我国海上版图的续断线以内。据有关专家估计，按照已知储量和目前的开采速度计算，南沙海域的石油还能开采17年，天然气还能开采40年；在军事利用方面，菲律宾、印度尼西亚在侵占我国的南沙岛礁上建立永久性设施，除军事利用外，还进行海洋旅游开发；在海洋权益方面，周边国家不惜投入巨大的财力、物力和人力，巩固侵占、抢占我国岛礁，企图造成实际管辖的事实，为今后与我国海上划界制造借口。

3. 海洋执法队伍分散，海洋资源管理乏力。目前对南海海洋资源管理仍基本上是以行业和部门管理为主，虽然有关各行各业的主管部门都不同程度地制定了各部门对海洋资源的管理办法并建立有相应的管理队伍和机构，但由于各管理部门归属不同、职责不一、力量分散、职能交叉、缺乏协调，难以形成有效管理。①

4. 基础设施薄弱、海洋自然灾害频繁，损失严重。南海是我国海洋灾害最严重的地区之一，不但种类多，而且灾害影响范围大，损失严重。如台风、风暴潮、海浪、地面沉降、海平面上升，人为因素诱发的海岸侵蚀等。尤其是远离大陆的南沙，基础设施薄弱，抵御自然灾害的能力低，在相当大的程度上影响了我国对南海资源的开发利用和主权的维护。

5. 海洋产业结构不甚合理，海洋经济整体素质不高。以渔业、交通为主的传统产业，在整个广东、广西、海南三省海洋经济中比重仍偏大。新兴产业，如海上石油，海水利用和矿产开发等比重还很小。

（二）南海资源区域合作开发的主要模式选择

由于南海海域辽阔、资源丰富，开发南海资源的合作领域十分广阔，如海洋渔业、海洋运输、海洋生物制药、海洋旅游、海洋能源矿产、海洋开发技术等。南海资源的合作开发，既是一个重大的经济问题，又是一个时间维度较长的问题，因而必须建立长期稳定的合作机制，选择合适的合作模式。借鉴历史经验和国外经验，应在坚持“主权属我”的框架下，探索南海资源开发的合作模式，而可供现实选择的，有如下几种主要模式。②

1. 投资合作模式。南海资源的开发具有巨大的正外部性，资金需求大，必须广泛动员社会资金参与。资金筹措应以国内资金为主，尤其是投资规模小的项目。国内筹资可选择如下渠道：一是财政支持。南海资源开发事关重大，必须发挥公共财政的职能。在中央财政和相关省、区的财政预算中，增加南海资源开发的份额。二是外汇红利。目前，人民币不断升值，为了减缓人民币升值的压力，可考虑用发行货币的办法稀释人民币币值，发行额的一部分用于南海资源的开发。比如，国家设立南海资源开发特别账户，根据实际需要，由央行（中国人民银行）通过发行货币直接划拨，专款专用。三是发行债券。鉴于当前居民存款和企业利润不断攀升，可考虑向社会（包括企业和个人）发行特别债券，如时间长、债息高的特别公债，以募集南海资源开发的资金。需要强调的是，如果国内资金缺口实在太大，可考虑引进外资，但不允许外资独立开采。

2. 风险分摊模式。南海资源开发受多种因素影响，风险很大，必须采取适当

① 张莉：《论我国南海资源的特点及开发利用对策》，载于《湛江海洋大学学报》2002年4月。

② 张尔升：《南海资源开发的区域合作模式研究》，载于《浙江海洋学院学报（人文科学版）》，2007年第12期。

的模式分散风险。一是根据资源的耗用比例分摊投资风险。由于生产力发展水平的差异，不同地区经济发展水平也有很大差异，而经济发展水平处于不同阶段的地区对资源需求的比例可能不同，需求的重要性和紧迫性也可能不同。因此，要根据资源的耗用比例分摊投资风险。凡资源消耗比例大、对资源需求渴望强烈的地区应承担较大的投资风险。同样，也应根据资源消耗的比例分享效益。从近期看，资源耗用比例大的地区可能承担的风险也大，但如果资源开发成功，其收益同样大，或可长久享用。二是根据盈利能力、出口创汇能力分摊投资风险。不同地区其资源短缺是有差别的，有些地区资源用于生产的比例大，有些地区资源用于消费的比例大。因此，应根据盈利能力、出口创汇能力分摊投资风险，即富裕地区、工业发达地区、出口创汇能力强的地区应该多投资，并承担较大风险，而落后地区、欠发达地区、出口创汇能力差的地区应少投资。如果平均分摊投资风险，获得实惠少的地区可能不愿投资，甚至为了保护自身的资源，阻止开发。三是外资若进入南海资源的开发领域，只允许分享投资收益，不允许控制资源开发权。外资如进入我国南海资源开发领域，不仅仅是为了经济利益，而且有的是为了垄断我国市场，控制新兴产业，并掠夺我国稀有资源。鉴于我国南海不仅资源丰富，而且品种繁多，有些稀有资源极其珍贵，其用途我国尚未查明。因此，在与外资合作开发南海资源时，为了维护我国经济独立和经济安全，必须注意保护我国珍贵的自然资源。只允许外资分享收益，分摊风险，不允许控制资源开发的权力，也不允许控制资源的流向。

3. 战略合作模式。南海资源的开发关系到我国可持续发展的长远目标，具有很强的战略性，必须把它提升到战略高度去认识，并探索适当的战略合作模式。从目前形势来看，应以渐进式为主，即遵循由近及远、由易到难的原则。因为泛珠三角合作运作还不久，尚需要时间去摸索和积累经验。中国与东盟自由贸易区谈判处于起步阶段，许多领域的合作问题尚在论证之中，不可急于求成，并且要辅之必要的筛选，遵循突出重点的原则进行选择，优先考虑海水利用、海洋生物制药、海洋开发技术等领域。

四、中国与南海周边国家海洋资源开发合作机制——以渔业资源为例

（一）海洋资源开发利用与保护管理机制

中国与南海周边国家在资源勘探和开发上，既有利益冲突因素也有合作共赢机会。如何减少或消除隔阂，增加理解和互信？如何避开冲突，实现共赢？这就需要建立海洋资源管理的对话机制。因此，中国要立足于经济的国际化和一体化，凭借资源和区位优势以及良好的基础设施和投资环境，加快对外开放，大力发展外向型

经济。要抢抓机遇，积极开展区际间、国际间双边和多边资源开发合作，拓展发展空间。为搭建中国与南海周边国家交流与合作平台，双方要形成相关部门官员（省部级）的对话机制，并把当前的省部级官员互访机制常态化、制度化，以加强双方南海资源管理的对话合作。除此之外，合作双方可以成立海洋资源开发管理联合会，就两国水域内相互进入的条件、暂定措施水域和中间水域资源管理措施进行沟通、商讨。也可就两国渔港投资建设、岛礁归属、石油开发、伏季休渔、水生生物资源增殖放流，以及水产养殖等方面的做法和经验进行交流。为形成南沙海洋生物资源开发的良好秩序，维护南沙海域生态环境，双方可以尝试成立海洋联合执法队伍，共同打击破坏海域环境的行为。

（二）远洋渔业资源开发的合作机制

南海海洋渔业资源丰富，开发利用潜力较大。囿于资金、技术和人力，南海周边五国尚无力单独开发其资源，而迫切需要国际合作。[①] 中国企业拥有成熟的渔业生产技术和较强的实力，对外合作得到本国政府的支持，有着合作的成功经验，合作前景十分看好。

例如，在2007年5月，广西北海市远洋渔业发展有限公司同马来西亚安格渔业发展有限公司共同合作，在马来西亚海域进行渔业生产活动。2007年11月，浙江乐清市天祥远洋渔业开发有限公司和马来西亚兴发集团，合资开发马来西亚东马海域远洋渔业暨渔业加工园区建设项目，温州近几年也在筹集大批大马力钢质渔轮，赴马来西亚东马海域从事捕捞作业。广东作为中国经济大省和改革开发的前沿阵地，市场要素相对充裕和活跃，具有国际经济合作的基础。因此广东可以出台专门措施，扶持远洋渔业发展，如对远洋渔业企业建造远洋渔船给予一定投资补助，加大渔业科技投入，优化远洋渔业产业结构等，并以此促进“走出去”战略的实施。此外，要在巩固国有企业的基础上，积极引导扶持民营、股份制企业加入到发展远洋渔业的行列，提高远洋渔业龙头企业的辐射带动能力，重点开拓大洋性远洋渔业项目，增强广东省远洋渔业发展后劲；要积极开展与马来西亚海洋渔业双边合作，参与国际渔业资源的分享，加强与南海周边各国和地区海洋渔业的交流合作，互惠、共利地开发海洋渔业资源，并将其作为突破口，推动整个海洋产业发展。

（三）科技交流合作机制

我国是海洋渔业大国，海洋生物资源产品丰富，在满足日益增长的国内需求同时，中国海产品生产企业应该走出去。参与国际竞争，开辟和拓展新的国际市场空间，扩大与国外的科技交流与合作，把中国的技术、设备、产品推向海内外，创造

---

① 麦贤杰：《中国南海海洋渔业》，广东经济出版社2007年版。

合作机会，寻找合作项目，以提高中国海洋资源开发方面的外向型经济成分，增强海洋经济的竞争力。同时，通过与南海周边国家及地区的科技交流和合作，引进国内外先进的养殖技术、工艺和设备，并进行创新，把中国渔业、水产业提高到一个新的层次，努力缩小与国际先进水平的差距。

中国要加强与其他各国的海洋科技交流与合作。以中国广东省为例，首先要充分发挥广东省内企业“走出去”的积极性，鼓励并扶持养殖企业、远洋渔业和水产品原料加工企业到其他国家建立远洋基地、养殖基地、加工基地，从而促进广东与南海各国的海洋渔业技术交流与合作。其次，作为中国渔业大省，广东可以定期或不定期地组织水产企业在国外参展，在周边国家举办形式多样的展览会、推介会，展览会应积极吸引广东省内主要的水产品养殖企业、水产品加工商、机械制造商、贸易商、与渔业相关的组织机构、贸易组织、专业媒体和政府部门的参与，展出内容可涉及海（淡）水养殖技术、品种和设备（施）、水产饲料、疫病防治、水质处理和监控、渔船、通讯、海洋捕捞、绳索网具、水产品冷冻、储运、加工、保鲜技术与设备等方面。最后，可以在广东举办南海周边国家水产养殖技术培训班，举办广东与南海周边国家及地区海洋渔业科技学术论坛，充分发挥广东省内涉海高校及科研院所作为渔业科技交流主体的积极性，进一步推动广东与南海周边国家海洋科技的交流与合作。

（四）水产品经贸交流合作机制

加强与南海周边国家及地区海洋水产品贸易往来，积极促进水产品加工和国际贸易健康发展，是中国海洋经济发展的战略需要，也是拓展产业发展空间、增加人民就业和收入的需要。广东、福建、广西及海南等省区与南海诸国海洋资源禀赋相异，各有特色和专长，加强各国两国水产品贸易交流，建立水产品贸易沟通协调机制，有利于双方做到优势互补。首先，在稳定现有优势出口品种的同时，中国要培育发展新的符合国际市场需求的精深加工产品，开发新的出口市场，有效化解出口风险。其次，要加快优势水产品出口产业带建设，推动养殖、加工、出口形成完整产业链，加快加工示范园区和品牌渔业建设，提高水产品国际市场竞争力。再次，要加强与南海诸国水产品自由贸易区研究和建设工作，在推动水产品出口的同时，根据国内市场需求鼓励适度进口，发展来进料加工，使水产品国际贸易继续保持平稳较快发展。最后，继续举办中国与南海诸国的海洋水产品商务合作论坛及经贸洽谈会，达到“政府搭台、企业唱戏”的目的，促进双方经贸合作与交流。积极促进国内渔业企业“走出去”，到国外建立养殖基地、加工基地，带动国内水产种苗、渔需物质、技术劳务出口。

（五）以海洋文化交流为依托的发展合作机制

南中国海周边各国及地区，由于独特的人文、历史及海岸、岛屿类型结合，形成了与众不同的海洋渔业文化系统。这些海洋渔业文化区域的管理和保护，无论对旅游娱乐、自然景观欣赏，还是产业开发都是极为重要的。应通过建设海洋文化公园系列的办法对它们加以开发和保护。中国南部沿海各省区与越南、菲律宾、马来西亚等国家地理位置相近，自然条件相似，经济联系密切，人文交流频繁，在文化上有共同之处，双方有条件加强海洋休闲文化产业交流与合作。建立中国与南海诸国海洋休闲文化产业交流与合作机制，对发展我国南海部分省区海洋产业具有重要的经济和社会意义。一是发展旅游服务业能更好推进海洋产业结构调整，此外，休闲、观赏渔业内容丰富，相关联产业很多，并且多为劳动密集型产业，可以为渔（农）民提供大量的就业空间，缓解渔业生产和渔区社会经济生活中的一些矛盾。二是有利于资源的合理开发、利用和保护。把一些符合条件的渔船通过拆解、去污、灌注等措施改建为近岸人工渔礁或增设必需的安全、娱乐设施改造成休闲游钓渔船，既有利于开发新的旅游资源，更有利于减轻近海捕捞强度，增殖水生生物资源，保护海岸生态环境。三是有利于扩大水产品出口创汇，增加渔民收入。

五、南海资源的可持续发展

（一）可持续发展提出的背景

从20世纪60年代开始，资源、环境问题日益成为严重的世界性问题，人们逐渐开始意识到资源、环境的价值问题，逐渐由传统发展观向可持续发展观转变。[①] 20世纪80年代以来世界各国学者开始从经济、政治、社会等跨学科的多方面研究发展问题，从而形成了一种新的“综合发展观”。在1983年《新发展观》一书中，指出新的发展观是“整体的”、“综合的”和“内生的”。还有的学者提出，新的发展观不仅包括数量上的变化，而且还包括收入结构的合理化，文化条件的改善、生活质量的提高，以及其他社会福利的增长。后来，这种新的发展观在实践中逐渐演化为“协调发展观”。在西方，这种发展观把发展看成是民族、历史、环境、资源等自身内在条件为基础的，包括经济增长、政治民主、科技水平提高、文化价值观念变迁、社会转型、自然生态协调等多因素的综合发展。根据这些理论，我国制定了坚持环境、经济与社会持续、稳定、协调发展的指导方针，实行保持生态系统良性循环的发展战略，实现经济建设与环境保护的协调发展的目标。

1980年国际自然资源保护联合会、联合国环境规划署和世界自然基金共同发表的《世界自然保护大纲》中就提出了持续发展思想，但当时没有在世界上引起足够的反响。直到1987年，以挪威前首相布伦特兰夫人为主席的“世界环境与发展委员

---

① 狄乾斌：《海洋经济可持续发展的理论、方法与实证研究》，辽宁师范大学博士论文2007年。

会”公布的著名报告《我们共同的未来》，比较系统地阐明了持续发展的战略思想，在世界各地掀起了持续发展的浪潮。布氏提出持续发展的定义是“既满足当代人的需要，又不对后代人满足其需要的能力构成危害的发展”。直到今天，人们仍认为这是可持续发展的最权威定义。它标志着协调发展观进一步的深化，成为可持续发展观。1992 年 6 月，在联合国环境与发展大会上，经过全体联合国成员国的共同努力，把确立可持续发展理念作为大会的宗旨，从而通过了关于可持续发展的一系列文件。这些充分体现和发展了《我们共同的未来》提出的持续发展战略思想，确认了著名的可持续发展的新观念和新思想。具有划时代意义的《21 世纪议程》确立了可持续发展是当代人类发展的主题。《里约环境与发展宣言》庄严宣告：“人类处于普遍关注的可持续发展问题的中心。”因此，联合国环境与发展大会标志着人类对可持续发展理念已经形成共识，人类将进入可持续发展的新时期。

综上所述，可持续发展观的形成大致经历了三个时期：20 世纪 70 年代初期至 1987 年《我们共同的未来》公布，是可持续发展观的提出与形成时期。80 年代后期至 1992 年联合国环境与发展大会，是可持续发展观的深化与完善时期。自联合国环境与发展大会以来，可持续发展观已成为世界许多国家制订经济社会发展战略的指导原则，人类正在进入实现可持续发展的新实践时期。

（二）实施南海可持续发展战略的对策措施

1. 提高全民族的海洋可持续发展意识。[①] 可持续发展是一种全新的发展模式，实现海洋经济的可持续发展，当务之急是提高全社会对海洋可持续发展战略的认识，增强可持续发展观念。要利用报刊、广播、影视等宣传媒介和舆论工具大力宣传我国海洋资源、环境面临的严峻形势，使全社会充分认识到实施海洋可持续发展战略的重要意义，提高管理决策者执行可持续发展战略的自觉性，并将其贯彻到各级政府的规划、决策和行动中去，使海洋可持续发展思想纳入决策程序和日常管理工作之中，形成人人关心海洋，人人支持保护海洋的局面，真正做到靠海吃海，养海护海，使海洋能够长期持续地为人类造福。

2. 加强海洋法制建设，推进依法治海。海洋资源的可持续利用有赖于健全的海洋法规和严格的执法管理。要以《联合国海洋法公约》为基础，加速国内海洋资源开发与管理的立法。要健全海洋基本法，制定海洋专项性法规，还要制定区域性海洋法规，以及某些地方性法规。要通过国家立法和国际谈判，尽早划定我国管辖海域的范围，并采取适当措施，对管辖海域实施有效的控制和管理，以维护我国海洋主权和权益。加强海洋执法队伍建设，渔政、海监、渔监、港监、公安边防等要协作配合，形成合力，逐步过渡到全国统一的海上执法。加强渔政管理，坚决制

---

① 王诗成：《关于实施海洋可持续发展战略的思考》，载于《海洋信息》2001 年第 2 期。

止不合理的海上作业。严格控制海域污染，让海洋渔业资源得到生息繁衍的机会，保护和培植资源。依法从重查处乱围海、乱填海、乱倾废和电炸毒鱼作业的行为。

3. 强化海洋综合管理，促进海洋资源的合理利用。强化海洋综合管理是海洋可持续发展的重要前提。目前，我国的海洋开发涉及多个行业部门。但海洋是一个统一的自然系统，这一客观规律决定了海洋分类管理的局限性。因此，各行业，各部门要从全局的利益出发，协调配合管理好海洋，并站在21世纪海洋发展战略的高度，建立一个强有力的、有权威的、能真正行使综合管理职能的海洋管理机构，切实加强对海洋开发的综合管理。要按照“合理布局、协调发展”的原则，加强宏观调控。要认真抓好海洋各产业的协调发展，海洋产业的内部也要做到合理布局协调发展。要推行海域使用许可和有偿使用制度，鼓励生态养殖，对乱围垦、乱填海及严重污染海洋环境的滨海工业和旅游项目，要严厉查处和治理，对不符合环保要求的项目，一律不批准上马。国家要从未来海洋经济发展战略的高度，制定全国海洋开发总体规划，沿海各省、市、县要根据全国规划的布局要求，制定地区性发展规划，选准本地区海洋产业发展的主攻方向。要在摸清海域资源状况的基础上，科学地选划海洋功能区，并充分发挥海洋功能区的作用，减少对海洋资源的浪费和海洋环境的破坏，努力实现海洋资源的永续利用。

4. 依靠科技进步，提高开发水平。海洋开发的高水平持续发展，取决于科技进步。要通过市场机制和政策引导，有重点地解决海洋资源开发利用中的关键技术，提高海洋科技产业化程度和对海洋环境的保护能力。要开展海岸带资源利用技术研究，特别是加强对养殖容量与优化技术、海岸带环境污染监测技术研究，进一步提高海岸带资源可持续发展的能力。积极发展细胞工程、基因工程育种育苗技术，海洋活性物质提取技术，促进海洋养殖业向高新技术产业转化，提高海洋生物的开发深度。要加快海洋科技成果向现实生产力的转化。要建立各种形式的海洋科技市场，健全科研成果转化的中介机构，提高海洋科技成果的转化率。加强多层次海洋科技和管理人才培养，以适应海洋开发利用和管理不同岗位的需要。广泛普及海洋知识和基本技能，提高海洋劳动者的素质。

第二节 南海周边五国海洋动态与政策

一、越南海洋动态与政策概述

越南，全称“越南社会主义共和国”，位于亚洲东南部，中南半岛东部，太平洋西岸的南端。其北部与我国交界，西部与老挝和柬埔寨交界，东部和南部面临海洋。从地图上看，越南自北向南成狭长状，两头宽中间窄。全国面积32.95万平方公里，海岸线长达3 260公里，沿岸岛屿（4 000多个）、海湾（12万公顷）、滩涂29万公顷，入海河流112条。

（一）越南海洋资源状况

1. 渔业资源。越南是一个渔业资源丰富、渔场众多、资源开发潜力较大的国家。越南海域内有2 038种鱼类，经济鱼类占100多种，渔业资源约300万吨。越南渔业资源按海区可分为四大区：（1）北部的北部湾：主要为沿岸性鱼类，已鉴定的有961种，其中60种具有经济价值。（2）中部海区：已鉴定的有177种。（3）东南海区：属高产优质鱼种海区，已鉴定的有369种。（4）西南海区的泰国湾：已鉴定的有271种。其他海洋海产资源有：虾75种、蟹300种、贝类300种、玳瑁、海参、珍珠等。在东南亚各国中，越南的渔业产量占第四位。

2. 油气资源。油气是越南大陆架上最重要、最有经济潜力的一种资源。到目前为止，在九龙、南昆山、中部沿海、红河、马来等海域都勘测发现有大量的油气储藏。近年来，勘测、开发油气资源成为越南吸引外资的一个重要渠道，得到了大力的发展。目前，越南在东海已经建成了白虎、青龙、大熊、巴丰等大油田。这些油田的原油储量达30亿吨，可供每年开采2 000万吨油，天然气的储量为150亿~180亿立方米。世界上众多地质专家都认为越南天然气开发有很大的潜力。[①]

3. 滨海旅游资源。越南沿海地区在形成和发展滨海旅游方面具有独特的优势。越南的沙滩总的说来地势平坦，具有较大的沙滩片区有：下龙湾—广宁—海防，顺化—岘港，牙庄，头顿—龙海片。其中有20个沙滩达到了国际标准，这些沙滩片区都可以发展成为拥有现代旅游设备和具有国际规模的旅游区。另外，越南沿海海水清澈，海浪、海风适宜，没有强大旋涡及凶猛的海兽、鱼类等，这些都是越南大力发展滨海旅游的优越条件。

（二）越南海洋产业发展状况

越南的海洋经济主要由海上石油、天然气勘探与开采、海上运输、沿海水产和沿海旅游四大产业构成，其发展状况分述如下：

1. 海洋油气业。石油天然气业是越南经济的支柱产业，油气业收入在近年的国家财政收入中超过了1/4。油气业将直接影响越南未来经济发展的成败。越南自1974年在巴地—头顿近海发现白虎、青龙和大熊三个油田之后，现在共有9个海洋油田生产石油，其中最大的海洋油田是白虎油田。1986年越南首次产原油4万吨。此后，原油产量成倍递增，1997年已达1 000万吨，2004年更是突破2 000万吨大关。据美国能源情报署（EIA）统计数据显示，2006年越南石油产量估计每天

① 明光：《越南的海洋经济资源》，电子出版社2008年版。

为36.2万桶，已成为仅次于中国、印度尼西亚、印度、马来西亚、澳大利亚之后的亚太第六大石油生产国。另外，为弥补越南自身油气勘探和开采能力不足，2000年越南通过石油法修正案，为越南油气勘探和开采的国际合作扫清了法律障碍。现在，越南已同20多个国家的石油公司建立了合作关系，直接引进外资20多亿美元。越南已成为东南亚地区重要的石油净出口国，原油出口长期高居全国进出口贸易榜首。2002年越南出口石油1 700万吨，创汇32.26亿美元；2003年越南出口石油1 800万吨，创汇34亿美元，占当年越南出口总金额的28%。据国际能源署(IEA）的数据显示，2006年越南向澳大利亚出口原油为每天12.5万桶，向美国出口为每天4万桶，向日本出口为每天3万桶。同时越南也向新加坡和泰国出口原油。但是越南炼油能力不足，成品油需求依赖进口。[1] 与越南油田不同，越南天然气田为数不多，其中最大的是LanTay和Lan Do天然气田。据《油气杂志》的统计数据显示，截至2007年1月，越南拥有探明天然气储量6.8万亿立方英尺（Tcf）(约为2.0726万亿立方米)。相比于石油，越南对天然气的开发利用则晚得多，直至20世纪90年代中期走上发展轨道。此后，天然气产量逐年提高。在近期越南油气业发展中，越南更加注意加强对以前比较薄弱的天然气的开采利用。越南石油天然气事业经历了从无到有、从小到大的发展历程，目前正扩大视野、谋划向国外发展。

2. 海洋水产业。越南水产业主要分布在沿海地区，由水产养殖、海水捕捞和水产品加工3个部分组成。革新开放前水产业发展稳定，但速度不快。革新开放后水产业发展速度明显加快。现在水产业已成为越南出口创汇的主要行业之一。据联合国农业食品部透露，越南水产品已经连续5年保持生产量排名世界第五，仅次于中国、印度、印度尼西亚和菲律宾。

3. 海上运输业。越南海上运输业务主要由远洋船队完成。目前，越南共有海运船只1 107艘，总载重量344万吨，其中干散货船720艘，载重量194万吨；集装箱船22艘，载重量20.8万吨；油槽船80艘，载重量71.8万吨；其他船只285艘，载重量57.4万吨。另外，越南共有114个港口，大中型港口80多个。主要港口包括：胡志明港、海防港、鸿基港、岘港。[2] 越南的海上运输力量虽已获得发展，但仍不能满足越南经济发展的需要，在整个东南亚地区的海运方面还是比较落后的。近年来，越南除已同日本、法国等国家建立了海运合作关系并准备同埃及、印度、伊朗、泰国和法国签订航海协定。此外，还积极参加制订与东盟各国的交通运输合作政策，扩大吸引外国向交通运输领域的直接投资。与此同时，越南出台一系列海洋运输业发展措施，其中包括：取消各项不合理的规定、制定符合实际情况

① 陈继章：《越南经济的支柱产业——石油天然气业》，载于《东南亚纵横》2004年第9期。
② 翁羽：《大规模建设中的越南港口》，载于《集装箱化》2007年第7期。

的规定以及采用通讯技术，旨在提高运载能力和服务质量。

4. 沿海旅游业。越南拥有丰富的旅游资源，有许多风光秀丽的海滨度假区和避暑胜地以及悠久的名胜古迹和历史遗址。其中有被誉为“海上桂林”的广宁省下龙湾风景区、林木苍翠凉爽宜人的涂山天然海滨浴场、滩面平整海水澄碧的岑山等。另外顺化古都、美山塔、会安古城已被联合国教科文组织列为“世界文化遗产”。总的来说，越南旅游业起步较晚，1986 年仅接待外国游客 2 万人次。随着越南经济的良性运行，旅游业也保持了良好的发展势头。进入 2006 年，越南接待国际游客约 360 万人次，国内旅客约 1 750 万人次，旅游营业收入达 22.5 亿美元。

（三）越南海军建设

越南的海洋战略是一个以海上扩张为基础、海洋经济为先导、海洋强国为目标的具有国家大战略性质的战略。要保证这一战略的实施，无疑需要一支强大的海军。

目前，越南海军是一支以轻型装备为主体的近海型海上力量，现役舰艇普遍存在型号老化、武器落后和吨位较小等缺点，远远不能满足越南海洋扩张战略的需要，甚至难以执行愈来愈多的海上巡逻、侦察、护航、护渔和打击走私等任务。为此，越南海军制定了“三步”发展规划，坚决走自行研制与向外购买相结合的道路，准备列装从飞机、轻型护卫舰、大型驱逐舰到导弹艇、潜艇等一整套的海战利器，提高海军的立体作战能力。随着越南经济的发展，越南海军先后从俄罗斯购买了苏－27 战斗机、苏－30MK、米－28H、卡－31 和苏－39 等先进战机，海军的空战能力大大增强。水面舰艇利用俄罗斯的技术在国内建造的 6 艘 BP50 型导弹艇和 KBO2000 型导弹护卫舰也已进入现役。另外，根据越俄两国 2007 年年初签署的协定，俄在 2010 年前向越南海军交付 2 艘造价高达 3.5 亿美元的“猎豹” 3.9 级护卫舰。越南海军水面作战能力有了质的飞跃。原来越南海军的水下作战能力较差，但自从购买了朝鲜的 2 艘袖珍潜艇后，潜艇作战能力已初步形成，准备组建潜艇部队，而购买俄罗斯的“基洛”级柴电潜艇，则对增强潜艇战力大有好处。最近，越军声称，越南海军装备的更新换代有望在 2015 年前完成。届时，越南海军的远洋护航能力和海上作战能力，将接近现代化海军的要求。

二、菲律宾海洋动态与政策概述

菲律宾位于亚洲东南部，北隔巴士海峡与中国台湾省遥遥相对，南和西南隔苏拉威西海、巴拉巴克海峡与印度尼西亚、马来西亚相望，西濒南中国海，东临太平洋。共有大小岛屿 7 107 个，其中吕宋岛、棉兰老岛、萨马岛等 11 个主要岛屿占全国总面积的 96%。海岸线长约 17 460 公里，主张的专属经济区面积约为 220 万平方公里，领海面积达266 000平方公里，大陆架为184 600平方公里，珊瑚礁区域约27 000平方公里。①

（一）菲律宾海洋资源状况

菲律宾由于其特殊的地理位置，海洋资源极其丰富，尤其是渔业资源、油气资源和旅游资源更是为菲律宾人民带来了无尽的财富。

1. 渔业资源。菲律宾优越的自然环境为各种水产资源栖息、生长、繁殖提供了很好的条件。其中，有名称的鱼类品种就达2 400多种，已开发的海水渔场面积2 080平方公里。渔业水域大多数集中在200米等深线大陆架海区内，其中，约有75%是在水深100米以内的沿岸大陆架海区。这一区域内的珊瑚礁、红树林和鱼类资源丰富。珊瑚礁是所有海洋生物环境中生产力较高的海区，面积约3.4万平方公里。海洋渔业捕获的鱼种主要有小沙丁鱼、羽鳃鲐、鳀鱼、圆鲹、梅鲷、圆腹鲱等小型中上层鱼，遮目鱼、枪鱼、剑鱼、旗鱼、大鱼予等大型中上层鱼类，鲾科、金线鱼科等底层鱼类以及虾类。

2. 油气资源。据美国《石油杂志》最新统计，截至2006年1月1日，菲律宾已探明石油储量为30亿桶，天然气为75万亿立方英尺。菲律宾是石油和天然气的净出口国。菲律宾的主要油气区分布在13个沉积盆地，主要有巴拉望盆地、宿务盆地和民都洛盆地。菲律宾的天然气主要产自两个气田：巴拉望盆地西北部的马兰帕亚气田和吕宋岛北部的San Antonio气田。其中马兰帕亚是菲律宾最主要的石油天然气生产基地，占全国天然气产量的99%和石油天然气液体产量的97%以上。目前菲律宾石油天然气液体生产主要来自3个油气田：马兰帕亚（天然气液/凝析气），Nido（石油）和Matinloc（石油）。马兰帕亚是菲律宾主要的石油天然气液的生产来源，2001年下半年马兰帕亚开始有凝析油产出。Nido和Matinloc分别于1979年和1982年开始石油天然气液生产，对几个小规模的油气田进行短期开发和生产。目前油田已处于开发晚期，在运用循环技术进行生产，到2007年9月日均产量为523桶，产出的石油售给本国的炼油厂。据2007年BP《世界能源统计年鉴》统计，菲律宾2006年的石油消费量为每天30.7万桶，天然气全年消费量为26×10^8立方米。

3. 滨海旅游资源。地处太平洋西岸的菲律宾群岛如珍珠般散落在碧蓝的太平洋上，季风型热带雨林气候使这座千岛之国高温多雨，四处葱翠浓郁。太平洋板块与亚欧大陆相撞形成大大小小、年龄迥异的火山星罗在岛海之间，沉睡亘古，吞云吐雾，给菲律宾带来无限神秘的美。这一切造就了菲律宾丰富的旅游资源和投资潜力。主要旅游点有：百胜滩、蓝色港湾、碧瑶市、马荣火山、伊富高省原始梯田

---

① Philippine Fisheries Profile：2008.

等。加上历史和地理位置的原因，菲律宾文化与欧洲和美洲融合，造就了菲律宾种类繁多、令人目不暇接的美食。与此同时，菲律宾又极其美国化，对西方生活方式和流行时尚迅速而轻松的接纳，对英语及美式作风的流利运用，也在很大程度上成就了菲律宾在旅游领域的巨大优势。

（二）菲律宾海洋产业发展状况

菲律宾的海洋经济主要由海洋渔业、海洋油气业、滨海旅游业和海洋交通运输业构成，其中海洋渔业是菲律宾的国民经济支柱产业，具体发展状况如下：

1. 海洋渔业。渔业是菲律宾国民经济的支柱产业之一，渔业总量增长速度很快，1977 年产量仅为 15.09 万吨，2009 年菲律宾渔业总产量为 507.9 万吨，1977～2009 年间渔业产量增长了 33.65 倍，年均增长 12.1%。2006 年渔业总产量跃居全球第 8 位，占全世界产量的 2.8%。渔业主要分为商业渔业、地方市政渔业、养殖业三个部门，三部门产值所占比例连续多年几乎相当。商业渔业和市政渔业都是以捕捞为主的渔业。市政渔业主要以沿海地区利用小功率渔船在海岸带从事捕捞为主。菲律宾养殖业近年发展速度较快，1980 年约占渔业产量的 16.04%，2009 年上升至 48.76%。另外，菲律宾还是全球第二大水藻养殖（包括海藻）国家，鱼、甲壳类、牡蛎产量也居世界前列。总之，菲律宾海洋渔业主要以捕捞为主，重点发展远洋捕捞业。同时，大力发展水产养殖业及水产品加工业，政府将养殖业作为本国经济发展的重要产业，鼓励国民投资渔业，并实施了一系列促进养殖业发展的项目。

2. 海洋油气业。菲律宾石油生产主要来自 3 个油气田：马兰帕亚（天然气液/凝析气），Nido（石油）和 Matinloc（石油）；菲律宾的天然气主要产自三个气田：巴拉望盆地西北部的马兰帕亚气田、吕宋岛北部的 San Antonio 气田及 Libertad 气田，储量分别为 2.7TCF、2.7TCF、0.6TCF。2004 年以来，菲律宾上游石油工业在诸多因素的推动下迅速发展，勘探活动已恢复到 20 世纪 70 年代中期的水平。这些因素包括政府组织区块招标、马兰帕亚天然气项目成功实施、稳定的制度环境、优惠的财税体系和国际高油价等。42 家国内外石油公司进入菲律宾石油工业上游并通过竞标方式获得和签署了新的服务合同，合同覆盖的面积由 1.27 万平方公里扩大到 19.7 万平方公里，提高了 15 倍。42 家国内外石油公司包括 5 家国家石油公司、4 家跨国石油公司、11 家澳大利亚上市的外资勘探生产公司、10 家菲律宾上市公司和其他 12 家公司。菲律宾下游石油工业主要有 2 家炼油与销售公司：Petron 和菲律宾壳牌石油公司。Petron 经营一个炼油量为每天 180 000 桶的炼油厂和全国 1 200 多个加油站；菲律宾壳牌石油公司经营一个每天产 110 000 桶炼油厂和约 800

个加油站。[1]

3. 滨海旅游业。长期以来，旅游业在菲律宾的国民经济中服务业占主要地位，其产值占国内生产总值比重在45%以上且逐年增加，是菲外汇收入重要来源之一。2006年接待游客284万人次，比上年增长9.2%，旅游业收入约占国内生产总值的2.25%。2007年，到菲律宾旅游的外国游客突破300万大关，达到309万人次，旅游收入增长41%，达到48.85亿美元的历史新高。旅游收入对GDP的贡献达4%，超过服务外包和呼叫中心的贡献（3%~4%）。菲前4大游客来源国依次为韩国、美国、日本和中国。[2]

4. 海洋交通运输业。菲律宾各岛之间的交通以海运为主。全国共有大小港口数百个，商船千余艘。主要港口为马尼拉、宿务、怡朗、达沃、三宝颜等。菲律宾港口的基础设施，尤其是港口道路交通仍然非常落后。菲律宾是“千岛之国”，港口众多，但是，海洋交通运输业增长缓慢。在1999~2008年之间，货物吞吐量年均增长3.3%，增长主要是源于外国货物吞吐量逐年上升。而且，本国货物吞吐量十年来变化不大，在2 000万~2 500万吨之间徘徊。与同等发展程度的国家相比，菲律宾港口的装卸效率不高，停靠船只的等待时间较长。各地区港口的发展也不平衡。从注册吨位而言，马尼拉南港的总注册吨位近十年来都稳定在3 000万吨以上，加上马尼拉北港的总注册吨位，仅马尼拉港口的注册吨位就占总量的1/3。[3]

（三）菲律宾海军建设

1990年，菲律宾制定了20世纪末海军《10年现代化规划》，决定每年耗资2亿美元，一共采购70余艘各型舰艇。1995年2月，菲律宾国会通过7898号法案，即《菲律宾武装部队现代化法案》。遂开始实施一轮新的15年现代化强军计划。1996年12月菲律宾国会批准了武装部队依据7898号法案其中包括菲律宾海军制定的《15年现代化计划》目标是发展核心能力，特别是开发装备与技术，促进菲海军的现代化建设，确保能够有效控制国家的海洋国土。然而受国家经济发展的制约，特别是1997年东南亚金融风暴使菲律宾经济遭受重大影响，菲海军雄心勃勃的发展计划也受到重挫。海军近年的发展一直较为缓慢，特别是在邻国大力发展海上力量、装备现代化程度不断提高的今天，菲律宾海军的发展明显滞后，其实力在东南亚国家中居于较低的水平。

菲律宾海军现役总兵力30 700人，其中海军陆战队8 700人，各型舰艇120余艘，其中主战舰艇66艘，辅助舰艇50余艘，各型飞机14架。主战舰艇以小型战

---

① Department of Energy-Statistics，http：//www. doe. gov. ph/. 2011 -5 -6.

② Department of Tourism-Statistics，http：//www. dot. gov. ph/. 2011 -3 -4.

③ Department of Agriculture-Bureau of Fisheries and Aquatic Resources-Statistics. 1988 -2008.

斗舰艇为主，强调快速反应和机动作战能力。在现役主战舰艇有66艘水面舰艇，除1艘满载量为1 750吨的护卫舰外，其余大多为各型满载排水量不足千吨的小型战斗舰艇。之所以会形成单一水面舰艇为主力的舰队结构，主要原因是：潜艇是一个技术复杂的武器平台，采购以及维护、保养成本较高，并且和平时期运用极为有限，在当前菲律宾没有面临外部入侵重大威胁的情况下，有限的经费应该用于加强巡逻艇等小型战斗舰艇的建设，提高海军的快速反应能力，满足保护专属经济区等维护海洋权益任务的需求。另外，菲律宾海军主战舰艇均未装备导弹和鱼雷，个别舰艇如"坎农"级护卫舰装备有反潜火箭和深水炸弹发射装置，舰载武器主要是各型舰炮。轻型护卫舰只装备12.7毫米机枪。因此菲律宾海军基本不具备反潜能力，只具备有限的对空、对海作战能力。为进一步提高作战能力，菲律宾海军计划对部分舰艇进行升级、加装导弹，但由于经费短缺至今无法实施。受经费的制约，加之缺乏适当的平台，菲律宾海军航空兵飞机基本上以岸基为主。现役14架飞机包括2架177型"北美红雀"运输机，7架FF27、MP海上侦察机以及5架Bo-105C直升机。只有Bo-105C可搭载在2艘"巴科洛德城"级登陆舰上使用。菲律宾海军航空兵的主要任务是海上巡逻、海洋监视与侦察，有效监控在重要海域活动的他国舰艇。[①]

三、印度尼西亚海洋动态与政策概述

印度尼西亚（Indonesia）位于亚洲东南部，地跨赤道，位于北纬10度至南纬10度之间，其70%以上领地位于南半球，因此是亚洲唯一一个南半球国家。印度尼西亚北与马来西亚、文莱相连；西北隔着马六甲海峡与马来西亚和新加坡相望；东北隔着苏拉威（统一称谓）西海、巴拉巴克海峡与菲律宾群岛相邻；东与巴布亚新几内亚连接；东南与澳大利亚相对；西南与西面是辽阔的印度洋；东面与北面是浩瀚的太平洋。东西长度在5 500公里以上，是在南海周边国家中除中国之外领土最广泛的国家。

印度尼西亚是世界上最大的群岛国家，由太平洋和印度洋之间17 508个大小岛屿组成，群岛水域和领海面积320万平方公里，专属经济区面积为27万平方公里。陆地面积192万平方公里，居世界第9位，海岸线长3.5万公里。印度尼西亚的战略地位极其重要。它的巽他（统一称谓）海峡、马六甲海峡、龙目海峡是沟通印度洋和太平洋的重要通道，也是连接亚洲和澳洲的桥梁。

---

① 王海珍：《菲律宾海军》，载于《兵器知识》2008年第1期。

（一）印度尼西亚海洋资源状况

1. 渔业资源。印度尼西亚是世界上物产最丰富的海洋区域之一，也是渔业生产和各类自然资源如珊瑚礁和红树林生长最理想的地区之一。全国岛屿众多，渔业资源相当丰富，种类繁多。许多鱼具有生长快、成熟早、生命周期短、产卵季节长等特点。大陆架可以从事底层鱼类和中上层鱼类捕捞，岛屿周围的专属经济区水较深，同时又有适宜的气候和水文条件，可捕捞的种类极多，达 200 多种。其中，有 65 种具有较大的经济价值，主要资源有金枪鱼、鲤、黄鳍金枪鱼、马鲛鱼、蛤、鲜鱼、沙丁鱼、圆鲹、圆腹鲜、鱿鱼和飞鱼等。底层鱼类除细、谧、蝠利鱼类、石首鱼科鱼类外，还盛产对虾，热带龙虾、扇贝和软体动物，礁岩区有丰富的笛鲷、梅鲷等鱼类。陆坡也有可开发利用的笛鲷鱼类，在勿里洞沿海盛产海参，加叭曼丹、马鲁古群岛盛产珍珠和珍珠贝。①

2. 油气资源。印度尼西亚是世界重要的油气资源国，全国约有 60 个大小不等的沉积盆地，具有油气远景的陆上盆地面积为 80 万平方公里，海上盆地面积 150 万平方公里，已经发现 340 多个油田和 54 个气田。据美国《油气杂志》最新统计显示，截至 2007 年底，印度尼西亚石油剩余探明可采储量为 5.99 亿吨，占世界总储量的 0.3%，居世界第 25 位，主要分布在苏门答腊、爪哇、加里曼丹和巴布亚。印度尼西亚的天然气储量是其石油储量的 3 倍，截至 2007 年底，印度尼西亚天然气剩余探明可采储量为 26 589.66 亿立方米，占世界总储量的 1.5%，居世界第 13 位。印度尼西亚大部分天然气资源位于北苏门答腊省的 Aceh 和 Arun 天然气田、东加里曼丹陆上和海上气田、东爪哇 Kangean 海洋区块、巴布亚的一些区块。此外，印度尼西亚还是亚洲最大的天然气生产国。②

3. 滨海旅游资源。印度尼西亚是世界上岛屿最多的一个国家，由于海岸线漫长，岛上的旅游资源颇为丰富，尤其以秀丽的热带风光最让人难忘。巴厘岛有“诗之岛”、“天堂岛” 等美称，这里自然风光引人入胜，是天然的度假胜地。中爪哇的千年古塔婆罗浮屠佛塔和甫兰班南印度教陵庙群，均被联合国教科文组织列入世界文化遗产名录。首都雅加达是印度尼西亚各民族文化融合的缩影，是外国游客必游之地。

（二）印度尼西亚海洋产业发展状况

1. 渔业产业。印度尼西亚是世界第 7 大渔业国，仅次于中国、秘鲁、日本、智利、美国和印度。海洋渔业长期以来在印度尼西亚国民经济中占有相当重要的地

① 陈思行：《印度尼西亚渔业概况》，载于《海洋渔业》2002 年第 4 期。
② 陈焕龙：《印尼石油政策及项目研究》，载于《中国石油企业》2007 年第 7 期。

位，渔民人数也由2000年310万人增加到2003年的约347.6万人，2006年渔业出口创汇50亿美元。[①] 印度尼西亚海洋渔业资源虽然丰富，但未得到充分利用。主要原因是捕鱼技术落后，码头设备不足，市场销价不稳定等。此外，法治不明、治安状况不良、进出口作业繁琐等不利因素。为扶助渔业发展，印度尼西亚政府最近几年积极推动海洋渔业建设计划的实施，力推银行帮助渔民解决资金困难，提高鱼产量以增加出口创汇。另外，印度尼西亚还准备大力发展观赏鱼业，印度尼西亚海洋渔业部已和印度尼西亚科学院合作在西爪哇芝比依兴建观赏鱼销售与饲养发展中心，目的是提高印度尼西亚观赏鱼在国际市场上的占有率。

2. 油气产业。长期以来，印度尼西亚是东南亚首屈一指的产油大国，也是全球最大液化天然气生产国之一，还曾是东亚唯一的欧佩克成员国，在全球能源市场占有重要地位。石油和天然气业已成为印度尼西亚国民经济的支柱产业，为国家赚取了巨额的外汇。1982年前后，其油气出口收入曾占出口总收入的80%和国内财政总收入的60%。到2007年前印度尼西亚油气收入仍占政府财政收入的24%，油气出口收入占出口总收入的15%。2007年，印度尼西亚油气资源出口额为221亿美元。然而，印度尼西亚国内石油资源因大量消费而日益枯竭，从2004年始每天都需要从国外进口30万桶原油，在国际油价不断攀升的背景下，印度尼西亚政府出现全国性的石油供应紧张局面。目前，印度尼西亚政府正在积极重组石油产业，配合发展天然气产业链，期望能借此保持油气大国的地位。印度尼西亚的石油生产在1976年达到顶峰，并且持续了近20年的时间。1995年因油田老化且缺乏投资，石油产量自2000年不断下降，2006年石油产量为4 990万吨，比2005年下降5.8%，2007年为4 740万吨，比2006年下降5.0%，比2000年下降33.7%。印度尼西亚共有8家炼油厂，日炼油能力100万桶，炼油厂分布在爪哇、加里曼丹等地。最大的三个炼油厂分别是：位于中爪哇的芝拉扎炼油厂、位于加里曼丹的巴厘巴板炼油厂和位于爪哇的巴龙安炼油厂，三家炼油厂每天的石油加工能力分别为34.8万桶、24.09万桶和12.5万桶。由于品种太少，不能满足印度尼西亚国内消费，柴油和航空油相当一部分依靠进口。印度尼西亚政府正在计划新建、改造和扩建炼油厂，提高炼油厂设备的现代化程度。

3. 旅游产业。印度尼西亚的旅游业比较发达。虽然从规模上来看，不及新加坡、马来西亚和泰国，但是由于政府重视发展旅游业，注意加强旅游宣传、旅游立法和管理，注意旅游点的开发和提高，大力兴建饭店和宾馆，严格培训服务人员，提高服务质量并做到价格适中，进一步简化入境手续（只需在飞机上办理验证手续即可入境），努力开发新的旅游项目。例如有刺激性的火山区和热带雨林区探险旅游项目。1980年，入境的外国旅游者只有56万人次，旅游收入仅2.7亿美元，

① 吴崇柏：《印度尼西亚发展状况及政策措施》，载于《世界农业》2004年第10期。

占国内生产总值的0.4%，出口额的1.2%。1992年，外国旅游者达306万人次，占世界第31位，旅游收入27.29亿美元，居世界第27位。旅游业已成为仅次于石油和纺织的第三大创汇来源。目前，该国正在着手与新加坡、马来西亚共同投资5.7亿美元，将三国沿海地带建成“东方加勒比”，以招徕更多的外国旅游者，并和其他地区进行竞争。①

4. 海洋交通运输业。海洋货物运输业是印度尼西亚节省外汇支出，增加外汇收入的重要渠道之一。印度尼西亚海洋运输业发展迅速，雅加达港、泗水港是印度尼西亚最主要的两个港口。目前印度尼西亚有140多个港口，为适应日益增长的对外贸易需求，印度尼西亚将在今后几年里发展25个国际港口，扩大港口吞吐量，使港口进一步现代化。雅加达港是东南亚第三大港，也是印度尼西亚最大的集装箱港口、印度尼西亚有名的胡椒输出港，该港口位于爪哇岛的西北沿海雅加达湾的南岸，濒临爪哇海的西南侧。泗水港是印度尼西亚第二大海港，位于印度尼西亚爪哇岛东北沿海的泗水海峡西南侧，隔峡与马都拉岛相望，港口附近主要有造船、石油提炼、机械制造等产业。从港口出口的主要货物有糖、棉花、咖啡、橡胶、椰子、皮革、油类、木薯粉及胡椒等，进口的货物主要有电气设备、玻璃器皿、纺织品、化工产品、陶瓷器、机械设备、煤及水泥等。

（三）印度尼西亚海军建设

印度尼西亚政府认为未来国防安全的主要威胁将来自海上。军队在保卫国内安全的同时，重点加强海上通道、海洋专属经济区的安全保卫。为此，根据“增加比重，提高能力”的原则，实施重点振兴海军的方针，通过购买武器装备、增设和调整海军基地等措施，加强濒临马六甲海峡、南中国海及印度洋等具有战略意义的前沿、边境、重要海峡及偏远地区的防卫力量，形成以爪哇岛为中心，东西兼顾的战略布局。目前，印度尼西亚海军约4.3万人（含陆战队和航空兵）。编有东、西2个舰队司令部和1个军事海运司令部。潜艇：“卡克赖”级2艘。护卫舰：“艾哈迈德雅尼”级6艘；“法塔希拉”级3艘；“提亚哈胡”级3艘；“哈加尔达温塔拉”级1艘；“沙玛迪昆”级4艘。巡逻舰艇：共59艘，其中导弹艇、鱼雷艇各4艘。扫雷舰艇：13艘。两栖舰艇：26艘。后勤支援舰船：15艘。海军航空兵约1 000人。装备飞机84架（其中作战飞机40架）、武装直升机10架，主要用于海上侦察和反潜。另外，印度尼西亚还十分重视军事训练工作，并形成了具有印度尼西亚特色的海军训练体制。一方面，印度尼西亚海军重视发挥院校和教育、训练中心的作用。至2005年，印度尼西亚海军已开办各种院校16所，教育、训练中心20余个，形成了以重点院校为中心、以8大主要海军基地为骨干、以数十个地

① 孔远志：《印度尼西亚的旅游业》，北京大学出版社。

方基地为覆盖的教育训练机制；另一方面，印度尼西亚海军注重通过大强度的军事演练提高部队素质，力求海军训练方式的多样化，并将训练与日常战备巡逻紧密结合。①

四、马来西亚海洋动态与政策概述

马来西亚联邦，简称“马来西亚”或“大马”，由马来亚、沙捞越和沙巴组成。总面积为33.0257万平方公里，人口2 717万，海岸线全长4 192公里。位于亚洲大陆中南半岛的南端，在东盟即东南亚各国的中心位置。除半岛与泰国接壤外其余三面环海。全境被南中国海分成东马来西亚（简称“东马”）和西马来西亚（简称“西马”）两部分。西马位于马来半岛南部，北与泰国接壤，南与新加坡柔佛海峡相望，东临南中国海，西濒马六甲海峡；东马位于加里曼丹岛北部，与印度尼西亚、菲律宾、文莱相邻。东、西马之间隔着广阔水域，间距最长1 500公里，最短750公里。马六甲海峡全长600余海里，主航道靠近马来半岛一侧，宽仅1.5～2海里。马六甲海峡是欧洲、非洲、中东和印度次大陆到东亚的一条主航道，承担着全球贸易1/4以上的货运量，每年过往船只在8万艘以上。

（一）马来西亚海洋自然资源概况

马来西亚是一个自然资源十分丰富的国家。橡胶、棕油和胡椒的产量和出口量居世界前列，也盛产锡、石油和天然气，此外还有铁、金、钨、煤、铝土、锰等矿产。

1. 渔业资源。马来西亚渔业资源较为丰富。鱼类品种主要有斜带石斑鱼、棕点石斑鱼、鞍带石斑鱼、尖吻鲈、紫红笛鲷、约氏笛鲷、星点笛鲷、狮鼻鲳鲹等；虾类包括斑节对虾、凡纳滨对虾、墨吉对虾和印度对虾等；贝类主要是扇贝、贻贝、蚌和牡蛎等。海洋渔业在马来西亚经济和社会发展中占有重要地位。海洋水产品占马来西亚全部水产品的90%以上，海洋渔业是马来西亚重要的就业领域和换取外汇的重要渠道。

2. 矿业资源。马来西亚矿业资源以锡、石油和天然气开采为主，其锡产量居世界第四位，是世界产锡大国；据马来西亚能源、供水及通讯部统计，截至2006年年底，马来西亚原油探明储量为52.5亿桶，可供开采19年。天然气储量为24 889.85亿立方米，可供开采33年。2006年马来西亚原油总收入为455.07亿林

① 中国战略网：《印度尼西亚海军》，载于http://news.chinaiiss.com/html/20109/24/a2b4a8.html. 2011年6月7日。

吉特。①

3. 旅游资源。终年充足的阳光、高质量的海滩、原始热带的丛林、珍贵的动植物、千姿百态的洞穴、古老的民俗民风、悠久的历史文化遗迹以及现代化的都市，使马来西亚成为一个具有独特热带自然生态风情的旅游目的地，每年吸引着许多来自世界各地的游人。主要旅游点有：吉隆坡、云顶、槟城、马六甲、浮罗交怡岛、刁曼岛、热浪岛等。

4. 交通运输和港口资源。马来西亚拥有良好的公路网，是东南亚公路最多、最好的国家之一。航空业比较发达，航线113条，其中80条为国际航线。马六甲海峡是世界上最繁忙、最重要的航道之一，但80%以上依赖外航。马来西亚共有19个港口。主要港口有巴生、槟城、关丹、新山、古晋和纳闽等。其中巴生港是国内最繁忙的港口。巴生港口位于马来半岛西部沿海巴生河口南岸，距首都吉隆坡约40公里，地处马六甲海峡的东侧，具有十分重要的战略位置，是马来西亚第一大港口，是世界第14大港口，每年可处理的集装箱量为600万TEU，而且是全球集装箱收费率最低的港口之一。丹戎帕拉帕斯港是马来西亚的一个新兴港口，成立于1999年。它位于马来西亚半岛南端的柔佛州，距新加坡港仅40公里，目前已成为马来西亚的第二大集装箱港。由于进港手续简便且费用低廉，发展速度惊人。因其出色的表现连续当选为2000年、2001年度世界最佳新兴集装箱港。目前，丹戎帕拉帕斯港已成为马来西亚最繁忙的港口，东南亚地区一个实力雄厚的集装箱转运枢纽港。②

（二）马来西亚海洋产业发展状况

马来西亚的海洋产业主要由海洋渔业、海洋油气业、海洋交通运输业、滨海旅游业五大产业构成。

1. 海洋渔业。马来西亚海洋渔业由捕捞和养殖2大部分组成，以捕捞为主。2001~2003年渔业捕捞的产量为120万~130万吨，占水产业总产量的87%；产值为10亿~11亿美元，占水产业总产值的80%。2001~2003年水产养殖的产量为18万~19万吨，产值为2.8亿~3.1亿美元。海水养殖占水产养殖总产量的76%和总产值的80%。海水养殖种类主要包括虾类、鱼类、贝类和藻类4大类别。另外，马来西亚已建有3个国家虾苗繁育中心，91个私人虾苗繁育厂，虾苗供应可"自给自足"。同时，马来西亚渔业局已建立海水养殖技术培训中心，为水产业提供更多的合格人才。③

① 龙菲：《马来西亚：尽显亚洲魅力》，载于《理论与当代》2007年第5期。

② 刘才涌：《马来西亚港口业快速发展的现状及前景》，载于《经济纵横》2002年第11期。

③ 尚合峰：《东马来西亚深海渔业现状与发展前景》，载于《水产科技》2005年第1期。

2. 海洋油气业。马来西亚有丰富的油气资源，海洋石油业已成为马来西亚最重要的海洋产业。目前，马来西亚是世界所有国家中海洋石油钻井数增长最多的国家。2001 年海洋石油钻井数为 36 口，2002 年增长到 169 口，增长率为 369%；海洋石油钻井装置数也从 2001 年的 11 艘增加到 2002 年的 14 艘，增长率为 27%。不仅如此，马来西亚已着手实施国际勘探和开采战略，其国家油气公司 Petronas 还在叙利亚、土库曼斯坦、伊朗、巴基斯坦、中国、越南、缅甸、阿尔及利亚、利比亚、突尼斯、苏丹和安哥拉投资石油勘探和开采项目，其海外业务的收入约占公司总收入的 1/3。近年来，马来西亚天然气产量一直呈现稳步增长态势。马来西亚天然气勘探和开采最为活跃的区域是马来西亚—泰国合作开发区域（JDA），该区域位于泰国海湾下游，由马来西亚—泰国联合管理署（MTJA）管理。MTJA 由两国政府共同组建，管理两国领土存有争议的 JDA 区域的油气勘探和开采。

3. 港口和海洋运输业。海洋运输作为马来西亚交通运输业中最重要的方式，其港口业相对于东南亚的其他国家（新加坡除外）而言比较发达。近年来大力发展远洋运输和港口建设，2005 年，马来西亚共有各类船只 1 008 艘，其中 100 吨位以上的注册商船 508 艘，注册总吨位 175. 5 万吨；远洋船只 50 艘。主要航运公司为马来西亚国际船务公司。国内运输量和海外运输量也在逐年上升。近几年来马国政府将港口业作为拉动其国内经济复苏的增长点，把港口业的发展置于优先考虑的地位，并采取一系列措施来加快港口业的发展。一方面，通过制定国家港口建设计划，合理规划港口的长远发展战略，不断加大港口建设的投入。另一方面，继续加大港口业的开放度，减少外资进入港口业的限制。马来西亚港口开放已经取得了显著的效果，成功地吸引了马士基海陆公司和世界第二大的海运公司——台湾省长荣公司来落户，后又获得世界最大的港口营运商——香港和黄集团的加盟。

4. 滨海旅游业。马来西亚政府对旅游业高度重视，特别是入境旅游市场，花大力气予以扶植。旅游业作为马来西亚的三大经济支柱之一和第二大外汇收入来源，在国民经济中占有重要地位。据马旅游部统计，2005 年拥有饭店约 1 878 家，饭店入住率 55. 3%，外国游客人数达 1 640 万人次，增长 4. 6%；2006 年为 1 754 万人次，同比增长 6. 8%，旅游收入 360. 2 亿林吉特，同比增长 13%。2007 年上半年，外国游客在马消费总额为 240. 313 亿林吉特，同比增长 45. 9%。马来西亚的诸多海岛如槟城、邦咯岛、刁曼岛、兰卡威和乐浪岛等凭借其一流的品质已在旅游市场得到了广泛的认可，海岛休闲游成为了马来西亚国家产品的主打品牌。

（三）马来西亚海军建设状况

马来西亚政府认为，海洋是其安全的屏障、对外联系的通道和资源宝库。由此，马来西亚提出了“维护海洋环境的稳定，不受限制地开发海洋资源和开展国际贸易”的海洋战略构想。因此，马来西亚对海军寄予极大希望，将海军作为实施这一战略目标的主导力量。

自1963年海军正式建军以来，马来西亚通过实施几次海军发展计划，并从英国、美国、法国、德国等西方国家购买舰艇装备，增强水面作战能力；发展水下力量；增强空中支援海上作战能力，使其海军装备实力不断增强。尤其在进入20世纪90年代以后，随着海洋权益成为各沿海国家关注的焦点，马来西亚加快了海军的发展，制定并实施了所谓的“20年海军发展计划”（1990～2010年），建设强大海洋防卫力量。近年来，随着国防预算逐渐向海军倾斜，很好地证明了马来西亚力图建立一支“令人畏惧的现代化海军”的战略意图。从马来西亚海军的发展态势来看，其正在由单纯近岸防御海军向地区性远海作战型海军转变，已成为东南亚地区一支不可忽视的海上力量。①

五、文莱海洋动态与政策概述

文莱全称文莱达鲁萨兰国（Brunei Darussalam），文莱处于加里曼丹岛北部，北濒南中国海，东南西三面与马来西亚的沙捞越州接壤，被沙捞越州的林梦分隔为不相连的东西两部分。与印度尼西亚东、南、西各省相接，同属于婆罗洲，占婆罗洲土地面积1%左右，是岛上唯一的主权国家。文莱国土面积5 765平方公里，海岸线约为161公里，沿海多为平原，内地多山地，东部多为沼泽地，全国最高峰为东部的巴干山，海拔1 815米，共有33个岛屿。文莱人口38.3万（2009年）。国语为马来语，通用英语。国教是伊斯兰教，其他还有佛教、基督教、拜物教等。在南海周边五国中，文莱国家虽小，凭借其丰富的石油资源，成为南海周边最富有的国家。②

（一）文莱海洋资源状况

文莱是海洋性国家，整体资源有限，但是其林业资源、油气业资源、渔业资源和旅游资源都相对丰富。森林覆盖面积约为39%，面积为2 277平方公里，86%的森林保护区为原始森林，丰富的林业资源为木材生产和橡胶生产提供了便利。此外文莱盛产石油和天然气，石油储量为16亿桶，天然气约为2 943亿立方米，依赖石油和天然气的资源禀赋使文莱成为亚洲和世界最富有的国家之一。文莱高品质的海水资源，沿海滩涂、浅湾未被污染，很适宜开展海水养殖，海域面积3.86万平方公里，海洋渔业区内有丰富的渔业资源。另外，文莱自然旅游资源十分丰富，风光秀丽的海滨，未受破坏的热带雨林和土著民族风情，独具特色的“水村”建筑，

---

① 羽洁：《马来西亚海军发展扫描》，载于《环球军事》2003年第5期。

② 周子涵：《文莱—金碧辉煌的袖珍之国》，载于《进出口经理人》2009年第11期。

具有很大的旅游资源开发空间。

（二）文莱海洋产业发展状况

文莱是一个小岛国，又是一个富国。丰富的海洋油气资源为文莱的经济带来巨大的财富。随着文莱政府对本国经济结构弊端认识程度的加深，海洋渔业、滨海旅游业和航运业等多种产业逐渐发展起来，成为极具发展潜力的“新兴”产业门类。

1. 海洋油气业。天然气和石油是文莱的两大经济支柱，文莱以“东方石油小王国”著称，是当今世界上最富裕的国家之一，在全球能源市场中拥有重要地位。文莱探明原油储量为13.5亿桶，天然气储量为3 907.7亿立方米。1979年，文莱石油日产量曾达到历史最高值26.1万桶。20世纪90年代中期以来，文莱的石油日产量则一直保持在20万桶左右，天然气日产量也高达10.59亿立方英尺。文莱石油天然气工业产值约占其国内生产总值的40%，一度曾高达60%以上。其生产石油的95%以上、天然气的85%以上用于出口。石油和天然气是其经济的两大支柱，也是其出口创汇的最主要来源。文莱石油的主要消费国包括日本、韩国、美国、澳大利亚、新西兰、中国和印度。[①] 文莱90%的天然气由BSP生产，剩余10%的天然气由道达尔公司生产。文莱在1972年时就成为亚洲第一个液化天然气（LNG）出口国，同时也是全球第四大LNG生产国和东南亚第三大天然气生产国。当前，文莱LNG的主要出口国是日本，约占据85%；其次是韩国，约占11%。BSP为了扩大生产能力，2008年在其现有的5条生产线的基础上增加了一条每年1 940亿立方英尺的LNG生产线。除了出口外，文莱还使用天然气来发展石化产业和能源产业。[②]

2. 文莱渔业。文莱具有得天独厚的海洋自然条件，具备渔业发展的良好条件。自1983年文莱将200海里的水域设定为专属经济区后，文莱渔业取得了较快的发展。2008年文莱有1 650名全职渔民及3 891名兼职渔民在海岸线海域捕鱼。2007年取得9 794万元的生产总值。其中，8 329万元来自捕鱼业，626万元来自水产养殖，829万元来自海产加工。现在，文莱全国有13家养虾企业，有50个鱼虾养殖场，养殖著名的虎虾和蓝虾，养殖水域总面积230公顷。随着全球市场对虾需求增加，文莱已开始研究引进国外投资和技术，增加养虾产量，现已在都东县规划459公顷新地作为海水养殖专用。文莱海产品加工业规模较小。目前文莱共有66家国内企业和一家合资企业从事海产品食品加工，都为中小型企业，产品主要是虾片和鱼干类。产品除在文莱销售外，还出口美国、中国台湾、日本、马来西亚和新加坡

① 钱伯章：《文莱石油和天然气的出口潜力》，载于《石油知识》2004年。

② 娄承：《文莱油气工业向着可持续发展方向迈进》，载于《世界石油工业》1999年。

等地。①

3. 文莱滨海旅游业。文莱政府近年来积极推行“多元化经济”发展之路，旅游业备受重视。在2009年瑞士世界经济论坛的《旅游业竞争力报告》中，文莱列位第69位。2007年文莱有近5 200人直接受聘于旅游行业，2007年通过国际机场入境文莱旅客为17.85万人次，旅游收入8.77亿文元。2008年入境游客人次达到19.1万人次，增长7%。天然的富足、浓郁的伊斯兰风情、东方特色的“威尼斯”等独特的旅游资源极有可能把文莱构建成了21世纪的滨海旅游胜地。另外，文莱水村旅游已上升文莱国家战略，600多年历史的水村文化无疑是帮助文莱实现多元经济的又一个重要渠道。②

4. 航运业发展状况。据不完全统计，2007年，文莱共有各类注册船只262艘，各港口共装卸货物104.05万吨。2008年1~6月份装卸货物48.12万吨。文莱现与新加坡、马来西亚、香港、泰国、菲律宾、印度尼西亚和中国台湾有定期货运航班。目前文莱的最大港口麻拉港（MUARA），现已成为文莱商品进出口的重要海上门户。石油和液化天然气出口使用的主要是马来弈港和卢穆港。为了适应世界航运业的快速发展，谋求航运业纵深发展，文莱政府计划将文莱大摩拉岛建设成为适应下一代集装箱船舶需求的港口，成为世界一流的深水港。同时，积极参与环北部湾经贸一体化进程。

（三）文莱海军建设

文莱皇家海军（Royal Brunei Navy），成立于1965年6月14日，是文莱皇家武装部队成立的第二个单位。该部队总部设在文莱麻拉区的穆拉（Muara）。文莱皇家海军是一个小而装备精良的部队，其主要责任是进行搜索和救援任务，以捍卫文莱水域的合法权益。文莱皇家海军的任务如下：海上展开攻击的威慑力量；保护国家的近海资源；维护南海的通信线路（SLOC）；监测200海里专属经济区；海上搜寻与救援行动；RBAF的任务支持单位；提供其他安全机构和文莱国防部的任务支持。文莱皇家海军装备有：3×F2000级护卫舰；3×Waspada级导弹巡逻舰；3×Perwira级近海巡逻艇；2×两栖突击载具；2×登陆艇；17×内河用小型武装船只（特种作战中队所使用）；1×动力船；23×水警巡逻艇。这些都驻扎在文莱Muara海军基地。

---

① 罗毅志、王俊：《文莱大力发展鱼虾业》，载于《海洋与渔业》2008年。

② M ShahidulIslam、姚小文：《东盟十国经济发展趋势—文莱经济展望》，载于《东南亚纵横》2005年。

第三节　南海资源综合开发策略

一、南海资源综合开发的时代背景

（一）国际背景

2001年，联合国正式文件中首次提出了“21世纪是海洋世纪”，海洋是人类存在与发展的资源宝库和最后空间。随着社会经济的高速增长，陆域资源、能源和空间的压力与日俱增，人类已将社会经济发展的视野逐渐转向资源丰富、海域广袤的海洋世界，未来海洋必将成为社会经济活动的主战场之一。据统计资料显示，20世纪50年代以来，世界海洋经济快速增长，各海洋产业发展迅速。20世纪70年代初，世界海洋产业总产值约1 100亿美元，1980年增至3 400亿美元，1990年达到6 700亿美元。21世纪世界的海洋经济以更快的速度发展，2002年已达到13 000亿美元，占世界经济总量的4%。预计2020年有可能达到30 000亿~35 000亿美元，占世界经济总产值的10%左右。因此，世界沿海各国和地区都高度重视发展海洋经济并相应加大了海洋开发和管理的力度，纷纷把建设海洋强国作为国家和地区的长期发展战略。

20世纪60年代以来，许多西方国家便把目光投向海洋，海洋开发战略的重要性逐步被沿海国家提上议事日程。1960年法国总统戴高乐首先在议会上提出“向海洋进军”的口号。1961年美国总统肯尼迪向国会提出“美国必须开发海洋”，要“开辟一个支持海洋学的新纪元”。之后不少国家在反复研究的基础上纷纷推出了海洋开发战略。21世纪，海洋开发战略成为各国的热点。①

美国1999年提出“21世纪海洋发展战略”。从沿海旅游、沿海社区、水产养殖、生物工程、近海石油与天然气、海洋探求、海洋观测、海洋研究等11个方面制定未来发展的重点。核心原则是维持海洋经济利益、加强全球规模的安全保障、保护海洋资源和实行海洋探求四个方面。2000年美国颁布《海洋法令》，2004年发布《21世纪海洋蓝图—关于美国海洋政策的报告》及《美国海洋行动计划》。

日本是最早制定海洋经济发展战略的国家之一。1961年，日本成立海洋科学技术审议会并提出了发展海洋科学技术的指导计划。在20世纪70年代中期又提出海洋开发的基本设想和战略方针。早在1980年，日本海洋产值占国民生产总值的比重就达到了10.6%。他们一直把加速海洋产业的发展，作为国家的战略方向，

① 刘中民：《世界海洋政治与中国海洋发展战略》，时事出版社2009年版。

期待海洋这一无限的空间所具有的矿物、生物、能源、空间等资源的开发利用，能够维持日本的社会经济需求。2007 年，日本国会通过《海洋基本法》，设立首相直接领导的海洋政策本部及海洋政策担当大臣。

加拿大在 1997 年颁布《海洋法》，2002 年出台《加拿大海洋战略》，2005 年颁布《加拿大海洋行动计划》。加拿大海洋战略确定了三个原则和四个紧急目标。三个原则是：可持续开发；综合管理；预防的措施。四个紧急目标为：相互配合的综合海洋管理方法；促进海洋管理和研究机构相互协作，加强各机构的责任性和运营能力；保护好海洋的环境，最大限度地利用海洋经济的潜能，确保海洋的可持续开发；力争使加拿大在海洋管理和海洋环境保护方面处于世界领先地位。为了实现国家的海洋战略目标，政府和有关各方制定了具体措施。这些措施包括：加深对海洋的研究；保护海洋生物的多样性；加强对海洋环境的保护；加强海运和海事安全；加强对海洋的综合规划；振兴海洋产业；加强对公众，特别是青少年的教育，增强全社会的海洋保护意识观念。在海洋研究方面，加拿大政府在 2003 年拨款近 8 亿加元的海洋科技开发经费，制定了海洋资源和海洋空间的定义，广泛收集海洋资料，保护资源开发和海底矿物资源，加强了海洋科学和技术专家队伍建设等。

澳大利亚 1999 年成立国家海洋办公室，负责制定国家和地区的海洋计划，提出要使海洋产业成为有国际竞争力的大产业，同时保持海洋生态的可持续性，并确定海洋生物工程、替代能源开发、海底矿物资源开发等为海洋经济急需发展的产业；提出改良所有渔业的加工技术，增加产品的附加值；同时在海洋油气开发、造船、观光等方面提出具体的发展措施。

韩国 1996 年组建海洋水产部，统管除海上缉私外的全部海洋事务，2000 年颁布韩国海洋开发战略《海洋政策—海洋韩国 21》，目标是使韩国成为 21 世纪世界一流的海洋强国。确定韩国海洋经济发展战略是实现“世界化、未来化、实用化、地方化”四化。具体目标是：创造尖端海洋产业；创造海洋文化空间；将韩国在世界海洋市场的占有率从目前的 2% 提升到 4%；成为世界第 5 位的全球海洋储运强国；成为海洋水产大国；具有实用化技术的海洋强国；成为人类与海洋生态系统共存的典型海洋国家。

欧盟为保持现有的经济实力，并为在高技术领域内增强与美、日等发达国家的竞争力，制定了尤里卡计划。尤里卡的海洋计划（EUROMAR）的原则之一：加强企业界和科技界在开发海洋仪器和方法中的作用，提高欧洲海洋工业的生产能力和在世界市场上竞争能力。已启动的和已完成的项目中的海洋环境遥控测量综合探测（MERMAID）和实验性海洋环境监视和信息系统（SEAWATCH）已向中国推销，SEAWATCH 在世界市场海洋仪器设备产品中已得到数千万美元的经济效益。尤里卡海洋计划的第二期海洋科学技术的海洋技术项目中的水声应用部分主要有：水下图像传输技术、长距离声通讯技术、用声学技术研究沉积物的现场特性，用 SAR

和回声测深仪研究浅海水下地形的动态特征并开发海底地形测绘技术等既先进又实用的技术。2005年欧盟委员会通过《综合性海洋政策》及《第一阶段海洋行动计划》。此外，英国公布了“海洋开发推进计划”，并将颁布《海洋法令》。法国制定了海洋科技“1991~1995年战略计划”，2005年成立海洋高层专家委员会，专责制定国家海洋政策。

（二）国内背景

中国濒临太平洋西岸，拥有18 000公里的大陆海岸线，14 000公里的海岛岸线，岛屿6 500多个（不含港澳台地区）。这片面积达350多万平方公里的“蓝色国土”是中华民族实施可持续发展的重要战略资源。我国海洋经济发展国内背景主要有两方面。

1. 从国家机构的设立和相关政策文件的出台方面来看，我国历来十分重视海洋经济的发展。中国国家海洋局1963年成立。1982年中国投票支持通过《联合国海洋法公约》。1991年中国召开首次全国海洋工作会议，并由国家海洋局和国家计委发布《90年代中国海洋政策和工作纲要》。1995年国务院批准、国家计委、国家科委和国家海洋局联合发布中国第一部《全国海洋开发规划》。1996年全国人大常委会批准《联合国海洋法公约》。1996年国家海洋局发布《中国海洋21世纪议程》及其行动计划。1998年国务院新闻办公室发布白皮书《中国海洋事业的发展》。1999年国家海洋局发布《中国海洋政策》。2001年全国人大常委会颁布《海域使用管理法》。2002年国务院批准发布实施《全国海洋功能区划》。2002年中共十六大提出《实施海洋开发》。2003年国务院印发《全国海洋经济发展规划纲要》。党的十七大对发展海洋产业作出了重要部署。胡锦涛总书记强调“要增强海洋意识，做好海洋规划，完善体制机制，加强各项基础工作，从政策和资金上扶持海洋经济发展。”沿海各省、区、市按照党中央、国务院的部署，加快发展海洋经济。辽宁制定“沿海地区发展规划”，福建加快建设“海峡西岸经济区”，广西积极推动“环北部湾经济区”开发，海南全力建设“国际旅游岛”，河北精心打造曹妃甸工业园区，天津大力发展滨海新区，山东正在按照胡锦涛总书记的要求，加快建设“蓝色半岛经济区”。2008年国务院批准发布《全国海洋事业发展规划纲要》。

2. 从我国海洋经济产值方面来看，海洋经济产值呈现逐年上升的趋势，甚至出现成倍增长的局面。改革开放以来，我国海洋经济发展速度超前于整个国民经济发展速度。1979年海洋经济总产值为64亿元，1994年达到了1 400亿元，1996年猛增至2 800余亿元，两年间翻了一番，占国内生产总值的4%左右。两年后的1998年增至3 270亿元，1999年又增至3 651亿元。20年来海洋经济总产值增加了57倍。尤其是进入21世纪伴随着高科技的进步，海洋经济作为中国经济的一部分迅速发展。2000 年我国海洋经济总产值突破 4 000 亿元大关，增加值为 2 297.04 亿元，占全国 GDP 的 2.6%；而 2011 年全国海洋经济总值为 45 570 亿元，占 GDP 的 9.7%。海洋经济真正成为国民经济新的增长点。可见，海洋经济是中国经济不可缺少的组成部分。

二、基于南海开发发展战略性海洋新兴产业

南海资源综合开发与利用，有助于推动广东战略性海洋新兴产业的发展，有助于优化广东海洋产业的结构，促进广东海洋经济的发展。下面就战略性海洋新兴产业的内涵、特征进行探讨。

（一）战略性新兴海洋产业的内涵及特征

1. 战略性新兴海洋产业的内涵

在我国“十一五”的后阶段，尽管中国经济遭受了来自国际金融危机的严重冲击，许多产业出现严重下滑。但从《中国海洋发展报告（2010）》来看，2009 年中国的海洋生产总值达到 31 964 亿元，与 2008 年的 29 662 亿元相比，同比增长高达 11%。可见，在全球经济衰退的大潮之下，海洋产业的异军突起为中国经济增长提供了活力，“蓝色经济”已成为新的经济增长点。未来的几个世纪占全球空间 2/3 以上的海洋将成为经济长期繁荣和可持续发展一个重要领域和增长源，海洋经济可持续发展是生态资源有限条件下的必然选择。由于受经济全球化的影响，区域产业间乃至全球产业间竞争的加剧，沿海资源日渐枯竭，加上需求多元化所导致的市场结构改变使沿海地区的传统海洋优势产业或支柱产业竞争力逐渐丧失，这种沿海产业的趋同性和脆弱性容易引发沿海产业链的断裂，进而导致地区经济和社会发展危机。因此，海洋产业转型和主导产业的选择已成为沿海地区乃至国家层面所面临的紧迫而又重大的战略性课题。

从产业发展布局和我国的区域空间格局来看，“十二五”期间我国经济的发展少不了海洋经济发展的支撑，未来的经济发展重点在海洋经济，海洋经济发展的重点则在于战略性海洋产业的培育。战略性海洋新兴产业是以海洋为依托、以高科技创新为支撑、以生态可持续为基础的处于产业生命周期成长阶段并具有较高产业关联度和导向性以及对其他产业和区域经济具有较强带动作用的现代高素质产业。战略性海洋新兴产业不仅关系到国民经济社会发展和产业结构优化升级，而且引导海洋经济增长方式由粗放式向集约式转变，使之更加有利于海洋资源的合理开发和可持续利用。战略性海洋新兴产业必然带有全局性、长远性、导向性和动态性特征，忽视了战略性海洋新兴产业的发展，海洋经济甚至是国家整体产业经济就会失去后备竞争力和基础。迈克尔·波特把新兴产业界定为新建立的或是重新塑型的产业，

他认为导致新兴产业的出现的主要因素包括科技创新、相对成本结构的改变、新的顾客需求，或是因为经济与社会上的改变使得某项新产品或是服务具备有开创新事业的机会。战略性海洋新兴产业强调的是通过战略性海洋产业的“预发展”来达到未来海洋产业的竞争力获取。战略性海洋新兴产业对海洋经济的发展具有“培基”作用，是海洋产业结构演进的新生力量。海洋产业最初只是被界定为海洋资源开发，而海洋经济定义是一种动态的扩充，海洋经济本身已由资源利用向区域系统性开发的方向发展。事实上，要把海洋经济活动与非海洋经济活动相互隔离，明确界定海洋产业的范畴并非易事，战略最终以涉海性海洋产业和海洋产业链作为海洋经济的基础和辐射范围。

2. 战略性新兴海洋产业的特征

战略性海洋产业的选择和发展本身是一个复杂的体系，产业发展的基点各有侧重。而战略性海洋新兴产业的共同的特征基本可以归纳为资源涉海性、经济效益性、技术先进性、资本密集性、生态可持续性、产业导向性等六点。当然，这六点也是对战略性海洋新兴产业的一个范畴界定。

（1）资源涉海性。资源是产业发展的基础，任何产业都不可能脱离于生产要素的供给而独立存在。充分利用海洋资源是未来经济社会发展的必然选择，战略性海洋新兴产业的基础就在于对涉海资源的可持续开发和利用，其问题关键并不在于海洋新兴产业对资源依赖性有多强，而在于海洋产业发展能在价值链的核心环节上形成独特的竞争优势。

（2）经济效益性。产业是经济发展的基础，战略性海洋新兴产业必然要能以高的产出投入比来增进社会的福利和调整海洋经济的利益格局，一个缺少经济效益性的战略性产业很容易在未来的发展中失去动力。

（3）技术先进性。战略性海洋新兴产业的基本特征是海洋高新技术，这是它的助推器，战略性海洋新兴产业与传统产业比较最显著的区别在于其产业技术引擎。这必然要求更多关注影响海洋科技的成果转化、孵化、产业化等问题，战略性海洋新兴产业实质是一种“技术锁定”。[①]

（4）资本密集性。当资本密集型产业逐渐取代劳动密集型产业而成为一国产业结构中的主导产业时，资本供给量取代劳动供给量而成为推动产业结构演进的主要因素。战略性海洋新兴产业需要市场培育和技术研发的不确定性，高风险、高投入，需要大量的资本（包括资金资本和人力资本）注入。[②] 随着现代海洋科技的发展和经济全球化，我国“十二五”期间的经济更开放、更加依赖于海洋，海洋产业将成为经济发展的主战场，海洋产业的集约化与规模化势成必然，客观要求劳动

---

① 余建斌：《新兴海洋产业比例小　海洋资源开发如何布局》，载于《人民日报》2010年4月12日。

② 苏东水：《产业经济学》，高等教育出版社2002年版。

密集型海洋产业逐步向资本密集型和技术密集型产业发展。

(5) 生态可持续性。战略性海洋新兴产业立足于可持续发展和生态保护，是以高科技作为引擎的集约型产业，改变粗放型的传统海洋经济发展方式，引领海洋产业向低碳型、循环型的绿色经济发展方式转变，生态可持续性（即“生态锁定”）已成为现代产业经济和评价战略性海洋新兴产业的一个基准尺度。

(6) 产业导向性。战略性海洋新兴产业是政府结合市场基础在国家层面的一种前瞻性的、政策性产业发展规划，发挥海洋新兴产业的示范性、带动性和导向性作用，弥补市场失灵和市场缺陷以获取未来相当长一段时间的产业竞争力，并带动其他产业和区域经济快速发展。

(二) 南海资源开发与战略性新兴海洋产业选择

1. 南海综合开发与广东战略性新兴海洋产业选择

综合前面所述，南海具有重要的战略地位和丰富的自然资源。由于广东省与南中国海所处的独特地理位置，南海综合资源的开发与广东经济的发展是密不可分的。广东要围绕构建现代海洋产业体系，以《广东海洋经济综合试验区发展规划》上升为国家战略为重大契机，以推进产业结构转型升级为主线，着力扶持发展潜力大、带动性强的海洋战略性新兴产业，突破关键核心技术，提升海洋产业核心竞争力。

(1) 培育壮大海洋工程装备制造业。发展深海勘探开采设备、海洋新能源开发设备、海洋环保装备及海水利用成套装备制造，形成具有较强国际竞争力的海洋装备制造业集群。

(2) 加快发展海洋生物医药业。充分利用南海海洋生物资源丰富的优势，重点研发生产海洋药物、工业海洋微生物产品、海洋生物功能制品及海洋生化制品，努力打造国家海洋生物医药产业创新和品牌基地。

(3) 发展海水综合利用业。加快研发和推广海水综合利用的技术、工艺和装备，推进海水淡化综合利用关键技术产业化，努力形成工业海水、生活海水、淡化海水三大产业群。

(4) 积极发展海洋新能源产业。科学规划海洋新能源开发，加快海洋风电、波浪能、潮汐潮流能发电等技术创新和产业化发展，增强海洋开发的能源安全保障能力。

(5) 加快培育现代海洋服务业。依托海洋中心城市、主要港口和临港工业基地，重点发展港口物流、海洋会展业、海洋信息服务和航运金融保险服务业，促进广东海洋产业结构由“资源开发型”向“海洋服务型”转变。

2. 广东战略性新兴海洋产业发展的路径

(1) 着力推进海洋高技术创新和产业化。加快构建政产学研相结合的海洋高技术产业创新体系，推动建立海洋科技创新联盟，加强海洋科技重点攻关。创新海洋科技成果转化机制，加快打造一批海洋新兴产业研发孵化和产业化基地。

（2）加快布局海洋新兴产业基地。推动广州、深圳、珠海、中山等地打造世界级海洋工程装备制造产业带，加快建设广州、深圳国家生物产业基地和中山国家健康科技产业基地，在深圳、湛江、汕头等地建设海水淡化示范工程，在万山群岛等海岛建立海洋可再生能源开发利用技术实验基地，加快广州南沙、珠海横琴新区、深圳前海等沿海现代服务业合作区建设。

（3）培育壮大海洋新兴产业领军企业。在财政资金、能源及土地供应、上市融资、人才引进等方面制定激励政策，引导培育一批符合海洋新兴产业发展方向、具有核心竞争力的行业领军企业。

（4）拓宽海洋新兴产业投融资渠道。政府通过贷款贴息和补助等方式，支持海洋高技术企业创新能力建设和产业化发展。设立海洋新兴产业创业投资基金，引导各类风投基金及外资、民营资本投向海洋新兴产业领域。

（三）战略性新兴海洋产业的培育分析

“十二五”是中国经济发展的关键时期，也是广东经济发展的重要机遇。广东海洋经济的发展也必然面临着经济发展方式转型、海洋管理体制转轨和产业结构调整“三位一体”的历史性转变，而战略性海洋新兴产业正是对海洋经济发展的破局。战略性海洋新兴产业在广东海洋经济的发展中具备发展的基本要素和条件，但作为一种新兴产业，其培育和发展需要耐心和魄力，但也会存在和遇到很多问题，表现最为突出的首先是技术的创新问题。技术的原创性突破需要时间的积累，尤其主流的核心技术是经过市场长期选择的结果。新兴产业的技术不成熟，要允许失败和大胆试错，产业的选择就需要勇气和魄力。其次是战略性海洋新兴产业的基础设施和服务体系的配套问题。战略性新兴产业发展是一种前瞻性的“预发展”必然难以同步建立完善的配套基础设施和服务体系。解决“老”体制发展战略性海洋新兴产业的问题，需要新兴产业更多的创新，因为旧体制的官僚性难以与新兴产业匹配。再者是战略性海洋新兴产业发展的成本问题。新兴产业发展的产业化程度和规模都偏小，这必然会带来高昂的边际成本，而且市场的不确定性也导致了投入的高风险。这些都是发展战略性海洋新兴产业所面临的和必须解决的问题。

战略性海洋新兴产业的发展应是一个非均衡发展的系统工程，不能只从单一产业发展的角度着眼，割裂了各个产业间的联系。海洋工程装备和制造业与深、远海开发业之间就存在很大的关联性，所谓的系统是由不同的要素按照一定的时空秩序或者功能上的关联性而构成的具有一定质态的整体，[①] 战略性海洋新兴产业的培育和发展非但要注重其时效性，还要形成一个有序的时空体系，在功能分工上有所侧重以获取产业综合竞争力和行业话语权。战略性海洋新兴产业系统可以看做由海洋政策和制度系统、海洋产业科技研发系统、海洋资源和生态系统、海洋产业经济系统等四大系统组成。这四大系统相辅相成、相互促进才能形成一个良性的战略性新兴海洋产业环境和空间。

1. 战略性海洋新兴产业政策和制度系统的创设

国家战略性新兴产业发展规划为广东战略性海洋新兴产业的发展提供了宽松的政策环境和政策资源。广东必须不断优化产业发展规划、资金投入、扶持机制等政策体制，通过体制、政策和市场的综合制度设计，才能实现新兴技术的大规模化和产业化。战略性海洋新兴产业在其发展初期，大多为缺少竞争优势的弱势产业，对这些产业的政策培育和政策扶持是其快速发展的必要条件。广东省政府对新兴产业的培育和扶持集中表现在政策资源的乘数效应和制度的“规制效应”，政府的政策和制度不但引导和助推新技术研发，而且政府可以通过政策和制度的调整短时间内人为地创造“新兴”市场。我国在各种新能源（太阳能、风能、乙醇等）市场上的快速发展得益于政府的税收、补贴和信贷等政策杠杆的使用。战略性海洋新兴产业的发展必然伴随着海洋产业科技投入体制、产业投融资体系、财税体制以及知识产权管理体制等系统的更深刻、更广泛的变革，取代原来那种低层级、僵化的多头管理海洋体制和产业运作模式。

2. 战略性海洋新兴产业科技研发系统的激活

高科技性是战略性海洋新兴产业的基本特征。战略性海洋新兴产业就是通过海洋科技领域发生革命性的突破，以高科技为先导的前瞻性战略产业的“预发展”来寻求“弯道超车”的机会。科技革新是需要积累和沉淀的，必须要有一个长效的技术和人力资本储备激励机制。要建立一批战略性海洋新兴产业国家研发中心、重点国家实验室、新兴海洋产业技术检测和评估平台和信息资源共享平台，从政府、企业、社会三个层面来激发战略性海洋新兴产业科技研发系统的活力。政府要建立新的风险分担与化解机制，允许试错与失败来加强对关键性、集成性、基础性和共性技术等核心技术进行突破，跳出低层次竞争，靠技术赢得市场。同时还要注重产业链整体技术突破和联动发展，加强技术与市场应用的互动性来提升科技成果的转换率，把握新时期技术经济新范式的内在要求和发展趋势，不能让战略性海洋新兴产业技术领先，却输掉了市场。

3. 战略性海洋新兴产业资源和生态系统的优化

从资源条件看，广东的海洋资源总量、海洋经济产值及沿海产业基础设施为发

---

① ［美］塞奇、阿姆斯特朗，胡保生、彭勤科译：《系统工程导论》，西安交通大学出版社2006年版。

展战略性海洋新兴产业提供了明显的比较优势。但战略性新兴产业要摒弃短视的经济观，战略性海洋新兴产业并不是“GDP 激素”。对资源的掠夺式开发势必削弱产业的竞争力，破坏自然生态平衡。海洋生态的平衡为海洋资源提供良好的环境，可持续地利用海洋资源才能为海洋产业经济的发展提供源源不断的后劲力量。战略性海洋新兴产业旨在促进海洋资源的综合利用和生态的平衡发展，如发展绿色海洋船舶工程加快节能减排，利用海洋生物工程技术对海域进行生态修复和海洋生物资源养护、发展“碳汇渔业”等。海洋资源和生态系统的优化关键一点还在于实施以产业互动为基础的海陆统筹，实现海陆资源的互补，打造海陆一体化的产业资源联动平台，通过发展低碳经济、循环经济、绿色经济促进海洋产业系统的优化。

4. 战略性海洋新兴产业经济系统的创新

广东战略性海洋新兴产业的发展离不开资金的支持，而省政府对产业的扶持主要体现在政策投入和资金投入上。产业经济系统是政府投入的主要税收资金来源，战略性海洋新兴产业的发展要形成技术资本、产业资本和金融资本的有机耦合系统。政府要吸引风险投资资金向战略性新兴产业倾斜或建立新兴产业风险投资基金，通过多种渠道筹措，发挥金融杠杆的作用，大量吸引民间资本的进入，把战略性海洋新兴产业推向社会化、产业化。战略性海洋新兴产业是调整产业经济的新标杆，通过政策、资金和市场三个要素强化海洋新兴产业的带动性和关联度，以“项目 + 资源配置 + 政策设计 + 制度性执行”来推动战略性海洋新兴产业经济系统的创新和运作，引导海洋产业进行合理的空间布局和产业集聚。在选择海洋新兴战略性产业要兼顾第一、第二、第三产业和经济社会协调发展，统筹规划产业布局、结构调整、发展规模和建设时序，在最有基础、最优条件的领域率先突破。例如，海洋防腐蚀产业就是我们忽略的一个重要领域，海洋腐蚀所带来的经济损失已远远超过了自然灾害损失。有学者因此提出了一个“五倍定律”。而南海水淡化和综合利用业，它能够产生巨大的经济效益，淡化的水对当地人民生活质量的提高、经济的发展及新的大型工程项目的上马都起到重要的作用。广东战略性海洋新兴产业经济系统要立足构建具有区域特色、具有创新性海洋新兴产业的组织模式和运营机制。这种海洋新兴产业经济系统要突破收益递减规律的限制，通过激活内在的“产业基因”和产业综合要素产出率的动态提升，实现收益递增。

三、基于广东与中国—东盟自贸区耦合的海洋经济建设

中国—东盟自由贸易区 2010 年 1 月 1 日全面启动，这是目前世界最大的自由贸易区。据统计，2010 年 1 ~ 10 月份，中国—东盟双边贸易额达到 2 354 亿美元，同比增长 42%；其中出口额 1 111 亿美元，同比增长 35%，进口额 1 243 亿美元，

同比增长49%。由此可见，中国—东盟自由贸易区的启动，使中国经济有更大的发展空间和动力，这将有力地推动广东珠三角地区经济的大发展。

（一）中国与东盟自由贸易区发展对海洋综合开发的作用

1. 中国—东盟自由贸易区的发展阶段

中国和东盟自由贸易区建设分为三阶段。[①] 第一阶段（1991～1996年），在这一阶段，重点是中国与东盟国家各国的双边经贸合作不断有新的发展。第二阶段（1997～2000年），在这一阶段，中国与东盟增进合作，共同应对亚洲金融危机。1997年中国与东盟确定了建立面向21世纪的睦邻互信伙伴关系，发表了《联合声明》。随后两年间，中国分别与东盟十国签署了关于未来双边合作框架的《联合声明》，确定了在睦邻合作、互信互利的基础上建立长期稳定的关系。上述这十一个重要的《联合声明》都将相互间的经贸投资合作关系作为重要关系。至2000年，中国与东盟十国均签订了《鼓励和相互保护投资协定》。2000年在第四次中国—东盟领导人会议上，中国提出组建中国—东盟自由贸易区的建议。第三阶段（2001～2007年），在这一阶段，中国与东盟达成了组建中国—东盟自由贸易区的共识，之后签订了有关协议，并于2005年7月开始自贸区进入实质性运作时期。在这一阶段，中国与东盟间政治、经济合作良性互动，经贸合作在这一阶段一年一大步。2002年，中国与东盟签署了《南海各方行为宣言》。2002年11月，中国与东盟领导人共同签署了《全面经济合作框架协议》，决定在2010年建成中国—东盟自贸区。2003年，中国率先加入了《东南亚友好合作条约》，与东盟率先建立了战略伙伴关系，双方还签署了《面向和平与繁荣的战略伙伴关系联合宣言》。2004年，中国与东盟进一步签署了落实这一战略伙伴关系的《行动计划》。中国与东盟关于自由贸易协定（FTA）的谈判正式启动于2003年，实质性谈判从《早期收获》计划（Early Harvest Program）开始，2003年10月，中国与泰国“早期收获”计划开始实施。2004年1月1日，“早期收获”计划广泛实施。2004年9月，双方就货物贸易内容达成原则性协议，2004年在第8次中国—东盟领导人会议上，双方签署了《中国—东盟自由贸易区货物贸易协议》和《中国与东盟全面经济合作框架协议争端解决机制协议》这两份自贸区重要文件，《争端解决机制协议》为日后可能的贸易争端的解决提供了法律依据；2005年，中国—东盟自由贸易区进入实质性操作阶段，从当年7月20日开始，双方全面启动降税进程，首批7 445种商品的关税降至20%左右，中国对东盟6个老成员国平均关税降到了8.1%，甚至比最惠国平均税率还低1.8个百分点。按照自贸区建设计划，到2015年，中国与东盟4个新成员国间绝大多数产品关税为零，一个由11个国家组建的统一市场正在打造，并

① 唐彬、郭凯：《中国—东盟自由贸易区的发展和未来展望》，载于《商场现代化》2008年1月。

将改写世界经济版图。在《中国—东盟自由贸易区货物贸易协议》的基础上，通过双方的共同努力，历经多轮磋商，最终就服务贸易协议的内容达成一致，2007年1月14日，签署了中国—东盟自贸区《服务贸易协议》，它的签署为如期全面建成自贸区奠定了更为坚实的基础。中国与东南亚国家经贸合作不断加强的背景下，还涌现了中越两国共同提出的“两廊一圈”和由亚洲开发银行提出并支持的“湄公河次区域经济合作”两个次区域经济合作区域。这是中国—东盟自由贸易区的有机组成部分，再加上居中的“南宁—新加坡经济走廊”，即构成“M”的经济合作战略，或“一轴两翼”。

2. 中国—东盟自由贸易区建设与广东经济发展分析

中国—东盟自由贸易区的建设无疑对广东外向型发展注入了新的生机和活力。广东与东南亚毗邻，20世纪80年代以来广东是改革开放的先行地和排头兵，优先发展了对东南亚国家的经贸往来。[①] 在国际经济全球化、区域化、集团化的趋势下，中国—东盟自由贸易区的建设将对推动广东经济发展有重大而深远的意义。

（1）中国—东盟自由贸易区的建立将促进广东东盟双边贸易的扩大。近年来广东与东盟的双边贸易额呈稳步增长的趋势，年均增速达21%，进出口贸易总额从2000年的137.65亿美元上升到2008年的626.1亿美元，增长近4.5倍。东盟目前已成为广东第5大贸易伙伴。尽管面临金融危机的压力，广东对东盟出口依然实现良好增长局面，2009年1月至9月广东对东盟累计出口总值实现3.5%的增长，其中单9月份增幅高达23.4%。

（2）中国—东盟自由贸易区的建立将促进广东产业升级。东盟10国自然资源、经济结构及经济技术水平差异较大，中国—东盟自由贸易区的建立，为广东产业升级提供了机遇与良好的政策环境。一方面，印度尼西亚、越南、缅甸、老挝等东盟国家自然资源与劳动力资源丰富，但经济技术水平低，工业基础薄弱，工业需求广。与之相比，广东工业优势明显，在多年的对外开放中已经形成一整套与国际接轨的进出口贸易机制，拥有一大批具有竞争力的产业群。将传统的劳动密集型产业转移到这些东盟劳动力价格相对低廉的国家，加大对东盟国家投资，加速广东的产业升级。另一方面，新加坡、文莱等沿海国家，石化工业和电子工业相对发达，经济实力较强。越南、印度尼西亚、马来西亚的资源、能源、下游产品集群和来自新加坡的先进技术和管理经验一起向广东转移，广东企业可以采取互补性合作方式，学习其提升品牌技术，产品设计，人力资源，财务管理，企业融资等方面的特长，实现自身国际化发展。

（3）中国—东盟自由贸易区的建立将促进广东金融业发展。金融是现代经济的核心，在经济发展中发挥着“第一推动力”和“持续推动力”的重要作用。金

① 马尧：《中国—东盟自由贸易区建设与广东经济发展分析》，载于《现代商贸工业》2009年第12期。

融和贸易是带动区域经济实现实质性联合的两个轮子。由于中国与东盟在吸引区外资金方面存在着激烈的竞争，区内一些国家并不注重资金流出与跨国跨区域的金融结算，金融服务效率还比较低，金融监管措施还不完善，金融合作层面不够深入。广东与东盟双边经贸关系的迅速发展必然要求配套的金融服务业的支持，对广东金融业提出了规范化、制度化、市场化的要求。中国人民银行表示，目前跨境贸易人民币结算试点的境内地区为上海市和广东省的广州，深圳，珠海和东莞四个城市，境外区域范围暂定为港澳地区和东盟国家，将稳步推进扩大跨境贸易人民币结算试点。2011 年，中国和东盟金融合作不断取得进展，地区性金融机制建设迈出了实质性的步伐。央行将完善《清迈协议》框架下的货币互换合作，在增加货币互换的基础上，推动货币互换机制的多元化，加强资本流动，尤其是短期资本流动的多元化，促进资本的合理有序流动。

（二）在“10 +1”框架下优化海洋经济布局

1. “10 +1”经济内海的构想

南海“10 +1”经济内海的战略构想，主要围绕三个方面来展开。应大力推动企业到东盟国家投资，大力加强与东盟国家的经贸往来，大力开展与东盟国家主要港口的深度对接。在东盟“10 +1”合作的南宁陆线之外，于南海开辟一条东盟“10 +1”合作的广东海线，从而把南海建成东盟“10 +1”合作的经济内海。抓住东盟“10 +1”自由贸易协定生效的历史机遇，构建东盟“10 +1”合作的海上通道，力促东盟“10 +1”合作的重心由陆地转向海洋，制定南海航运指数，把南海建成东盟“10 +1”合作的“经济内海”。全方位对接好国家南海开放战略，承担国家南海开发战略任务，把广东建设成为国家南海开发的物资供应和补给基地、研发和后勤保障基地、资源综合利用和加工基地、产品的推广运销基地以及资金筹措和技术人才储备基地，即南海开发的总后方基地。

2. 优化广东海洋经济布局

广东要优化全省海洋生产力布局，结合海洋经济的分布态势，依照主体功能区的要求，形成不同特色的蓝色产业集聚功能区，在总体上形成“一带、三区、四岛群、六中心”的空间布局。

（1）“一带”即是指从湛江到汕头的整个广东沿海的蓝色经济带。广东沿海各城市通过“一带”即蓝色经济带的串联作用，以点带轴、沿线突破（珠三角带动，东西突破）、沿线成带，在空间上形成沿海蓝色经济走廊的有序格局。

（2）“三区”即珠三角海洋产业集聚区，粤东海洋产业集聚区和粤西海洋产业集聚区。珠三角以广州、深圳、珠海为重点，加强与港澳、东南亚的产业合作，重点发展临海重工业和现代海洋综合服务业。粤东以汕头为中心抱团融入海峡西岸经济区，加强与福建、台湾的产业对接，重点发展海洋能源业、临港重化工业、水产品深加工业。粤西以湛江为中心抱团融入北部湾经济区，加强与环北部湾城市和东盟的产业分工与合作，重点发展临海重化工业、外向型渔业、滨海旅游业。

(3)“四岛群”即东海岛—海陵岛海域岛群、珠江口岛群、南澳岛群、上下川岛群。规划选取这四大岛群为岛屿开发重点，以临海重化工业和滨海旅游业等大项目拉动自主开发，打造区域海洋产业的发展中心。

(4)“六中心”即广州、深圳、珠海、惠州、汕头、湛江。以这六个城市作为其所在海洋经济区的中心增长点，发挥其作为区域中心的辐射和带动功能，推动广东海洋产业整体发展。

第四节 南海资源综合开发背景下的广东海洋经济建设

一、南海开发与广东海洋经济建设的耦合性

南海的开发与广东海洋经济发展有着密切的联系，主要体现在区域的衔接性，即围绕南海的开发，广东、广西和海南三省根据自身的区位条件和产业基础形成新的增长极；要素的互补性，包括南海的油气资源、海水资源、空间资源等与广东的资金、技术等生产要素相互融合补充，构筑了海洋产业新体系；时间的一致性，南海的开发在时间上配合广东经济产业优化升级、维护南海权益和大通道建设的时机，进一步拓宽和延伸广东海洋经济发展的广度和深度。

(一) 区域的衔接性

南海综合开发是一个系统性的工程，应按照注重体现海洋资源整合广域性和海陆发展协调性的原则，以中国—东盟自由贸易区的建立为契机，依据各省的区位和比较优势开发南海，联动广西、广东、海南着力构建“三区一带”的新格局。“三区”，即以广西海洋经济区为支撑，面向大西南及越南；以广东海洋经济区为支撑，面向港澳台；以海南海洋经济区为支撑，面向菲律宾、马来西亚。“一带”，即以南海海岸带为主轴，以三大海洋经济合作区为依托，以临港产业集聚区为核心形成海洋产业群，以海洋产业群、滨海景观产业群、滨海城镇群、近海生态产业群以及深海资源能源群，建设国际一流的蓝色经济区。

1. 广西——大西南门户。广西作为东盟贸易的窗口，立足于北部湾，服务西南、华南和中南，沟通东中西、面向东南亚，发挥着连接多区域的重要通道、交流桥梁和合作平台作用。在该区域应该积极打造物流基地、商贸基地、加工制造基地和信息交流中心，发挥钦州、防城港口枢纽功能，整合港口物流资源，依托入海重要交通线道、现代港口物流基地和出海货物疏运中心，引导船舶、钢铁、重化工业

等产业向港口和沿海产业园区集聚，完善临海临港产业组群。其中，建设以钦州、北海石化项目为重点的西南地区最大的石油化工基地；以防城港钢铁项目为龙头的区域性现代化钢铁城；以北海、南宁电子产业为主导的北部湾“硅谷”；以北海、钦州林浆纸一体化项目为核心的亚洲最大的林浆纸一体化基地；以钦州保税港区为重点的面向中国西南和东盟的功能强大的保税物流体系；以凭祥、东兴对东盟贸易为主的外贸基地。在南宁打造全国最大的鞋城，在防城港打造全国最大的磷酸生产出口基地。

2. 海南——国际旅游岛。海南省具有滨海旅游、港口海湾、滨海砂矿、滨海土地、近海油气和近海渔场等多种资源优势，结合相应国家方针政策，以市场为导向，以度假休闲旅游为主导，按照因地制宜、突出重点、循序渐进的原则，建设特色突出、结构相对完整的海洋经济区域和开发区域。环岛陆域和海域定为环岛蓝宝石海洋经济圈，南海北部海域、南海中部海域、南海南部海域为三个海域开发区域，形成“一环四带三区、阶梯式开发”格局。“四带”即是北部综合产业带、南部度假休闲产业带、西部工业产业带、东部旅游农业产业带。其中，重点发展旅游业，整合旅游资源，完善度假休闲需要的基础设施，发展度假休闲产品，实现由观光型向度假、观光复合型——度假休闲型发展。通过建设度假休闲旅游区，发展海口市西海岸沙滩以及各种专项旅游，海南建设成世界一流的热带海岛海滨度假休闲旅游胜地。同时，利用南海国际大通道，积极与周边的国家（地区）进行交流，为和平解决南海问题提供有力的谈判平台。

3. 广东——海洋科技。广东作为经济大省，被列为全国海洋经济发展试点的地区之一，有着雄厚的资金和发达的技术，应该把发展海洋科技、金融、服务等第三产业摆在突出的位置。围绕着建设海洋经济强省对科技创新的需求，整合各类海洋科技资源，提升科技创新平台；优化“政产学研”创新体系，推进关键技术攻关与成果产业化，加快海洋科技人才引进与培养，在海洋重要领域形成一批重大关键技术和具有自主知识产权的技术成果，为优化海洋产业结构、提升海洋经济的综合实力提供强大的科技及人才支撑。① 其中，以万山海洋开发试验区、湛江海洋高新科技园和广州海珠区、南澳国家科技兴海示范基地等为基地，集中抓好海洋生物资源综合开发技术、海岸带区域水资源开发和和保护技术、海洋工程技术、海洋能源及矿产开发技术、滨海旅游资源开发技术、海域资源和环境评估技术、海洋监测及海洋灾害预报预警技术、海洋污染防治与生态保护技术以及其他海洋高新技术的研究和开发。在广东省内以广州、深圳、珠海、汕头、湛江等沿海城市为重点，以海岸线和交通干线为纽带，逐步形成包括珠江口海洋经济区、粤东海洋经济区、粤西海洋经济区、海岛经济区在内的临海经济带，形成综合开发新格局。各经济区要

① 张拴虎：《科技创新是海洋经济发展的灵魂与动力》，载于《南方日报》2011 年 7 月 25 日。

大力发展各具特色的海洋产业，形成海洋综合开发的区域化布局。

南海综合开发，除了南海国际大通道以及沿海岸带的轴线相连，离不开国家的统一指导和地方政府相互配合。广东、广西和海南三省的产业协调、环境生态保护以及南海油气资源的开发利用，更需要统一的管理制度。广东作为海洋经济大省，在协调管理方面必须立足长远、立足实效、放眼全局，从源头上改善海洋开发综合管理条块分割、多头管理的混乱局面和海洋管理机制滞后于海洋经济发展的被动局面。积极调整优化海洋结构，充分整合南海区域现有的海洋资源、整合各海洋主管部门的职能，加强各地级市、各部门间的协作，完善各项海洋与渔业综合管理制度，提高整体的综合服务水平，确保海洋与渔业的管理、开发科学合理、持续有序。加强对围海造田、海岛开发和大型海域使用项目的管理，坚决贯彻执行重大用海项目的公示制度。此外，要加大力度规范海域的合理、有序的使用，在海陆统筹的基础上加强海岸带综合管理、建立重大海洋灾害监测预警机制完善海洋与渔业的危急管理及海洋生态资源的保护，使海洋经济的发展与海洋环境相协调，使经济效益、社会效益和生态效益相统一。同时要加大对海洋工作和海洋科普知识的宣传，进行政府、企业、社会三个层面的宽领域、多层次联动，建立和疏通各种海洋信息发布渠道，形成社会各界关爱海洋、保护海洋、开发海洋的良好社会氛围，调动各方面开发海洋、建设海洋的积极性。切实稳定好海洋政策环境和调控措施，运用包括经济、行政、法律等海洋综合管理手段，实现海洋资源有计划、有步骤、有节制、有序地科学利用，促进广东海洋经济产业带又好又快发展。

（二）生产要素的互补性

1. 能源—资金—经济发展。能源是人类社会进步和发展的重要物质基础，是经济发展的重要因素。在21世纪，能源已成为全球性、战略性的问题。对于我国来说，我国从1994年变为石油净进口国以来，目前是全球第二大石油进口国。这表明我国的能源增长不能满足国民经济发展的需求，能源消费总量明显地受到储存量约束，能源短缺与高能耗的粗放经济增长方式，以及由能源消费所带来的环保影响，成为国民经济发展的“瓶颈”，能源的稀缺性明显体现。对于广东的经济来说，作为沿海地区，陆源上的资源相对不足。作为经济发展强省，对能源是非常的渴求。南海的石油、天然气资源非常丰富，有“第二个波斯湾”之称。开发海洋油气资源是高风险、高投入和高技术的行业，需要雄厚的经济基础。广东省作为全国第一经济大省，2010年的GDP总量高达45 472.83亿元，为开发南海油气资源构筑坚实的经济保障。而南海资源的开发，又会进一步加速广东海洋经济的发展。如此循环，实现广东经济持续发展。

2. 资源—技术—海洋产业。资源要实现其社会经济价值，需要具备一定的技术开发能力。而海洋资源技术开发是开发和利用海洋的核心技术，在整个海洋技术系统中具有重要的支撑作用。南海富含着各种资源，而海洋战略中广东的重点领域是发展海洋科技。在南海开发，这有效地实现了资源、技术和海洋产业的吻合。本书以南海的生物资源与农牧化技术，南海的海水资源与海水综合利用技术，南海的油气资源与油气的勘探开采技术三方面的例子进行展开说明。

（1）海洋农牧化技术。海洋农牧化技术是一项海洋高新技术群，它是海洋生物技术、环境工程技术、信息技术、新材料技术以及资源管理技术的集合体。发展海洋农牧化科学技术应作为战略性课题，列入国家科技发展的战略规划，其中包括优良品种选育、培养科学技术、病害防治科学技术、海水养殖和放牧技术；养殖海域生态优化科学技术、鱼群控制技术；海洋生物深加工技术；海洋医药技术等。随着海洋农牧化科学技术的提高，海洋农牧化生产将有望超过海洋捕捞渔业，成为海洋渔业的主体。目前，沿海国家纷纷确定发展海洋农牧场的战略，改变了以捕捞为主的传统产业经济发展模式，转向了以养殖为主的渔业经济发展模式，利用现代高新技术提高海洋生产力，增加海洋生物资源量。广东毗邻南海，海岸线漫长，海域辽阔，海洋农牧化的发展旺盛。20 世纪 90 年代以来，广东的海水鱼类养殖发展迅猛，1999 年海水鱼类养殖面积达 4.3 万公顷，海水鱼类养殖总产量 18 万吨，占全国海水鱼类养殖总产量的 45%，年养殖增殖 40 多亿元，成为广东海洋经济的重要产业。① 截至 2010 年，广东省的养殖面积为 546.24 万亩，养殖海水产品的总产量为 249.07 万吨，远超过海水捕捞量。这些成就都与广东省结合南海的实际情况大力发展海洋科技密切相关。

（2）海水综合利用技术。海水综合利用科学技术包括海水直接利用、海水淡化、海水化学元素提取三个方面的科学技术问题。具体可以分为工业冷却水利用科学技术，沿海城市冲洗厕所和路面等生活用水技术，海水灌溉耐盐植物技术；海水淡化技术；海水化学元素提取和深加工技术。其中，海水直接利用和淡化是广义的水利用问题，其科学技术也是水科学技术的重要领域。海水直接利用又包括工业冷却用水和大生活用水，若能尽可能利用海水来替代，就可以节约大量淡水。海水淡化是从海水中提取淡水的过程，是一项实现水资源利用的开源增量技术，能够大大增加淡水总量。随着海水淡化技术不断地提高，淡化后的水将质好、价廉，并且可以保障沿海居民饮用水和工业锅炉补水等稳定供水。海水综合利用科学技术与海岸带经济活动息息相关，技术的提高不断推动海洋产业的发展，从而产生经济效益，拉动经济的发展。广东对南海海水的综合利用主要是海水化学元素的提取，而海水中提取食盐已获得一定经济效益。广东的海盐生产有着悠久的历史，早在宋朝初广东人就懂得制盐的技术。目前，广东海盐提取主要集中在徐闻、茂名和电白等地区。以电白为例，其濒临南海，海水资源丰富，在 220 公里的海岸线上，盐田分布

① 叶富良：《广东海水鱼类养殖技术现状及可持续发展》，载于《中国水产》2001 年第 10 期。

达140公里，盐田面积2 329公顷，原盐年均产量8万吨。随着南海开发和技术的进步，广东省对海水的综合利用水平将会进一步提高，海水综合利用业也将成为广东海洋经济的支柱产业。

（3）海洋油气勘探与开采技术。海洋油气资源勘探开发是技术密集型产业，属于海洋科学技术中的一个重要门类。随着现代高新科技的发展，海洋油气的勘探与开采已成为世界海洋产业中最重要的部门。发展海洋油气资源勘探开发技术在今后几十年内应该是一个战略性课题，其中包括：海洋油气资源成矿规律和探矿原理、方法；海底油气资源勘探、开发的新技术新方法以及海上油气储运技术等。根据广东海洋经济"十二五"规划，广东要利用国家推进南海深海油气资源开发的契机，加快发展油气资源勘探、开发、储备和综合加工利用。加大海洋勘探开发力度，进一步完善近海石油勘探开发技术体系，加大对深水油气资源开发技术的研发力度，提高深海油气开发的技术水平，加快开采深海油气资源。支持在广州、深圳、珠海、湛江等地建设深海油气、天然气水合物资源勘探开发及装备研究、生产基地，积极推进省部合作，依托广东乃至全国深海研究力量，研究解决南海深水油气资源勘探、开采、储运、工程装备制造等领域的技术难题，为南海油气资源开发做好技术储备。依托油气开采，形成油气资源综合利用产业链。鼓励与中海油、中石油等央企合作开发南海油气资源，在广州、深圳、珠海、湛江等地建立南海油气开发的服务和后勤保障基地。启动具有高附加值的依托油气资源的大型能源项目，重点建设大型LNG输气、发电项目，继续建设沿海油气战略储备基地，提高油气商业储备能力。

3. 航道—港泊—海洋运输。港口是海陆经济联系最直接和密切的连接地。一个地区港口群的建设以及合理化程度是经济区发展的关键。它凭借自身庞大的货物吞吐量和客流量以及相关配套产业，聚集了巨大的资金流，为该区域的增长极提供了物质保障。南海是沟通太平洋与印度洋、连接亚洲、美洲、澳洲、欧洲、非洲的重要国际海上通道，具有重要的战略位置。在南海综合开发的建设过程中，广东省应遵循主要大港带动，周围小港协作的原则，充分考虑区域优势以及港口条件，形成"港口—临港产业—港口城市"的新格局。广东根据南海的地理区位，结合自身的交通网络体系，突破行政区划界限，整合优化港口资源，逐步形成以广州港、深圳港、湛江港、珠海港、汕头港等为主要港口，潮州港、揭阳港、汕尾港、惠州港、虎门港、中山港、江门港、阳江港、茂名港为地区性重要港口的分层次发展格局。完善广州、深圳、珠海港的现代化功能，形成与香港港口分工明确、优势互补、共同发展的珠江三角洲港口群体、与港澳地区错位发展的国际航运中心。以集装箱干线港、煤炭中转港等为重点，兼顾集装箱支线港、煤炭一次接卸港和商品汽车滚装运输的发展需要，加强港口功能结构调整。加快集装箱、煤炭、油品等大型专业化泊位建设，提升港口专业化运输能力。完善沿海主要港口集疏运系统，扩大集疏运能力。积极拓展港口的航运服务、商贸、信息、物流、金融服务、临港工业等功能，推进港城一体化建设，促进港口向现代化多功能的新一代港口转变。

（三）时间的一致性

1. 广东产业转移的机遇。广东省东西两翼和粤北山区等欠发达地区经济发展乏力，与珠三角地区的差距仍有不断扩大的趋势，区域经济发展严重不协调问题日显突出。同时，珠三角地区经过长期粗放式的产业发展，土地、环境、资源、人口负担已不堪重负，迫切需要调整产业结构、转变经济发展方式，加快实现转型升级。从2005年开始珠江三角洲地区与粤东西北地区合作着手共建省产业转移工业园，大力推动产业转移工作。2008年起进一步将产业转移与劳动力转移结合起来，上升为省委、省政府的“双转移”战略，在以产业转移促进产业结构调整、区域协调发展等方面进行了有益的探索。在产业的转移过程中，需要的各种要素包括资金、能源、人力、信息等。而南海综合开发则为广东产业的转移提供了巨大的支持。首先，南海的综合开发为广东产业转移注入了能量要素，可以有效地弥补广东东部、北部能源缺乏的问题，增强了东部和北部地区整体承接产业转移的资源比较优势，同时可以带动其相关产业的投入。其次，开发南海，可以有效与周边国家、地区进行沟通交流，开展贸易，扩大广东西北部的输出需求。南海的开发必然涉及多个国家、地区的协调与合作，形成区域的经济增长极。这对广东经济结构优化升级将产生巨大的推动作用。

2. 维护海权。南海区域涉及六国七方的海洋权益，相互关系错综复杂，七方当中都宣称对南海的部分或全部岛屿和海域拥有主权，目前，南沙群岛除我国控制的7个岛礁和中国台湾控制的太平岛外，还有42个岛礁被其他国家所侵占，其中越南就侵占了南海29个岛礁。维护我国的南海权益，共同开发南海资源已经上升为国家的重要战略。根据《联合国海洋法公约》的第123条规定，先从单一的渔业资源养护及利用的合作基础上着手，初步建立互信机制，进而扩大到海洋环保、海洋科研等领域的合作，再延伸至海底油气等非生物资源的合作，不仅能降低区域内冲突的敏感性，更有助于区域内各国良性的互动以及区域内和平与安定。广东省毗邻南海，又是海洋大省，开发南海资源，维护我国的海洋权益是当前和今后重要而又迫切的历史重任。

3. 南海国际大通道。在东盟自由贸易区、南海问题国际化背景下，南海国际大通道建设是国家发展战略的必然抉择。现代化通道是水陆空并举的立体通道系统，它不仅包括各种交通运输线，而且包括机场、港站枢纽及相应的配套服务设施。“大通道”，既包括交通运输服务活动所经历的带状地区和基础设施，也包括相关产业经济活动及管理系统，是客流、货流流经地、线路、运载工具、产业经济及管理系统的总和。国际大通道是国际资源利用与贸易的轴线，其建设应成为国家战略。从宏观着眼，微观入手，逐步建立起以雷州半岛的湛江港、海南岛的海口港及三亚港为中心的港群，以左翼钦州、防城港、北海港群，右翼广州、深圳、茂名港口群为支撑港群的现代港口。由点成域，域与域相互交叉，互动发展。以临近的省份作为海洋经济发展的腹地，重点发展海岸带经济。而将沿海地区经济优势向内陆辐射的通道就是发展轴，发展轴是海岸带区域聚集的主要形式。南海综合开发的发展轴当是洛湛铁路——雷州半岛——海口——三亚所形成的经济聚集带。它是海岸线与沿海岸线轴向的交通线组成的复合型经济轴，能够根据各地区的发展状况，打破地区发展的局限，密切海陆产业间的联系。沿海轴囊括了全国经济最发达广东省、资源丰富的海南省和作为西南门户的广西壮族自治区，这为区域间分工与合作搭建了坚实的桥梁。同时建立以北部湾区域及南中国海为辐射扇面，海陆并举的立体战略体系。它具有经济、政治、军事多重作用及空间溢出效应、聚集效应，对南海问题的最终解决、北部湾区域的海陆统筹具有重要作用。南海国际大通道的建设必然会带来极大的聚群效应，给广东海洋经济发展提供强大的推动力。

二、南海资源开发与广东海洋经济建设现状及存在问题

（一）南海资源开发与广东海洋经济建设现状

1. 南海石油资源开发。我国在南海主张的管辖海域有 200 多万平方公里。20 世纪 50 年代我国渔民发现南海海底有油气冒出，60 年代初期，石油、地质部门在部分海域进行油气资源普查和航空磁测概查，20 世纪 70 年代在大陆架进行了地球物理勘探，完成约 8 万公里地震测线的地质调查，更加全面了解整个大洋架的地质构造和含油气资源状况。1982 年中法合作在北部湾东北海区打成第一口探井。探井有 6 个含油气层，其中两个层段分别日产原油 320 吨，天然气 57 000 立方米和日产原油 320 吨、天然气 7 万立方米。同年中国海洋石油总公司的组建，标志着新一轮南海油气勘探开发的启动。1986 年中海油在南海的第一个油田平台开始搭建。1989 年，南海的第一个油田建成投产。从 1996 年至今，中海油深圳分公司（以南海海域东经 113°10′为界）的油产量已连续 10 年突破 1 000 万立方米。在南海海域的勘探开发，中海油基本上集中在浅海的北部湾海域和珠江口海域。先后与英荷壳牌公司、美国克里斯通能源公司、阿吉普、雪佛龙、德士古公司、哈斯基石油中国有限公司、台湾中油公司美国科麦奇、埃尼公司等公司合作进行上述海域不同区块的油气勘探开发。2004 年 7 月，国土资源部向中石油股份公司发放了南海海域勘探许可证，允许勘探和开采 18 个位于南海南部海域的深海区块，包括南沙群岛地区的区块。2005 年 3 月，中国海洋石油总公司与菲律宾国家石油公司、越南石油和天然气公司在菲律宾首都马尼拉正式签署在南中国海协议区三方联合海洋地震工

作协议。根据协议3家石油公司将联手合作，在3年协议期内，收集南海协议区内定量二维和三维地震数据，并对区内现有的二维地震线进行处理，该协议合作区总面积超过14万平方公里。2005年12月初，中海油先后与美国丹文能源公司、科麦奇公司以及加拿大赫斯基能源公司签署了珠江口海域不同区块的深水油气开发协议。“十二五”期间，深海油田勘探开发将成为中海油的重点发展方向。中海油提出建设“深海大庆”的目标，将油气产量从“十一五”期末的5 000万吨油当量提高到1亿~1.2亿吨油当量，中海油将建立深海实验室和深海作业船队，加大深海勘探开发力度，总计投资2 500亿~3 000亿元。其中，计划投入300亿元建造第二批海洋工程装备，比“十一五”期间增长1倍。在南海海域，近海油气田的开发已具一定规模，其中有涠洲油田、东方气田、崖城气田、文昌油田群、惠州油田、流花油田以及陆丰油田和西江油田等，但更为广阔的南海深水海域仍尚待开发当中。广东省濒临南海，享有开发海洋油气资源的众多便利条件。广东应充分抓住这一战略机遇期，把海洋油气开发作为新兴海洋产业的培育重点，加速广东海洋经济快速发展。

2. 南海生物资源开发。中国在南海的主要作业渔场在南海北部近海区域，捕捞产量占南海北部捕捞总产量的70%以上。南海区域的渔业资源利用程度，从总体上看，渔业总捕捞量已超过了最大可捕量。当然，不同的海区情况有所不同：沿岸浅海区即水深40米以内的区域，基础生产力高，资源丰富，但这一海域的资源已严重衰退；水深100~200米的近海区，比沿岸浅海区高一些，其资源状况也好一些。200米水深以外的外海，资源利用程度还比较低，至今尚未得到很好的利用，还有一定的开发利用潜力。随着海洋捕捞强度增加，南海渔业资源衰减，中国南海沿岸省区海洋水产业逐步由海洋捕捞转向海水养殖，从而海水养殖业获得了很大的发展。

3. 南海空间资源开发。随着人口的膨胀、陆地资源与空间的枯竭，约占地球的71%的海洋对于人类社会的发展来说，它既是一个巨大的资源宝库，同样也是一个巨大的空间宝库。人类社会的触角将向海面和海底发展，加强对海洋空间的利用，“海上城市”、“海上机场”、“海底村庄”等也就应运而生。海洋空间资源开发是一项高投资、高技术难度、高风险的工程，而海洋资源性资产是发展海洋事业的物质基础，海洋空间资源性资产是海洋资源性资产的重要组成部分，而在长期的使用与开发中，海洋空间资源性资产存在着很严重的流失。海洋空间中含有生物资源、滩涂资源、海水资源、矿产资源等，可以说海洋空间是其他海洋资源资产的载体，其他海洋资源资产的存在都要与空间资源资产有交叉，对其他资源资产的开发利用也必然会影响空间资源资产，同时受到空间资产影响。海洋空间资源同时具有自然特性和人文特性，海洋空间资源按其利用目的和使用的用途，可以划分为：海洋生产空间资源，如海水养殖、海上火力发电厂、海水淡化厂、海上石油冶炼厂等。海上生产项目建设的优点是可大大节约土地，空间利用代价低，交通运输便利，运费低，能免除道路等基础设施建设费用；冷却水充足，取排方便，价格低廉，可免除污染危害。缺点是基础投资较大，技术难度高，风险大。海洋贮藏空间资源，如海上或海底贮油库、海底货场、海底仓库、海洋废物处理场等，利用海洋建设仓储设施，具有安全性高、隐蔽性好、交通便利、节约土地等优点。

（1）海洋通道空间资源。主要是借助海洋交通运输设施和海洋通讯电力输送设施，如港口和系泊设施、海上机场、海底管道、海底隧道、海底电缆、跨海桥梁等。海底隧道也是陆地铁路交通的重要的组成部分。美国、西欧、日本、中国香港等国家或地区，为了克服水面轮渡费时和易受天气的影响，加强海峡、海湾之间的交通和联络，纷纷兴建了海底隧道。美国纽约的曼哈顿岛和长岛、新泽西州之间，开挖了 5 条海底隧道；荷兰的鹿特丹先后修建了 3 条海底隧道；香港的港岛和九龙之间修建了一条长 1 400 米的海底隧道；英吉利海峡海底隧道全长约 50 千米；日本的青函海底隧道，全长约 54 千米，是最长的海底隧道。日本 1975 年建造世界上最早的海上机场——长崎海上机场。中国的珠海机场也是填海兴建的，上海浦东国际新机场也建在海边滩涂上。利用海底空间铺设电缆已有 100 多年的历史。在传统海底电缆的生产、铺设和维修的技术基础上，海底光缆应运而生。1988 年世界上第一条横跨大西洋，连接北美洲与欧洲的海底光缆投入使用。

（2）海洋文化娱乐设施空间资源。如海上宾馆、海中公园、海底观光站及海上城市等。随着现代旅游业的兴起，各沿海国家和地区纷纷重视开发海洋空间的旅游和娱乐功能，利用海底、海中、海面进行娱乐和知识相结合的旅游中心综合开发建设。如日本东京附近的海底封闭公园，游人可直接观赏海下的奇妙世界；美国利用海岸、海岛开发了集游览和自然保护为一体的保护区公园。21 世纪的临海国家纷纷发展填筑式、浮体式海上人工岛或海上城市。日本已经建成了一座神户人工岛的海上城市，还提出了建设“海上东京城”，要将城市居住区与城市管理和商业区布置在东京湾上，以桥梁相连。这样既保留了海湾的航行能力，又充分利用了海上空间。

（3）海洋军事基地战略空间资源，如海底导弹基地、海底潜艇基地、海底兵工厂、水下武器试验场、水下指挥控制中心等。纵观国内外海洋空间资源开发利用现状，伴随着科学技术的突飞猛进，结合人类未来发展需要，海洋空间资源开发利用将呈现以下几个发展趋势。一是快速化趋势。随着陆域资源的消耗，向海洋要资源、要空间成为必然选择。这使得海洋空间资源开发与利用的深度及广度都不断加深和拓展，而开发速度也在不断加快。二是立体化趋势。海洋空间开发将呈现海上、海面、海底多层立体开发态势。三是一体化趋势。海洋空间资源与沿海陆地将呈现一体化开发态势，促进海陆共同开发，协同发展。四是多元化趋势。海洋空间资源开发与利用将呈现投资多元化态势，特别是一些重大工程，将会采取国家、集体、民营、外资、社会资本等多元投融资方式。五是国际化趋势。在海洋空间资源开发利用过程中国家与国家之间，将呈现出合作开发，互利共赢的态势。六是人本化趋势。海洋空间资源开发，将会突出以人为本，注重开发与保护并举，促进人与自然的和谐发展。

（二）南海综合开发与广东海洋经济建设存在的主要问题

1. 海洋产业结构有待优化。海洋产业结构需进一步调整优化，高科技和附加值高的战略性新兴海洋产业的发展不突出。海洋交通运输业、海洋船舶工业等传统海洋产业在海洋产业体系中居主导地位，而海洋生物医药、海洋能源开发等新兴海洋产业比重较低，尚未形成规模优势，海洋经济整体质量和水平不高。尤其是广东省的海洋科技进步与海洋产业发展不协调，海洋科技进步贡献率尚低。海洋科技创新能力比较弱，具有自主知识产权的关键技术少，在海洋精密仪器仍然依赖进口，深海资源勘探和环境观测方面，技术装备仍然比较落后，科技投入相对不足，体制机制还存在不少弊端。

2. 新兴海洋产业发展的基础相对薄弱。新兴海洋产业，如海洋生物技术、海洋船舶和海洋工程装备等产业是综合性较强配套产业，需要提供原材料、配套产品、运输系统、石化产业等众多基础配套产业。海洋工业生产技术设备落后，企业资源综合利用率低、产品质量水平差、成本高，影响了海洋高新技术成果的产业和商品化。当前，从广东海洋产业的发展态势来看与战略性新兴海洋产业配套要求仍有距离，基础设施建设投入仍然不足，相关配套产业链条需要加强。

3. 海洋经济发展战略滞后。广东海洋经济发展战略滞后，方式粗放，难以适应全球经济发展趋势和“南海开发”的要求。广东目前在海洋资源的开发利用，海洋产业发展，海洋环境保护等方面还存在很大差距，海洋经济的发展与海洋大省的地位不相称，长期“重陆轻海”的思维导致海洋经济发展战略长期滞后。海洋经济发展方式粗放，分海域开发秩序混乱，海域使用矛盾突出，海洋生态恶化的势头尚未遏止，珠江口海域是全国海域污染较为严重的地区之一。海洋产业结构不合理，重构严重，缺乏规模企业。港区港口虽多，但没有形成规模效益。落后的发展方式和日益紧迫的发展环境，迫使广东必须加快海洋发展政策的转变，否则将难以对接上“南海开发”。

三、加快南海资源综合开发与海洋强省建设的对策建议

（一）建设全国海洋科技创新和成果高效转化集聚区

1. 精耕南海，须科技先行。放眼全球，沿海各国已将发展海洋科技纳入海洋

产业发展的关键战略。美国、英国、加拿大、日本等海洋强国，不断加快调整海洋产业政策，加大海洋科研产业化投入。发展中国家巴西经过近20年努力，深水石油勘探和开发技术跃居世界先进水平。海洋领域内的竞争，归根到底是科技的竞争，科技创新和科技转化是“蓝色经济”新动力，科教兴海已成为世界各地区实现蓝色经济发展的核心战略。

2. 建设科技创新平台，提高自主创新能力。加快海洋创新平台建设，完善海洋技术创新体系，促进海洋科技成果转化，聚集培育海洋科技人才，提高海洋自主创新能力。广东要把南海综合开发区建成海洋经济国际核心区，就必须大力深入实施科教兴海战略。蓝色经济是一个立体的产业集群，需要多产业、多学科、多领域通力打造的新兴经济群，然而科技是其中的主线。在挺进海洋、深耕南海的征程中，科技的触角已经渗透到了每个项目、每一个产业和每一个角落，带动着海洋新能源、海洋先进装备制造、海洋生物制药等战略性新兴产业向自主化、规模化、品牌化、高端化迈进。

3. 加快海洋科技创新成果的转化，创新海洋科技成果转化机制。打造一批海洋新兴产业研发孵化和产业化基地，将海洋科技优势转化为市场竞争优势。加大政府财政投入和科技扶持力度，改善海洋高科技企业发展政策环境，促进海洋企业提升自主创新能力。深化海洋科技创新和成果转化体制改革，整合优势科技资源，加快重大科技兴海项目攻关和科技成果转化。要坚持“加快转化、引导产业、支撑经济、协调发展”的指导方针，紧紧抓住科技成果转化和产业化的主线，尽快将海洋科技成果转化为现实生产力。吸引更多的国家级创新平台落户南海综合开发区，构建完备的海洋科技创新平台体系。完善国际交流合作，进一步加强与日本、韩国、欧美及中国香港、中国台湾等沿海发达国家和地区的海洋科技交流合作。海洋竞争，根本是科技，关键在人才。加大海洋高端人才引进与培育，加快建设海外留学人员创业园区、科技孵化园区和引智示范区等人才创新基地，打造集教育培训、科研开发、技术孵化、产业发展于一体的海洋投资者创新基地。积极推进海洋信息化建设，推进“数字海洋”，为海洋安全、经济、科研、网格、综合、虚拟的应用提供服务，大力优化自主创新和产业发展环境，为科技人才提供海洋科技成果中试基地、公共转化平台和成果转化基地的建设。

4. 加大对海洋高新技术产业化专项资金的支持力度。组织实施一批高技术产业化示范工程，促进海洋高技术产业在广州、深圳、珠海、中山等地集聚发展，择优建设海洋产业国家高技术产业基地，将广东建设成为具有国际竞争力的海洋科技人才高地、海洋科技创新中心、海洋高技术产业基地和成果高效转化基地。

（二）坚持生态环境保护与海洋资源开发并重

1. 实施“和谐海洋”战略。坚持海洋开发与保护同步，是“南海开发”和广东海洋经济发展的重要原则。广东海洋经济发展要与环境、民生等有机结合，建立海洋监督管理机制，健全海岸带管理、污染物排放控制、海洋灾害防范防治和统一联合执法监督机制，以及海岸带经济发展和海洋环境资源信息管理系统，有效保护并逐步改善海洋环境，维护良好生态系统，建设海洋民生工程，不断提高海洋生态环境服务功能，完善海洋主体功能区划，努力恢复近海海洋生态功能，实现经济、社会、环境的可持续和谐发展。

2. 实施海洋经济与社会、生态、环境、文化之间的有机协调。南海综合开发要以生态海洋、和谐海洋为目标，坚持“生态立区、绿色发展”，使海洋资源开发与海洋生态环境保护并重；坚持生态目标与经济目标的统一，统筹规划与突出重点的统一，走出“先污染、后治理”的恶性怪圈；建立海洋环境保护的长效机制，提升海洋资源与环境承载力，实现科学开发与永续利用的有机结合。

3. 健全海洋监督管理机制。建立健全海岸带管理、污染物排放控制、海洋灾害防范防治和统一联合执法监督机制以及海岸带经济发展和海洋环境资源信息管理系统等。有效保护并逐步改善海洋环境，维护良好生态系统，建设海洋民生工程，不断提高海洋生态环境服务功能。完善南海综合开发试验区海洋主体功能区划，提高海洋和海岸带生态系统保护水平，提高广东海洋经济可持续发展能力，将南海综合开发试验区建设成为人海和谐、工业文明与生态文明的宜居之城和“首善之区”。

（三）坚持陆海联动，优化海洋资源和生态系统，为南海综合开发试验区海洋经济的可持续发展提供基础

1. 统筹海陆分工与协作，坚持错位发展，构建海陆生态协调、海陆产业结构优化升级的支撑体系。海陆产业具有较强的技术经济依赖性和相关性，从资源条件看，广东海洋资源总量、海洋经济产值及沿海产业基础设施为发展南海综合开发试验区提供了明显的比较优势。对资源的掠夺式开发势必削弱新兴海洋产业的竞争力。建立完善海洋环境和海洋灾害监测及预警预报系统，严格控制主要入海污染物排放总量和排放标准。把生态重建、构建生态海洋放在首位，海洋生态的平衡能为海洋资源提供良好的环境，保持可持续的海洋资源是南海综合开发试验区发展的本质所在。

2. 促进海洋资源综合利用和生态平衡发展，构建蓝色生态新屏障。通过海洋生态保护和修复，提高海洋经济可持续发展能力。如发展绿色海洋船舶工程加快节能减排，利用海洋生物工程技术对海域进行生态修复和海洋生物资源养护、发展深蓝渔业、碳汇渔业等。推出一系列引导性、优惠性政策，引导投资流向污染少、效益高的高新技术产业和服务业，促进新兴海洋产业向集约化和规模化发展。

3. 实施以产业互动为基础的海陆统筹，实现海陆资源互补，打造海陆一体化

的产业资源联动平台。通过发展低碳经济、循环经济、绿色经济，促进海洋产业系统的优化。积极培育海洋环保、海洋新能源等战略性新兴产业。加大政策扶持力度和资金投入，支持海洋环保、海洋新能源等领域的创新开发和重大产业化项目，创造良好的产业发展环境，使之成为海洋经济发展的亮点。到 2015 年，广东要初步建成具有国际领先水平的南海综合开发试验区，成为推进国家海洋强国战略建设的主力省。

（四）建设南海战略资源保护开发和权益维护的重要保障基地

1. 通过南海综合开发，构建我国重要的海洋权益维护基地。南海位居太平洋和印度洋之间的航运要冲，南海的制海权控制了整个东亚的经济命脉，其经济意义和战略意义至关重要。广东成为南海综合开发与海洋权益维护基地，既是广东建设海洋经济综合开发试验区的需要，也是广东全方位对接好国家南海开放战略，为承担国家南海开发战略任务，发挥国家南海开发的物资供应和补给基地、研发和后勤保障基地、资源综合利用和加工基地，产品的推广营销基地，资金筹措和技术人才储备基地等的需要。将广东建设成为我国南海战略资源保护、开发和权益维护的一个重要保障基地，有利于国家南海开发战略的实施。

2. 鼓励和重点培育若干个辐射带动能力强、创汇水平高的渔业龙头企业，在粤中、粤西、粤东三大沿海区域内建成一批现代化的远海远洋捕捞船队和南海远海远洋渔业生产基地。充分考虑南海周边政治、外交和经济形势，国家对待南海问题上的政策以及广东沿海各市区目前的经济、科技实力，按照由近及远，进行阶梯式开发和利用南海资源，为南海综合开发试验区的经济腾飞提供资源基础。

3. 由近海向深远海拓展，推进南海全方位保护开发，不断提升南海资源调查、科技支撑、生态保护、维权执法等方面的能力。随着陆地资源和近海资源的日益衰竭，海洋经济的发展从近海到深远海是一种必然趋势。南海由于其丰富的海洋资源和独特的战略区位，在工业血液日趋减少的今天，重要性不言而喻。南海的北边是我国广东、广西、福建和台湾四省区，这使得珠三角具有毗邻南海特殊的战略区位优势。

4. 逐步形成较为完整的、有较强竞争力的现代海洋产业体系，以及粤东、粤中、粤西三大海洋经济区。作为全国海洋大省，广东应按照立足当前、着眼长远、超前布局、制胜未来的要求，改变长期存在的发展模式单一、资源利用不够集约，以及新兴产业发展乏力等诸多不足，适应全球发展趋势和南海开发要求，围绕南海资源和国家南海发展战略，打造海洋新能源、海洋先进装备制造、海洋生物制药等科技含量高、带动能力强的临海、涉海、海洋产业集群。依托南海开发和广州、深圳、湛江等重要港口、航道和市场优势，以南海为中心构筑全球化的海洋运输网络体系。

5. 抓住中国—东盟自由贸易区建成的历史机遇，加强与东盟各国的经贸往来。随着北部湾经济区的兴起，在国家南海方针政策的框架下，采取多种形式参与南海开发。积极开展与周边国家、地区的合作。立足珠三角的经济优势和毗邻港澳的优势区位，构建珠三角地区与东盟各国合作的海上通道，把南海建成广东与东盟合作的“经济内海”。支持中海油、中石油、中石化等大型国有企业在南海的油气资源开发，支持并促成三大石油公司在沿海地区建设南海油气资源勘探开发基地。利用南海丰富的渔业及生物资源，充分开发远海远洋渔业资源。

第二章

南海生物资源开发利用与管理

第一节　南海生物资源现状

一、南海海洋生物资源概况

（一）南海生物资源概述

南海是亚太地区面积最大最深的边缘海之一。总面积350万平方公里，其中水深200米以内的大陆架面积约为13万平方公里，深海区（大陆坡和深海盆）约为195万平方公里。南海海域辽阔，生态环境复杂多样，鱼类资源的蕴藏量十分丰富。南海地跨热带和亚热带两个气候带，属无冬海区。海水由沿岸流系统、暖流系统和混合变性海水系统组成。南海北部的沿岸流，夏季在海南岛东南部水深40～60米处形成上升流，有利于饵料生物生长，形成了良好的渔场条件。在北纬19°～22°的海域，在表层水之下有一股强劲的南海暖流。这股暖流对南海水体的温度和盐度有重要影响，它把青干金枪鱼、鲔鱼、扁舵鲣等大洋性鱼类带入南海，丰富了南海的资源。南海区渔业资源种类复杂，沿岸性、近海性和外海性种类兼有。南海鱼类属热带亚热带性，种类繁多，据20世纪90年代统计，南海北部大陆架区域共有鱼类1 064种，南海南部的鱼类约800种，南沙群岛鱼类220种。另外，南海的虾、蟹、贝、藻、海参等资源也很丰富。鱼类生产能力强，总体的产量大。南海渔业资源的种类虽然多，但是单一种类的数量都不大，缺乏特别高产的种类。全海区具有重要经济价值的可捕鱼类有100多种。在南海北部单一品种的产量占总渔获量1%以上的只有30多种，大多数品种的年产量都不到1万吨。

（二）南海海洋捕捞现状

南海中国段按传统划法，共有39个渔场，渔场面积53万平方千米。这些渔场在历史上又可以分为几个大的区域，包括粤东近海、粤西近海、北部湾、七洲洋（海南岛东部）、西沙群岛海域、东沙群岛海域、南沙群岛海域。南海主要的渔场分布在北部湾渔场、万山群岛渔场、西沙群岛渔场、阳江外海渔场、揭阳外海渔场、汕尾和惠州外海渔场、南沙群岛渔场等。

南海中国段沿岸地区已形成了浅海与深海结合的渔业生产结构。在此基础上，形成了三个层次的作业海区：水深40米以内的沿岸浅海区；水深40～90米的近海区；水深90～200米的外海区。中国在南海的主要作业渔场在南海北部近海区域，捕捞产量占南海北部捕捞总产量的70%以上。中国在南海北部渔业发展情况，20世纪50年代平均渔获量31.1万吨，60年代平均渔获量40万吨，70年代平均渔获量47.6万吨，80年代平均渔获量120多万吨，90年代平均渔获量300多万吨。（见表2－1）

表2－1　　2000年广东、广西和海南三省区海洋捕捞情况　　单位：吨

品种	合计	广东	广西	海南
合计	3 344 722	1 945 157	888 557	511 008
1. 鱼类	2 116 884	1 491 008	581 234	444 642
大黄鱼	29 503	28 903		600
小黄鱼	2 520			2 520
带鱼	227 202	127 060	60 085	40 057
鳓鱼	89 801	34 987	49 726	5 088
马鲛	137 894	74 175	44 308	19 411
鲳鱼	89 247	55 134	22 653	11 460
鲷鱼	65 640	30 357	21 873	13 410
鲐鱼	91 800	53 566	27 217	11 017
蓝圆鲹	718 704	186 980	73 742	12 444
鳀鱼	32 986	21 676	1 966	9 344
拟沙丁鱼	122 091	109 834	7 818	4 439
太平洋鲱	17 882	13 780	3 398	704
海鳗	79 315	48 549	14 941	15 825
石斑鱼	33 198	12 622	8 249	12 327

续表

品种	合计	广东	广西	海南
梭鱼	90 722	34 350	20 361	2 813
金线鱼	245 675	124 441		60 882
马面鲀	164 952	117 757	60 552	15 196
2. 虾蟹类	343 334	205 850	31 999	21 456
对虾	47 257	25 835	116 028	2 068
3. 软体类	360 814	183 450	19 354	25 897
4. 藻类	16 997	5 599	151 467	11 398
5. 其他品种	106 693	59 250	39 828	7 615

资料来源：《中国渔业年鉴2000》。

我国从20世纪70年代后期起，在南海海洋捕捞作业范围逐步向外海区扩展，作业水深也有所加大，捕捞产量也有明显的增加。南海区域的渔业资源利用程度，从总体上看，渔业总捕捞量已超过了最大可捕量。当然，不同的海区情况有所不同：沿岸浅海区即水深40米以内的区域，基础生产力高，资源丰富，但这一海域的资源已严重衰退；水深100～200米的近海区，比沿岸浅海区高一些，说明其资源状况也好一些。200米水深以外的外海，资源利用程度还比较低，至今尚未得到很好的利用，还有一定的开发利用潜力。

远洋捕捞方面，国家重点建设与海洋经济发展水平相适应的远洋捕捞船队，发展先进的远洋捕捞技术，建设功能齐全、高效的后勤补给基地、渔港及其相应的配套设施。海洋捕捞不断提高捕捞技术，新发展了一批147千瓦以上的中深海拖网和刺钓渔船，添置了鱼探机、卫星导航、雷达、定位仪、单边电台等上万台套，海洋捕捞逐步向中深海发展，远洋渔业发展成为南太平洋国际渔业的一支重要力量。远洋捕捞的主要渔场在贝劳、密克罗尼西亚、马绍尔、斐济共和国。还根据渔场渔汛变化情况，采取开辟印度洋泰国普吉基地，让部分渔船重新选择有经济能力的代理公司挂靠等多项措施，使远洋船队得到巩固发展。

（三）中国南海海水养殖情况

随着海洋捕捞强度增加，南海渔业资源衰减，中国南海沿岸省区海洋水产业逐步由海洋捕捞转向海水养殖，从而海水养殖业获得了很大的发展。有些地方已经由捕捞为主转向养殖为主。海水养殖业已经在南海各省区海洋渔业中占有重要地位。见表2-2。

表2－2 广东、广西和海南三省区海水养殖情况 单位：吨

品种	合计	广东	广西	海南
合计	2 334 190	1 608 533	665 703	59 954
1. 鱼类	213 643	183 725	23 375	
2. 虾蟹类	135 282	77 447	36 990	6 543
对虾	98 270	58 697	21 834	20 845
3. 贝类	1 934 627	1 312 294	603 827	17 739
贻贝	94 822	89 968	4 804	18 506
扇贝	12 043	3 375	8 307	50
蛏子	2 944	2 944		361
蛤	336 472	97 030	229 907	
蚶	36 625	29 335	6 572	9 535
牡蛎	842 996	485 603	351 597	718
4. 藻类	30 958	16 898		5 796
紫菜	1 098	1 098		14 060
5. 其他养殖品	19 680	18 169	1 511	

资料来源：《中国渔业年鉴2000》。

近年来，中国南海沿岸地区坚持渔业增效、渔民增收，以渔业结构调整为重点，以科技进步、机制创新为动力，以渔业产业化为载体，突出提高产品质量，大力实施海水（海珍品）养殖、名特优新品种养殖、湾堤养殖升级和加工增值等工程，水产养殖开发持续高涨，新建内陆鱼虾池，新增海水养殖面积，出台了扶持水产养殖业发展的有关政策，进一步加快渔业经济发展。主要海洋产业在全国居举足轻重的位置，其中海洋水产业排全国第一位。海洋产业增加值平均递增20%以上，快于同期GDP增长4～6个百分点。

二、南海海洋生物资源利用的综合评价

（一）南海海水养殖具有比较优势

大部分海域地处北回归线以南，是光、热、水资源极为丰富的岸带，为近海海洋生物的生长、发育和渔业资源的繁衍提供了有利条件。与其他海域比较，南海海水养殖在资源禀赋方面具有优势。

1. 网箱海水养殖热潮不减。从20世纪80年代初开始由沿海掀起内湾网箱养鱼的热潮，养殖石斑鱼、真鲷、黑鲷等经济鱼类，进入90年代后海水养殖品种增至20多种，其中主要有大黄鱼、鲈鱼、美国红鱼、鮸鱼、尖吻鲈、黄鳍笛鲷、紫红笛鲷、卵鲳鲹，斜带髭鲷、高体鰤、青石斑、赤石斑、巨石斑等种类。广东省是海水鱼类网箱养殖最早、规模最大的省份之一。20世纪70、80年代开始生产性养殖后，沿海各地相继发展。20世纪90年代初随着国内外鲜活海产品需求量的增加，对我国香港、澳门地区、台湾省以及韩国、美国、西欧市场的拓展，网箱养殖业发展更为迅猛。据不完全统计，2002年网箱养鱼，海南省4.2万箱，广东省14.3万箱，广西壮族自治区1万箱。1999年广东海洋大学成功攻克了7种海水名贵鱼类的人工繁殖及育苗技术问题，鱼苗孵化率达90%，仔鱼培育成活率70%以上，培育3厘米以上鱼苗成活率60%～80%。目前海水养鱼网箱已达80多万个。近年来引进深海大网箱，网箱养鱼的热潮不减。养殖的主要品种有大黄鱼、鲈鱼、真鲷、石斑鱼、美国红鱼、黑鲷、黄鳍鲷、卵形鲳鲹、军曹鱼等优质鱼类。近年来在沿海一些有条件的岛屿和海湾开始出现沉箱养殖、生态养殖以及工厂化高密度养殖模式，为海水鱼类养殖业发展探索了新的途径。

2. 对虾养殖在全国具有明显优势。除了养殖本海区的品种，如斑节对虾、日本对虾、长毛对虾、中国对虾、墨吉对虾、刀额新对虾和近缘新对虾等外，1997年后引进了南美白对虾，2000年又引进南美的红角对虾。形成了一年养殖2～3造，多品种交替养殖的格局。在南海沿海区域的人工养殖品种中，对虾为主要养殖品种。20世纪80年代初取得了“对虾工厂化全人工育苗技术”和“对虾人工配合饵料”研究的成功，极大地促进了我国对虾养殖业发展。1984～1992年，我国成为世界上第一养虾大国。1993年，由于遭受病毒性虾病的灾害影响，我国对虾养殖产量逐步下降。从年均20万吨上下（最高达22万吨），降至1994年的5.5万吨。1995年以来，科研人员在引起对虾大规模死亡的病原、病理、传播途径、流行病学、诊断和检测技术以及综合防治技术等方面开展了系统的研究工作，积极探索和开发新的养殖模式，如卤淡水养殖模式、高位池养殖模式等，走出了困境。到1996年，我国的养虾业开始走出低谷，养殖虾的产量逐年回升，至1999年已回升到17万吨，2002年接近24万吨。其中，广东沿海恢复最快，占全国对虾养殖总产量的40%左右，湛江又占广东省总产量的60%以上。

3. 贝类养殖是我国南方传统的海水养殖产业，在海水养殖中占有重要地位。海水养殖产量的绝大部分来自贝类。我国南方沿海地区养殖的贝类品种，主要有牡蛎、蛤、扇贝、贻贝、蛏、蚶、鲍等。1953年以来我国开展了刺参人工养殖和增殖技术的研究工作。到20世纪80年代，刺参的育苗和增养殖技术研究已取得较大进展。主要养殖方式是潮间带养殖、筑堤养殖和池塘养殖。到90年代，研究解决了刺参的夏眠机制，突破了养殖刺参夏季休眠不生长的难题，推动了刺参工厂化养殖的发展。海水珍珠养殖主要集中在北部湾海域的广东湛江和广西北海一带，海南也有少量养殖。20 世纪 90 年代，珍珠养殖业得到了蓬勃发展，广东、广西、海南的养殖面积达到 5×10^3 公顷，珍珠年产量高达 30 吨（1995 ~ 1996 年），是 20 世纪 80 年代产量的十几倍。其中雷州半岛及合浦营盘是我国两个最大的海水珍珠养殖基地，前者养殖面积达 2.6×10^3 公顷，占总养殖面积的 52%，产量最高达 21.3 吨，约占总产量 71%；后者养殖面积达 1.33×10^3 公顷，占总养殖面积的 22.6%，年产量最高达 8 吨。这两个养殖基地共有养殖场 7 000 多个，珍珠育苗场 400 多家，珍珠加工厂近 300 家，就业人员 5 万多人。2002 年海水珍珠总产量 25.6 吨，其中广东占 59.2%，广西占 37.1%，海南占 3.7%。海水藻类养殖品种有海带、裙带菜、紫菜等。

（二）近海捕捞强度过大，渔业资源遭到不同程度的破坏

受渔业生产技术的限制，捕捞作业主要在近海进行。由于近海渔业生态环境日趋恶化，捕捞强度过大．造成渔业资源衰退，目前几乎所有近海渔场都因捕捞过度而受到不同程度的破坏。如大黄鱼、鳓鱼、鲥、四指马鲅、尖吻鲈、海鲶和鲨鱼等鱼类已严重衰退，基本上没有渔获。优质鱼与低质鱼的比例已从 20 世纪 50 年代的 7∶3，到 80 年代变为 2∶8，进而变为目前的 1.7∶8.3。如北部湾原来主要渔获物有红笛鲷、鱼刺等，目前这些鱼种已基本无渔获，而小型底杂鱼如发光鲷等和 1 年生的中国枪乌贼在渔获物中明显上升。

（三）远洋渔船发展水平落后

南海区的粤、桂、琼三省（区）2002 年的远洋渔船近 170 艘，只占全国远洋渔船数的 9.7%，功率约占全国的 8%，远洋渔业产量不到 10 万吨，不到全国远洋产量的 8%。其中海南省的远洋渔业比例更低，广西尚无远洋渔业。粤、桂、琼三省（区）发展远洋渔业大有潜力。南海区的大洋头足类资源丰富，三省（区）可适当发展大型鱿鱼钓船，积极开拓到南美、新西兰的海区作业，也可到印度洋试捕。此外，大型金枪鱼钓船和围网船已成为我国发展远洋渔业的新热点，有条件的地区可以优先上马。

（四）南海北部湾划界后的影响

1999 年中越两国政府签订了《北部湾划界协定》，接着又签署了《北部湾渔业合作协定》。这两个协定生效后，北部湾重新划界，南海海域权益变化，给我国沿海省区渔业生产带来影响。据估算，近年减少在北部湾的传统作业渔场 3.2 万平方公里。这些渔场大多数是高产优质的渔场。2003 年，仅北海、湛江两市就有上万艘渔船将被迫退出中越分界线以西海域生产，年减少捕捞产量 34 万吨、产值 17 亿

元，分别占两市海洋捕捞产量的55%以上，产值的65%以上。相关的渔需物资供应、渔船修造、网缆加工、水产加工流通等第二、第三产业年损失达40多亿元。以北部湾渔业为生的12万渔业劳力、63万渔业人口的生产、生活将陷入困境。

第二节　南海生物资源开发利用存在的问题及原因

随着我国经济的发展，海洋产业在传统的海洋捕捞、海水养殖、制盐和航运的基础上，积极发展现代海洋油气、海洋化工、海洋药物和海洋能源等新兴产业。以广东、广西和海南三省区为主的沿海省市对南海海洋资源的需求不断增加，用海供需矛盾逐步显现，由此带来的海洋生态环境保护与资源开发的问题也日益突出。当前，随着海洋开发强度的增大，南海近海海洋生物多样性遭到不同程度的破坏，渔业资源日趋衰退。海洋生物资源属于可再生资源，对海洋生物资源的开发利用要保持一定的限度，绝对不能影响生物资源的再生能力，否则将会产生无法估计的损失。全国海洋开发规划提出必须科学、合理、充分地开发利用海洋生物资源。只有科学、合理、充分地开发利用海洋生物资源，实现海洋生物资源的可持续利用，才能保证海洋经济可持续发展拥有强大的物质基础。随着工业建设和海洋开发活动的快速发展，人们在不断地进行海洋开发和向海洋索取的同时，也不知不觉地破坏环境。近海污染、环境退化、生态平衡失调、生物资源和渔业资源衰退，这些都严重影响着海洋生物资源可持续利用。

一、南海生物资源开发利用存在的主要问题

长期以来，中国在南海的海洋生物资源的开发利用主要依靠扩大投入和增加规模来取得的，其发展的局限性和负面影响越来越明显，致使南海海洋生物资源品种退化，抗逆性差难以控制，病害发生难以防治，养殖环境恶化难以修复，海洋活性物质的开发利用难以深入等问题。南海海洋生物资源开发中的“无法、无序、无度、无偿”问题，在现代技术利用背景下尤为突出。

海洋生物资源管理是保证海洋生物资源可持续开发利用的必要手段。任何资源的管理，都必须摸清家底，全面规划，监控变化。中国在南海海洋资源调查和规划方面做了大量艰苦的工作，取得了大量有价值的数据。但是在以下方面还存在不少的问题：

（一）南海海洋生物资源缺乏全面规划和动态监测

有关南海的海洋生物资源调查不够全面准确。对水域生物生产力和生态效率没

有一个准确充分的估计，而是单纯的谋求最大持续产量、最大经济产量。同时，海洋生物资源监测缺乏动态性。实际上，南海的海水产品产量早已接近人们估算的最大持续渔获量。究竟是资源已严重开发过度，还是估算不准确，都迫切需要作深入的调查研究工作。因工作不严格、不深入而未能抓住关键，采取有效措施，或缺少有效检测、控制手段而导致失败，出现大量死亡，减产绝产。因此，要大力提倡细致，深入的科学研究和增加必要的仪器设备（如增养机、自动水质检测、调控仪器等）。掌握主要捕捞对象的种群补充机制和数量变动规律，按预报产量规定限额捕捞分配方案严格执行。此外，由于南海海洋生物资源的规划没有从整体出发，海水养殖生产布局缺乏全面规划管理，不少地区养殖场过密，排出物超过环境容量。水质恶化，病害流行，死亡减产，难以持续发展，尤其是贝类中的扇贝。

（二）海洋生物资源的开发技术落后

南海的海洋生物物种多样性较高，但目前养殖的品种不足100种。能够形成大规模养殖生产的仅十几种。而且这些品种多数未经完全驯化，在养殖条件下近亲繁殖导致优良性状逐步退化，还有不少品种完全依赖于自然亲体或苗种。同时，由于育苗养成技术落后，单产水平低，产品又以贝类为主，鱼虾少，加之缺乏高产优质抗逆新品种和高效饲料及防病抗病有效措施，都影响到养殖业的持续发展。

（三）海洋环境污染严重

南海海洋环境污染，破坏了海洋生物资源的生态环境条件。随着沿海工业的发展，人口增加，海洋开发活动加快，人们在向海洋索取的同时，也在破坏海洋环境。每年通过“三废”排放、海岸工程建设、海上船舶、石油勘探开发、海洋倾废等各种途径进入近海海域的各类污染物质达 1.5×10^7 吨。近年来，中国废水排放量呈逐年增加趋势。海洋污染程度和海洋的纳污能力、自净能力已经超出平衡临界值，造成南海的生态环境严重退化，赤潮等自然灾害频发，渔业水域污染事故不断增加，海洋生物的主要产卵场和索饵育肥场功能明显退化，水域生产力急剧下降。据估算，全国每年因污染问题导致的渔业资源损失达几十亿元。

此外，由于近海富营养化程度加剧，养殖海区水质恶化，养殖病害问题日趋严重。不合理的围海、砍伐、挖礁、挖砂，致使一些独特的海洋生态系，如珊瑚礁、红树林等海洋典型生态系统遭受严重破坏。这些状况已造成海洋生物多样性减少，生物群落结构发生改变，生态平衡失调，严重影响了南海海洋生物资源的发展和利用。

（四）南海部分海域的海洋资源性资产的连带性流失

所谓海洋资源性资产的连带性流失是指海洋中各种资源相互关联，一种或几种资源流失会对周围资源产生影响，造成其他资源的流失。由于海洋的广袤性、海洋构成的复杂性、海水流动性和连通性，海洋的各种资源共存于同一水体，处于同一生物圈，海洋中的各种资源具有较强的关联性。一种资源被破坏，影响了周边环境，就会连带到其他资源。如果不加以重视，整个海洋资源会全面减退，也会成为海洋生物资源流失的一个重要原因。

（五）有关海洋生物资源开发利用的法制基础不完善

法律法规执行效果欠佳。根据宪法规定，中国海洋生物资源的所有权属于国家，即全民所有。任何人在法律允许的范围内都有权获得并使用这些资源。我国《渔业法》第六、七条规定："国务院渔业行政主管部门主管全国的渔业工作。县级以上地方人民政府渔业行政主管部门主管本行政区域内的渔业工作。国家对渔业的监督管理，实行统一领导、分级管理。"由此可见，海洋生物资源所有权主体是国家，而"国家"是一个抽象意义的词语，没有明确的个人或机构支撑这一主体，即主体的"空心化"和虚置。地方各级管理机构只拥有监督管理权，无收益权，成为无利益关系的第三方，易造成"搭便车"的后果，致使部分权益转变为地方机构与渔业生产者之间的分割，国家权益被侵吞。而且繁殖保护规定执行效果不好，资源破坏严重，优质重要品种种群得不到补充、再生、恢复，幼小个体又遭受大量捕捞，濒于崩溃。例如：中国对虾是中国最重要的捕捞产品，1979 年产量超过 4 万吨，1997 年仅产 1 000 多吨，资源存在严重危机。大黄鱼资源破坏后一直未能恢复。

（六）南海海洋生物资源开发管理的无序性

海洋行政管理部门政出多门，交叉管理，权责不清。在南海海洋生物资源的开发和保护方面，政府部门没有充分发挥其职能，越位、错位及缺位现象严重。利益的驱使令一些部门、行业、地方为谋求自身利益的最大化而忽视其他利益，看不到整体利益。行政部门和行政区划的第一职能并不是保护生态环境资源，而是通过开发利用自然资源创造经济效益，其重视的往往是如何通过环境保护和资源养护来扩大职能部门的权力和利益，这必然导致与相关政府部门和地方政府的权力或利益冲突，造成体制上的混乱。这种分割式管理模式，由于水生生物资源的养护和管理涉及的职能部门过多，再加上中国相关法律规定多又过于笼统和简单，各职能部门之间的职责权力划分并不够明确或是存在交叉，造成了当前南海水生生物资源养护的行政管理存在着体制不顺、机构设置不合理、职责不清、权限不明和重复管理等问题，人为地分割了环境和资源的整体性关联养护的各项工作。这使在开发和利用海洋生物资源上，各行各业低效开发相关海洋资源，没有考虑资源开发的整体效率。

（七）南海海洋生物资源深加工的产业结构层次低

从整体来看，目前中国海洋生物资源产业的发展层次不高，海洋捕捞和海水养殖仍然占主导地位，而水产品加工、海洋医药和保健品制造、海洋生物产品贸易等海洋生物第二、第三产业发展相对缓慢，还未形成规模。海洋生物资源产业结构没有实现向合理化、高级化的方向发展。这既不利于海洋生物的综合开发，也不利于产业经济效益的提高。海洋生物科研成果相对较少，现有成果未能及时得到转化并形成新的生产力。产、学、研相结合的有效机制尚未形成。由于科学技术对整个海洋生物产业乃至海洋经济贡献率不高，海洋生物资源产业仍然保持着粗放型的增长方式。

二、南海生物资源开发利用失衡产生的主要原因

（一）海洋生物资源开发利用过度导致海洋生物资源衰退

持续增加的捕捞能力，超过了南海生物资源承载力。随着人口的不断增加，捕捞能力不断加强，渔业资源衰退速度越来越快，南海三省区的渔船数量和总功率超过了南海海区最适捕捞作业量的近3倍。过度捕捞导致经济物种资源严重衰退，生态系中物种间平衡被打破。捕捞强度大大超过了生物资源的良性再生能力，种群交替现象明显，捕获物营养水平下降，低龄化、小型化和低值化现象日益加剧。

渔具渔法结构不合理，小型渔船过多，大量小型渔船云集于南海近海作业，长期间高密度的捕捞幼鱼，给产卵群体、幼鱼群体的育肥生长造成严重破坏，影响了鱼类的生长和集群。小型渔船、残旧渔船所占比例最多，生产效益也最差。拖网作业比例偏高，加上有些渔船由于船体残旧、功率小等原因，不但大量捕捞幼鱼、小虾、小蟹，还严重地破坏了鱼类产卵和幼鱼培育场的低层生态环境。

（二）工业经济快速发展对南海海洋生物资源需求增长过快

近30多年来，中国的经济发展为世人瞩目。国民经济要发展，工业建设用地大量增加，陆上耕地减少加速，因而造成向海洋围海造地、污染海洋生物种群状况。由于围海造地，造成大堤切断海水潮流走向，使得东西海湾两侧淤积严重，几万亩浅海滩涂变成陆地。泥蚶、贻贝、江蛤、文蛤和牡蛎等绝收，海水自净能力下降，污染加剧。珊瑚礁是热带浅海中所特有的，由礁石珊瑚和黄藻类为主形成的生态系统，素有“海洋中的热带雨林”之称。由于人类经济利益活动导致破坏海洋生物环境的生存，除观赏价值外，沿海渔民大量开采用珊瑚礁烧制石灰而导致珊瑚资源受到严重破坏。红树林是海岸线上河口海湾潮间带上的常绿木本植物群落，素

有“海上森林”之称。红树林具有使海岸线稳定、避免水土流失、提高初级生产力、增加群落物种多样性的功能。滩涂、湿地和港湾是许多海洋生物的主要栖息地和繁殖场所，其中的各种鸟类、鱼类、贝类、多毛类、甲壳类及物种多样。随着大规模经济建设的进行，生态目标与经济目标的冲突日渐激烈，南海周边的许多国家和地区开始进行盲目围垦、填海造地、滥取海沙等现象在南海沿岸十分普遍。围垦、填海加快了海岸形态的改变，使许多滩涂、湿地和港湾随之消失，给生态环境造成了不可逆转的毁灭性损害。

（三）海洋管理体制相对南海海洋生物资源开发滞后

1. 体制机制问题。从海洋行政管理上看，存在体制不完善，海洋管理紊乱无序，政令不通等问题。与此同时，缺乏正确的政绩观，长期以来各级政府政绩都是以该地区 GDP 的增长率为考核目标，各地方政府在招商引资过程中始终在环境保护和经济发展两大问题上博弈。为了保证本地区 GDP 的高增长，往往会以牺牲环境为代价，来求得地方经济的快速发展，从而导致一些高污染、高耗水、需要大宗运输的重化工项目，无一例外地摆在了沿海江河边。执法队伍素质不高，还存在一些腐败问题。

2. 海洋生物资源价值意识问题。海洋生物资源长期以来被人类使用，具有很高的使用价值，但其价值一直被人们忽视。马克思在《政治经济学》中定义“价值是凝结在商品里的社会必要劳动”。渔业生产者无论是捕捞还是养殖，都需要付出“社会必要劳动”，以获得理想的收益。海洋生物资源价值体现在渔业生产者生产的过程中。而国家在将资源进行转让时，忽视了资源补偿价值。虽然近几年国家逐渐将海域使用权、捕捞权、养殖权作为补偿的费用，但其价值远未达到实际需要的价值量。渔业生产者在计量成本时通常计算人工费、船舶折旧等费用，也未考虑资源的机会成本和资源补偿成本。因此，资源的无价或低价转让导致了其流失严重。

（四）海洋执法不力造成南海生物资源过度开发

1. 法律法规方面的缺陷。国家海洋管理部门虽然制定了很多法律法规，但法律的严谨度很低，与国际海洋环境保护法的发展状况相比，中国法制建设存在诸多问题，如某些立法滞后，管理体制与运行机制以行业和部分管理为主、众多涉海管理部门职责权限划分不清、重叠、冲突，公众参与程度较低，海洋环境保护法的配套条例、办法、规定、标准需要适时出台。

2. 执法方面的缺陷。有法不依、执法不严的现象依然存在。中国现行海洋资源产权制度决定了资源的分配按照地域和行政区划进行，资源一般在当地具有垄断性质的渔业组织或个人之间划分。由于地域行政上原因而存在的组织垄断，其他地区高效率组织或个人无法参与资源的开发，这样渔业资源的使用使竞争机会不均等。

3. 公平与效率方面的缺陷。各地区资源内部分配的依据不是以使用效率高低为准，而是与其他非能力因素有关，机会的不均等引起各利益主体之间摩擦，演变成机会的竞争而非使用效率的竞争，进一步促使资源低效利用，造成了资源流失。

（五）科技水平低下

1. 海洋生物科技研发力量相对落后，海洋科技队伍总量不足，结构不合理。综合性海洋科技机构少，海洋科技人才匮乏，海洋开发缺乏技术支撑。海洋科研经费少，装备差，使得海洋开发的力量薄弱。与山东相比，广东海洋资源和区位要优越得多，但海洋科技力量却有很大差距。广东省海洋专业技术人员总数远远低于山东、上海和天津；其中高级职称人员低于山东、上海、天津、北京、江苏。尤其与山东的差距比较大，只达到其半数多一点，直接制约全省海洋生物资源开发后劲和质量。目前省内从事捕捞、养殖生产的从业人员，往往是文化水平比较低的农民、渔民，所以除了研究出高科技的成果外，还要花大力气去推广和普及这种技术，让群众掌握这种技术。目前政府在这方面的培训和投入力度还不够大。

2. 科研创新滞后，海洋资源利用率低。政府主导的科研创新滞后于生产发展，有力的技术支撑不足，育苗技术落后、单产水平低，产品以贝类为主、优质鱼虾少，营养研究和优质饲料开发不能满足养殖生产需要，缺少防病抗病的有效技术措施。这些都影响到了海水养殖业的持续发展。

（六）南海海洋生物资源开发利用认识不到位

1. 数据不准、影响分析研究。渔业统计数据由于生产体制的改变及统计方法等问题而不够准确，影响到有关分析研究，迄今对南海一些重要种资源详情和补充机制了解并不很清楚。

2. 缺乏严格的科学管理。南海海洋生物资源的开发与利用研究，必须纳入全国的海洋环境科学研究体系中。但目前这个研究体系仍然很不完善，需要进一步开展与海洋环境保护相关的海洋生物学、海洋地质和地球物理学以及海洋生物资源经济学等基础学科的研究，尤其是新兴产业科研水平普遍滞后。

第三节 南海生物资源开发利用技术发展前景

一、优势突出，为生物资源开发利用打下良好铺垫

中国南海沿海地区海岸线长，人均海岸线和滩涂面积为全国人均的10多倍。经过几十年的发展，海水农业已经初具规模，仅海水养殖面积就达23万多公顷。

其中对虾养殖面积2.8万多公顷，产量约占全国的2/5；养殖珍珠6 500多公顷，产量约占全国同类产品的2/3；人工养殖的底栖贝类主要有泥蚶、翡翠贻贝、马氏珠母贝和近江牡蛎等。20世纪90年代以来，养殖种类扩大到杂色鲍、九孔鲍、大珠贝、华贵栉孔扇贝、墨西哥湾扇贝、栉江珧、文蛤、菲律宾蛤仔和缢蛏等，种群数量大，食用价值高，可供作饲料、药用、工业原料和农肥的贝类较多。如唇毛蚶、波纹巴非蛤、施氏獭蛤、方斑东风螺和管角螺等，是大众化食用的贝类；长肋日月贝的闭壳肌干制品为“带仓”；角螺（响螺）肉质细嫩，可制成螺片干；寻氏肌蛤、南海鸭嘴蛤壳薄肉嫩，是鱼、虾类的良好饲料，也是农田肥料；大蚬、红树蚬有开胃、通乳、利尿等功效；节蝾螺的厣能治疗高血压、头痛和痢疾；阿文绶贝治感冒、咳嗽，还有观赏价值；塔形马蹄螺贝壳的珍珠层厚，是制螺钿的原料。棒锥螺的壳可烧制壳灰，供建筑使用。南海中国段沿海地区贝类增养殖方式因海区生态环境类型和贝类生活习性而异，以笼养、吊养、柱插、底播和浅海滩涂护养增殖为主。增养殖品种主要有牡蛎、马氏珠母贝、翡翠贻贝、华贵栉孔扇贝、江珧、鲍和泥蚶、文蛤、紫蛤等10余种。在南海用马氏珠母贝培育出的珍珠，素有“南珠”之称，在世界上享有盛誉。合浦珠母贝是南海最重要的育珠贝种，养殖历史悠久，目前已解决种苗大规模生产技术。2009年初，湛江硇洲岛渔民在潮间带低潮区岩礁滩进行沉箱养鲍试验获得成功，沉箱养鲍数目由最初的35只骤增至2002年13万只，年产商品鲍100多吨。近年来工厂化养鲍在东海岛等地兴起，养殖场近10个，养殖和育苗水体超过6万立方米，总产量达300多吨。沉箱养鲍技术向海南、广西和福建沿海推广，现已成为南方沿海集约化养鲍的新模式。鲍鱼工厂化养殖逐步成为海洋经济发展新的增长点。对虾人工养殖是南海中国段海水养殖的主导产业。主要养殖适合南海中国段沿海水域生态环境的斑节对虾、近缘新对虾、墨吉对虾和近两年发展起来的凡纳白对虾等。经过几年的病害防治技术探索，创造了封闭式或半封闭式的养虾方式，采用多品种混养技术、高位池养虾技术等，有效地控制病害的蔓延。经过多来的研究和生产实践，对虾人工育苗技术已经成熟，可以满足生产的需要。

二、应用集约化高效高产养殖等关键技术

集约化高效养殖，是南海中国段海水养殖发展的基本方向。集约化海水农业是工业化、工厂化或高密度的科学化养殖方式，充分运用现代工业技术和现代生物学技术，在整个养殖，包括育苗过程中实行全人工、半封闭或全封闭式的控制管理。大力发展以工厂化养殖和网箱养殖为代表的技术，不断提高养殖的机械化自动化程度，积极推广生态养殖、综合养殖、立体养殖和反季节养殖等先进的养殖模式。集约化养殖，就是集土建工程、机械、电子、仪器、化学、生物工程学、自控学和社

会经济学等现代科技于一体，在有效的面积内对养殖全过程中的水质、水温、投饵、排污、循环、水处理等实行半自动或全自动化管理。与此同时，对养殖生物的种质、营养、生长和病害防治等全面监控，使其能在高密度养殖条件下，始终维持最佳生理、生态环境，从而达到健康、快速生长，最大限度地提高单位水体的产量和质量。南海中国段集约化养殖已近13万亩，已经取得了巨大经济效益。实践证明，大力发展高密度养殖，在全人工条件下可以最大限度地提高养殖密度，有效地提高设施的利用率和生产效率，减少能耗，降低成本，节约劳动力，优化环境。同时，还可以实行计划生产，消除季节性差异，平衡市场供应，充分利用有限的海洋水域，发展精养、精用。南海中国段的水产养殖，应首先超越时空限制，因地制宜地建立几个符合南海中国段沿海独特条件、行之有效的海水农业集约化样板，然后逐步完善配套择优推广。

三、采用封闭循环水处理技术

发展海水农业的关键，是充分利用水资源。采用封闭循环水处理技术，是控制环境污染、防治病害频繁发生的最佳技术。封闭循环处理系统，是养殖用水经过沉淀、过滤、超滤微生物、转换、消毒、吸附、降解等技术处理，改善水质条件和养殖环境，达到健康养殖的目的，从而保证育苗和养殖的正常生产，保护周边的环境，避免池底的污染和水质的恶化。循环养殖系统能有效地提高饵料效率，提高养殖品种的成活率和产量，免受包括赤潮、工业废水和生活污水等周围水源的污染，改变传统的养殖方式，即依赖排放“老水”，注入“新水”，往养殖池投放药品和减少投饵量等方法来改善养殖环境。

四、应用海水农业种苗关键技术

优良的种质、种苗，是海水农业持续发展的极其重要的因素。南海海水农业种质、种苗工程，必须树立全面系统的指导思想，将其作为系统工程来研究和开发。从分子、细胞、个体和群体的不同水平，研究特种种质源遗传多样性并加以开发利用。尤其要重点开发应用基因工程，把现代化遗传育种方式与传统选育有机结合起来。在遗传改良过程中，充分利用分子遗传标记的辅助育种技术，加快和提高育种的速度与效率。发展海水农业优质、健康的高产种苗增育技术，增育出3~5个生长快、抗病能力强的鱼、虾、贝、藻的新品种及优质高产的海藻新品种，建立鱼、虾、贝、藻的种质库，解决海水农业养殖中存在的良种匮乏问题。通过与病原检疫、水处理技术和脱毒技术等现代技术相结合，培育出不含特定病原的健康种苗，是良种的选取和增产增效的关键。南海中国段的主要养殖种类对虾、鱼类、藻类育种基本上未经选育，应尽快解决易代养殖、遗传力减弱，抗逆性差，抗病力退化等现实问题。在种质、种原上，严格把关增育新品种，以满足海水农业不断发展壮大的迫切需求。在近期，高起点地建立10～15个左右技术水平高、专业化程度高、规模较大的水产品育苗基地，建立一批水产原种场和良种场，运用克隆技术、多倍体技术、人工控制技术、转基因技术等现代育种技术，培育高产、抗逆、无特定病原的优质苗种，并从国外引进优良品种进行驯化推广。

五、建立养殖示范基地

用5年左右的时间，在珠海、湛江、阳江、海口、北海、钦州等沿海城市建成一批以集约化养殖为主，具有一定规模、养殖技术和管理水平较高，产业链配套较完善的集约化养殖示范基地。通过示范和辐射推动，扩大全市集约化养殖面积。分别在湛江、海口、雷州等地，建立对虾、鱼类、南贝、鲍鱼、珍珠贝和藻的良种培育基地。积极开展对虾亲体筛选，选择无特定病原的对虾进行繁育，建立高健康对虾的亲体、群体，在核心苗种基地进行培育、养殖和亲虾培育。应用分子生物高新技术，对优良经济性状进行标记，选育抗病力强、生长速度快的对虾优良新品种。建立一批核心苗种中心，每年向市场提供高健康虾苗，不断提高对虾产量。加强高新技术在海水种苗培育的应用，重点运用多倍体育苗技术、育苗用水的净化和处理技术、苗种营养和饵料的强化技术，以及新材料新方法的自动控制等技术，降低苗种培育成本，提高质量，增加产量。采用适宜的生态养殖模式，通过在现有的养殖池中增加提水、增氧设备，提高产量，降低成本，减少病害和“应激”反应。在对虾病毒防治、分子生物学PCR、核酸探针诊断技术等方面，积极实施产业化。推广应用为切断病毒侵入而设立的封闭和半封闭养殖模式。培植有益的微生物，改善养殖地水质和生态平衡，提高养殖品种抗病毒能力。推广应用免疫增强剂及具有生物防病的鱼虾混养、虾贝混养、虾蟹混养，高位池养殖、地下水兑淡水养殖、卤水兑淡水养殖、海水鱼虾类淡化后淡水养殖、蓄水池沉淀消毒水养殖、低位渗水池养殖等先进技术，做到池养标准化、饵料营养化、配套机械化、防病预防化、养殖短期化、药物绿色化。通过科学施肥和人工投苗等措施，不断提高海洋中的资源数量和质量，将生物动物与植物的养殖紧密组合起来，使营养和促进生长的要素科学搭配，把养殖鱼、虾类的排泄物、分泌物、分解物和残饵等转化为养殖植物生长必需的营养要素。

第四节　南海生物资源深度加工利用的发展重点

一、将鱼、贝、藻类作为南海海洋生物资源深加工的重点

鱼类、贝类和藻类是人类消费的重要商品，由于技术条件限制至今没有得到充分有效的开发利用。研究结果表明，水产品加工可生产和利用的产品有：海藻多糖、鲨鱼硫酸软骨素、含氮是低分子化合物（红藻氨酸和牛黄酸）、鱼精蛋白、抗生素和一些生化制等。南海区域拥有10多种具有重要食用价值和经济价值的贝类资源，如扇贝、贻贝、蛤、牡蛎，鲍鱼、海螺、海蚶等。目前，这些贝类大部分经烹调鲜吃；部分经多种方法干燥、腌制加工或水解调配加工成食品进入市场。有些贝类具有重要的保健功能，如贻贝类具有滋阴补血，补肾调经的功效；长牡蛎具有滋阴补血，提高人体免疫等作用；鲍鱼可滋阴明日、清热解毒。利用其保健功能，将贝类通过酶法水解，分离纯化，调配加工成功能食品具有广阔的市场前景。虾、蟹类含有丰富的蛋白质，而且味道鲜美，目前主要烹调鲜吃，也有部分加工成罐头、干制品或调味品进入市场。几丁质是一类重要的海洋资源，它在生物体内具有保护及支持生物体的作用，估计在地球上每年生物产生的几丁质高达1 000亿吨。目前几丁质的重要性已日益明显，近10多年来在生产技术、生物合成机理、生物特性及应用上取得了显著的成就。研究结果表明：几丁质和壳聚糖在食品、生物医用材料、轻工纺织、日化、农业和环境等领域具有广泛的应用。目前主要利用废弃的虾，蟹壳来生产几丁质或壳聚糖。南海区域海域每年约有15万吨这样的虾、蟹资源未被充分利用。

南海区域蕴藏着极其丰富的海藻资源，生长着数千种海藻，但在海藻资源的开发利用方面还远落后于一些发达地区，资源有效利用率还不到1/4，是海洋资源开发利用的一个薄弱环节。因此加快海藻资源的深度加工和综合利用，具有极为重要的意义。食用海藻一般蛋白质含量为15% ~30%，远远高于一般的蔬菜，且必需氨基酸含量高；多糖类占50% ~70%且多为不能消化的多糖类；脂肪含量一般在5%以下。因此，食用海藻是一类典型的富含膳食纤维，高蛋白质，低脂肪的保健型食物原料，特别适合于中老年人食用，而且食用海藻的纤维素和矿物质含量丰富，远高于一般蔬菜和食用菌类，特别富含人类易缺乏的Fe、Zn、Cu、I和Se等人体必需微量元素。此外，海藻中还含有许多生理活性物质，如硫酰多糖，凝集素、江蓠素等。它们具有降血脂和降血压、提高人体免疫作用、抗肿净瘤、抗辐射和排除体内重金属离子等功效。海藻胶是一类的食品胶，在食品加工中广泛应用，是目前海藻产业的一个重要组成部分。碘和甘露醇也是褐藻胶加工过程中的重要副

产品，是重要的日化和食品添加剂。此外，利用一些低值海藻和廉价巨藻资源加工成海藻粉用作动物饲料、饲料添加剂、或加工成海藻肥料，也是海藻业发展的重要方向之一。紫菜是一种理想的高蛋白、低脂肪食品，且含多种维生素和无机盐类，历来就被人们看做是珍贵的海味品。紫菜富含人类必需的氨基酸，其他氨基酸的含量也较大且种类多；还含有组成味精主要成分的谷氨酸而使紫菜特别鲜美；所含乌甙酸使紫菜有特殊的香草味；紫菜所含维生素也十分丰富，与其他海藻、蔬菜一样属碱性食物，能保持人体的酸碱平衡，达到缓解疲劳的目的。紫菜所含的纤维素质地柔软，有调节结肠的功能，排出危害健康的汞、镉等有害物质。紫菜加工产业大有可为。

二、重视对海洋生物活性物质的开发利用

近几年来，广东省海洋主管部门和广东海洋大学等开展了海洋碱性蛋白酶和溶菌酶的研究，已突破每升200万单位产酶水平，获得产酶菌最佳培养条件、液体浓缩酶的制备工艺和最佳稳定剂配方，构建了基因库。中国海洋大学利用海带中的褐藻酸钠加工成抗脑血栓降血脂的新药——藻酸双酯钠PSS，已创产值数亿元，其第二代产品——甘糖脂也走向市场。此外，还筛选了两种对保护脑细胞有作用的海洋多糖化合物。

（一）海绵动物中的生理活性成分

海绵动物是一类分布极广的原始海洋生物，多数海绵动物寿命长，不易被具他生物捕食，不能被细菌分解，所以推测海绵动物体内可能存在化学防御物质及产生附生物不能附着的物质，从而成为探索生物活性物质极有价值的研究对象。目前已从海绵体中分离出具有明显生理活性的物质。包括具有α-受体阻滞、钙拮抗、抗5-HT、镇痉、强心、酶抑制、抗菌、抗肿瘤等作用的化合物30多种。

（二）鲨鱼软骨抗肿瘤活性物质

在鲨鱼软骨抗肿瘤活性物质的规模生产新技术方面已取得重要进展，完成鲨鱼软骨胶囊生产工艺。鲨鱼软骨抗肿瘤、免疫调节功能评价试验等，获国家卫生部《保健功能食品》批准证书。新型抗艾滋病海洋药物911的研究开发，已完成临床前的药学与药效学研究。911体外抗HIV活性研究、猴艾滋病（SIV）模型研究，911药代动力学研究，制剂学（胶囊）研究等工作也陆续完成，并完成中试试验，已获准进入I期临床试验。抗肿瘤新药K-001的临床研究及开发项目，已完成全部临床前的研究，完成中试产品的试生产。形成了完善的质控标准，并建立了专门的原料养殖基地。该项目申报生物制品二类新药临床研究的申报资料已呈送国家药

品监督管理局，现已通过审查，将按规定程序参加专家评审会。该项目被列入863重大产业化项目："抗肿瘤新药K－001的产业化转化"。甲壳质衍生物"916"抗动脉粥样硬化作用的研究已于1999年底通过了临床研究。粤桂琼在海洋制药方面大有可为。

三、开发新型海洋生物技术、海洋药物

海洋生物技术、海洋药物是20世纪80年代兴起并迅速发展的新兴海洋产业，它们所起的作用和发展趋势使其必将成为海洋产业中的重要或主导产业。在这些产业中最关键的技术是海洋生物技术，世界各发达国家在该领域中投入了大量人力、物力，并形成了"海洋生物工程学"。据统计自1972年以来，从海洋生物中已分离获得5 000多种新型化合物，其中近4 000种具有各种生物活性。其重要生理活性主要表现为抗肿瘤、提高人体免疫、免疫抑制、免疫赋活、强心、抗病毒、抗菌、消炎、降血脂和降血压、益智、预防老年性痴呆和美容等。目前已有几十种海洋药物投入临床使用，取得了显著的经济效益和社会效益。有关医药人士预言，新药研究面临由陆地开发转向海洋开发的时代。目前国家卫生部已批准生产的海洋药物有：藻酸双酯钠、甘露醇烟酸酯、鱼油多烯康、甘糖酯等。其中，藻酸双酯钠2002年实现产值14亿元，实现利税近4亿多元。此外，海洋生物医用材料也已开发多个系列品种。粤桂琼对这个领域的研究和开发，无论在广度和深度上都与国外发达国家和地区有较大的差距。为使粤桂琼在不久的将来成为南海、北部湾海洋生物技术产业和海洋药物产业基地，需从以下几个方面着手：

（一）从海洋生物中提取能预防和治疗肥胖及相关疾病的功能物质

肥胖主要与机体过多吸收葡萄糖，脂肪和胆固醇有关。近年来研究发现，某些海产品提取物如鲸鱼软骨中的硫酸多糖及其分解产物，以及海鞘、乌贼和章鱼中所含有的甜菜碱类物质，如葫芦巴碱和虾肌碱等具有延缓葡萄糖吸收的生理功能；鱼精蛋白、褐藻酸、碱性肽等可对胰脂肪酶、胆固醇酯酶起到明显的抑制作用，因此可延缓和抑制脂肪和胆固醇的吸收，起到预防和治疗肥胖的作用；甲壳胺可以起到明显的降胆固醇和降血压的作用。采用海洋高科技和生物工程技术，利用酶解、发酵、分子蒸馏手段，通过提取、提纯等加工方式。广泛开展综合利用，将海洋产品中固有的营养、保健、疗效成分开发生产出来，全面开发海洋药物、保健制品及海洋药用生物材料。大力推行科企联合，培育龙头企业，淘汰小型不规范企业。重点开发生产高效能、低副作用的海星胶囊、岩藻多糖等抗肿瘤、抗溃疡、降血脂的新产品，研制开发生产多酚类、EPA等防治心血管疾病的保健制品。采取生物工程技术对海带制碘废渣进行综合利用，开发生产出海洋植物促生长剂、高效农用肥

料。海洋植物中含有多种植物促长成分，如藻酸低聚糖、生长素、细胞分裂素、赤霉素等，它们不但能够增加粮、油，水果、蔬菜的产量，而且还对病虫害有较强抑制作用，并且无污染，无公害。

（二）大力发展水产品加工技术

水产品加工技术是产品价值附加值提高的关键。因此，建议有关部门设立海洋高新技术发展基金，集中使用，多方面协同开展有关科学攻关，力争早出成果和多出成果，并尽快转化为生产力。充分发挥广东海洋大学、海南大学和广西医科大学等高校，中国社会科学院南海海洋研究所等科研院（所）的研究开发能力，组织产品技术攻关。

1. 大力发展冷冻海鲜虾饼加工技术。冷冻海鲜虾饼是以虾肉和冷冻鱼糜为主原料，加入食盐，擂溃后加调味料和品质改良剂等辅料混合均匀，经鱼糕成型机制成饼状，凝胶化后包装，用平板速冻机速冻，在≤－20℃低温条件下贮藏和流通的鱼糜制品。该产品经解冻后油炸，外酥里嫩，弹性佳，具有虾的鲜味，营养丰富，是一种很受欢迎的高级冷冻方便食品。冷冻水产品在大量出口创汇的同时，内销产品的品种及数量也在不断增加，冷冻水产品的市场消费需求大，深受广大消费者的欢迎。冻虾仁、冻扇贝柱、冻鱼片，以及沾面包屑的鱼（也称为鱼排）、虾、扇贝等小包装的冷冻水产品，由于食用方便已经成为工薪阶层餐桌上的不可缺少的美味食品。随着冷冻水产品的产量的不断增加，生产企业及经销企业的数量也在不断增加，小包装冷冻水产品的前景广阔。

2. 发展贻贝软罐头加工技术。目前，贻贝除鲜销外，一般将其制成贻贝干品（即淡菜）或冻制品，因沿用传统方法生产而属初级加工品，市场销路有限。软罐头食品是以多层复合薄膜制成的蒸煮袋作为容器，将加工调理后的食品装入其中，并经排气、密封、加热杀菌而制成的新型罐藏食品。它所具有的诸多优点使其近些年在南海区域得到飞速发展，所适用的范围也越来越广。将贻贝加工成软罐头后能较长时间保存制品的色、香、味，并具有运输携带方便、耐贮藏等优点，可有效扩展消费地域，促进贻贝资源的增值利用和贻贝养殖业的健康发展。

3. 深化马氏珠母贝肉软罐头的研制。马氏珠母贝，又名合浦珠母贝，是粤桂琼沿海海水珍珠养殖的主要品种。由于珍珠养殖业的迅速发展，目前，采珠后的珍珠贝肉数量相当可观，除一部分鲜销供食用之外，大部分因缺乏有效的加工手段而未得到充分利用。以珠母贝肉为原料研制的珠母贝肉软罐头食品，既保持了珠母贝肉的原汁原味，又力求口味的大众化，食用的方便化，旨在为充分利用珠母贝肉开辟新途径。要推广半干制工艺流程，研制珠母贝肉半干制罐头。此工艺流程使珠母贝肉水分含量在45%左右，软硬适中，色泽、质地和风味均较好，没有普通干制品质地粗硬、逊味的缺点。与普通干制方法相比，采用半干制方法干制时间短，制品个体大，色泽好，能较好地保持鲜品的质地和风味，成品率高，生产成本低，采用软包装，使用方便，市场竞争力强。

4. 重视海洋低值小杂鱼的冷冻加工。海洋低值小杂鱼一般具有如下的特点：形体较小，通常只有2~3厘米。由于此类鱼种形体较小，头及内脏所占的比例相对较大，不适于直接食用；肉质细嫩，营养丰富，但极易腐烂，机械强度较低。要求渔船带冰出海或配有冷冻设备，边捕边冻。由于其种类繁多，产量巨大，具有很大的开发价值。

5. 重视动物蛋白饲料加工。由于粤桂琼沿海水产养殖及特种养殖的高速发展，动物蛋白饲料的需求量增长十分迅猛。我国生产的鱼粉普遍档次较低，加工工艺落后，鱼粉价格偏低，一些特种鱼粉如对虾专用粉、甲鱼专用粉等仍依赖于进口。鱼糜制品与动物蛋白饲料有相同之处，在原料选用上受鱼的种类、形体大小、组织结构的影响较小。不同种类、不同大小的鱼可以相互搭配使用。而鱼糜制品在我国的历史非常悠久，但一直以手工操作为主。日本、美国等发达国家，鱼糜制品的数量、种类较多，工业化程度很高。粤桂琼沿海几家鱼糜生产厂家现有的设备多由国外进口，鱼糜产品由于淀粉用量普遍较高，使口味受到了影响，市场潜力还未能充分发掘。若能随着冷冻技术的发展，不断提高鱼糜质量，以改善鱼糜仿真产品的风味，抢占国际市场，既增加了营养源，开拓了国际市场，又提高了低值水产品的利用率。

6. 重视鱼油的深加工。鱼油中富含长链不饱和脂肪酸，尤其是二十二碳六烯酸（DHA）和二十碳五烯酸（EPA）含量较高。DHA是大脑发育与功能维持的必需物质，也是大脑神经组织的重要成分，在脑细胞膜的形成中起重要作用，它同时是视网膜功能作用所必须的多烯不饱和脂肪酸，具有“增智保视”的作用。EPA具有降低血液胆固醇和甘油三酯的作用，又具有抗血小板凝固和扩张血管作用。此类制品在日本较为盛行，我国则销售较少。

7. 鱼糜制品将大有发展前途。鱼糜制品在国内外市场上有很大的发展潜力。现代鱼糜制品正向高级化、高档化的方向发展。除传统的鱼面、鱼圆子、鱼卷之外，仿真制品发展迅速。不但要求产品的外形逼真，更要在口感、风味、滋味、营养等方面与天然产品十分相似。以鱼干为例，其工艺为：原料鱼→分类→洗涤→烘干→调味→分装→成品。工艺看似简单，操作起来则有相当的难度，由于此类鱼本身的机械强度较低，烘干以后更是易碎、易断，在加工、分装、运输、销售、储存中如何保持鱼体的完整性就是一件很不容易的事。另外此类鱼体内含有较高的脂类，在烘烤过程中如何保证其不发生脂肪氧化、不发生褐变等问题都需要加以研究。除以上应用，低值小海鱼还用于调味品的生产、生产鱼体分解蛋白以及其他的一些产品，但都未形成规模生产，产量也不大。

（三）开发海洋生物毒素

历经自然选择，许多海洋生物为免遭被吞食，自身能产生强烈的毒素。只要对肿瘤细胞的毒性比对正常细胞的大得多，就有可能开发为良好的抗癌药物。例如，加利福尼亚大学的研究人员从海绵提取物中鉴定出 1 种能攻击癌细胞的化合物，一种名为 Bastindins，能干扰白血病细胞和卵巢瘤的生长，另一种称为 Iasplakinolide，在组织培养里能阻止肾癌细胞和前列腺癌细胞的分裂。此外，从微藻毒素中分离、纯化出抗肿瘤、强心，麻痹神经和肌肉等一系列生理活性化合物，具有良好的应用前景。

四、开发功能保健食品

把握国际水产加工趋势，加快低值水产品的综合开发利用速度。过去曾被作为饲料用鱼粉的低值水产食品，现已大量开发精制成食用鲜鱼浆，然后再用鱼浆生产出风味独特的鱼丸、鱼卷、鱼饼、鱼糕、鱼香肠、鱼点心等各式各样的水产方便食品。既增加了营养源又提高了低值水产品的综合利用率，有效提高了水产品的附加值。大力开发合成水产食品。以鱼浆和海藻等大宗水产品为原料，生产合成色香味俱佳的高档人造蟹肉、贝肉、鱼翅、鱼籽等产品，越来越受到消费者的欢迎。开发保健水产品。把鱼的内脏或产品加工剩下的鱼鳞等下脚料经过特殊的提炼加工，再配合其他辅料而制成的各种保健品，如强鱼油食品、鱼鳞食品、低胆固醇补脑食品等，在市场颇受欢迎。开发美容水产食品。鱼籽食品、蟹肉产品、虾仁食品等，因其具有健美功能和富含卵磷质等物质，符合时尚潮流，而备受妇女、儿童和老年人的喜爱。

（一）系列化鱼油制品

日本已开发粉末状的 DHA 产品系列，其中胶囊化 DHA、EPA 产品是鱼油制品中产量和销量最大的一种。其他形式的 DHA、EPA 产品，包括罐装 DHA、EPA 产品，添加特殊的抗氧化剂的 DHA、EPA 产品等。食用鱼粉在补充儿童营养方面具有很大的作用，食用鱼粉中含有丰富的钙、维生素 B_1、B_2、尼克酸等，还含有丰富的人体必需氨基酸。目前为止，低值小鱼的加工还有生产水解鱼蛋白，调味品，休闲小食品等方面的应用。此外，鱼骨含钙量高，钙磷比适当，可制成补钙食品，鱼鳞含有丰富的明胶，鱼的肝脏中含有丰富的鱼肝油，都有很大的深加工的意义。

（二）海洋食品资源的综合开发利用

随着我国和世界人口的不断增加，人们对水产品认识不断深入，人类对水产动物性蛋白的需求量不断增加。因此要满足人类对动物性蛋白的需求，一是大力发展海水养殖业，二是搞好水产品加工，提高食用率。食品高新技术的发展使海洋食品资源得到更为充分的利用。传统食品产业处于一种粗放加工的状态，不但产品附加值低，而且资源得不到充分的利用，许多海洋食品资源处于自生自灭的状态。近10多年来随着食品加工高新技术的发展和应用于海洋食品加工业，海洋食品资源的综合开发利用进入了一个全新的历史时期。

1. 低值海洋鱼类资源的深度开发利用。以前低值鱼主要加工成鱼粉作饲料，或加工成咸鱼出售。现在这部分鱼类资源利用仿生食品加工新技术和功能重组食品加工技术，加工成仿生食品的重组功能食品，如仿生蟹肉、虾肉，仿生鱼翅、鲍鱼、高品质的鱼丸、鱼糜和功能性鱼肉蛋白粉，以及利用酶技术加工成调味水解蛋白或复合氨基酸营养液等，不但资源得到充分利用，而且产值成倍、甚至十几倍的增长。

2. 鱼油的深度加工利用。应用油脂加工新技术，如分子蒸馏技术可将鱼油加工成去腥、脱色、提纯的精制鱼油，成为可直接食用或部分氢化作为人造奶油的原料；也有利用微胶囊新技术进行包埋，加工成保健型的粉末油脂，或利用超临界等新技术手段从鱼油中分离纯化出DHA和EPA，加工成各种功能保健食品。

3. 鱼骨及鱼翅骨的开发利用。利用现代分离提取技术从鱼骨及鱼翅骨中分离出软骨素、粘多糖等具有功能保健因子的物质，加工成高附加值的功能食品。

4. 虾、蟹壳的深度开发利用。虾壳、蟹壳先以前作为废弃物扔掉，造成对环境的污染和资源浪费。现在除利用食品加工新技术（如膜分离技术、超临界萃取、分子蒸馏、微胶囊化、包埋技术等）回收蛋白质、呈味物质和香味成分作调味料之外，对其水不溶性部分来提取几丁质和壳聚糖，广泛用作食品添加剂和重要的医用生物材料。

第五节　南海生物资源开发利用与管理的保障措施

南海资源的开发与利用对广东乃至全国经济和社会发展意义重大，同时也是我国经济可持续发展的物质基础。因此，国家应尽快制定可行的南海海洋资源开发总体方案，把南海生物资源开发纳入整个国家资源开发计划，对大规模开发利用南海海洋生物资源进行可行性论证，制定适宜的开发和利用南海生物资源的中长期战略。积极争取与国内有实力的企业集团以及跨国公司进行合作，大力发展南海海洋生物资源的开发和加工、海洋产品深加工、海洋制药等产业，整体推进海洋生物资源的综合开发。

一、发挥政府在海洋生物资源开发利用中的引导作用

南海海洋生物资源的开发利用是一个系统的工程，政府应在宏观上进行引导，制定规划、组织研究、扶持重点项目、给予政策扶持和资金支持。

（一）政府部门要积极组织海洋生物技术的研究开发及推广工作

海洋生物技术就是利用海洋环境特殊性和生物多样性特征，从分子和细胞水平上多层次地开发利用海洋生物个体资源、遗传资源和天然产物资源。政府应当设立研发、推广资金，以课题申报的形式，系统的吸引国内外海洋生物技术研究的顶尖人才，针对南海海域海洋生物资源的实际及开发的需要，有目的地开展研究。应加强中试基地、产业化基地及基础设施建设，如加强开发实验室、研究基地、生物多样性资源库、种子库、信息数据库的建设。根据研究结果，政府按照海域功能区划，组织推广、重点扶持投资大、风险大、环保效益高的项目。

（二）健全海洋生物资源开发与保护的有关法律

自20世纪80年代以来中国政府就逐步制定了许多有关保护海洋生物的法规，主要有《海洋环境保护法》、《渔业法》、《水生野生动物保护法》、《海洋自然保护区管理办法》等。我国的海洋环境保护法和渔业法已实施多年，对保护海洋生物资源起了很大的作用，但总的来说，我国涉海立法仍存在着一些需要解决的问题。如《海洋环境保护法》只是单纯地规定了防止几大类海洋污染，而对如何防止其他破坏海洋生态环境特别是非污染性人为活动（如旅游业、房地产业）对海洋自然资源和生态的破坏没有规定。当前，一方面要进一步修订现行的法规，另一方面还要制定管理的其他法规，使海洋管理的方方面面工作都有法可依。同时，要加强执法力度，从法律上防止一部分人（或地区）经济增长而产生的污染损害大多数人（或地区）的生活权利，更不允许为了少数人的眼前利益从而大肆破坏、污染海洋环境和生物资源，损害大多数人的长远利益，使大部分人能将环境保护的好处表现在经济利益上，增加其参与环境保护的积极性，从而保证南海海洋生物资源的可持续利用。

（三）完善海域管理协调机制

各国海洋发展的实践和经验证明，对海域实施统一的管理已成为实施海洋开发，保护海洋环境，保证海洋可持续发展的主要手段。海域属国家所有。南海海域被多个国家和地区包围，不仅国家之间因为海洋划界和资源争夺而纷争不断，就是我国内部，广东、广西、海南三省（区），从各自发展出发，也不断提高了用海强

度。但是海域的供给是有限的，这就要求海域使用管理必须站在全局和整体的立场上统筹兼顾，合理分配和再分配海域。使海域开发利用的规模和强度与南海海域海洋生物资源的可再生能力及环境承载能力相适应，走可持续发展的道路。因此，粤、桂、琼三省（区）的各级政府应当从海洋可持续发展的战略高度，从全局出发理顺各涉海部门的利益关系，以海洋管理职能部门为主成立南海海域管理协调机构，组成各级海洋执法协调中心，管理协调机构和海洋执法中心必须具有政府权威。

（四）建立海洋生物资源开发投资基金

高新技术的特点是高投入、高风险、高回报。建议中央和省政府在社会经济发展有关的计划中重点支持海洋生物资源开发的高技术研究和海洋生物产业发展的关键技术攻关，以及重大海洋科学研究项目和有关基础设施建设。除了政府给予必要的资金支持外，还应当努力形成以政府为引导、企业投入为主体、社会投入和外资投入为重要来源的多元化投融资体系，形成多渠道筹集高新技术项目资金的机制，建立海洋生物资源开发投资基金。

二、加强南海海洋生物资源的勘测和研究

南海海域辽阔，海洋生物资源丰富。自新中国成立以来，南海生物资源开发、利用规模不断扩大。但由于缺乏对自然规律的认知，加之在经济利益的驱动下，对海洋生物资源的开发已经超出了一个合理的水平，严重破坏了海洋生物赖以生存和繁衍的环境，影响了海洋生物资源的可再生能力，致使海洋生物的多样性面临着越来越多的威胁。世界自然保护同盟（IUCN）、联合国环境规划署（UNEP）和世界野生生物基金会（WWF）发表的《保护地球——可持续生存战略》特别指出保护海洋生物多样性，保护关键的和受威胁的海洋物种和基因库。南海海域生物多样性和生物资源健康繁衍、生长对我国尤其是南海沿岸省、市、地区海洋生物资源可持续开发利用有重要的意义。因此，加强对南海海域海洋生物多样性及其生长规律和特点的研究和认识，研究探讨生物资源保护的对策，是实施海洋生物资源可持续开发利用的迫切需要。制定南海大海洋生态系监测与保护行动计划，与邻国、邻省（区）共同合作，强化海洋生物资源综合管理，保护海洋生物多样性。

继续在南海部分海域建立海洋自然保护区、海洋特别保护区，保护重要的海洋自然资源、生态系统和自然景观以及具有重要科学研究价值的生物物种和生态区域，以及保护珊瑚礁和红树林资源及其他生态系统。划定各类海洋特别保护区和海上自然保护区，海洋自然生态系统海域，珍稀及濒危海洋动植物物种集中生长、栖息、繁衍海域，珊瑚礁、红树林等对维护海洋生态平衡具有重要意义。

三、依靠科技进步，开辟新的资源补给地

（一）发展替代资源

开辟新的资源补给地是实施可持续的基本途径，它可以缓解对稀缺资源的需求，延长可供持续利用的时间及满足生产需求和消费需求，保证资源的可持续利用。由于不合理的开发利用和环境污染，南海海域许多经济价值较高的水产资源（如鱼、虾、蟹、贝、藻）正面临过度采捕的威胁，传统渔场的渔业资源正减少，传统渔业效益下降，为此发展新渔场，发展远洋渔业和发掘新种群是我国尤其是南海周边省、市和地区水产业发展的关键。南海从1999年开始实行伏季休渔政策，对南海海域渔业的保护和鱼类种群的恢复均有一定的效果。但随着我国人口的增加（同时人口从内地向沿海的流动）和人民生活水平的提高，对各种海洋水产品的需求也急剧上升。各种海洋水产品价格上扬，海洋渔业资源的捕捞强度仍在上升，同时，海洋机动渔船数量和功率不断增长，而动力结构趋向小型化，绝大多数渔船集中在近海作业，给近海渔业资源带来了极大压力。因此，发展远洋渔业，开发各大洋渔业资源能有效减低近海渔业开发力度。世界渔业资源的开发潜力有2×10^{11}千克，现在开发利用的不足一半，其中头足类可捕潜力为1.0×10^{10}千克，目前产量仅为2.84×10^{9}千克，金枪鱼、竹荚鱼资源也有相当开发潜力。同时大力发展养殖业，减轻渔业资源消耗压力，实施“发展养殖、压缩近海、拓展外海、开拓远洋”的战略。

（二）以生物技术为指导，大力发展海洋增养技术

经过几十年的发展，南海沿岸海水农业已经初具规模。目前广东省海水养殖面积达23万多公顷。今后要大力发展海洋增养技术，提高海水增养殖的数量和质量。在南海海域建立高效健康的养殖服务体系，对南海海域进行合理规划、综合生产布局；积极开展大规模海水农业区域养殖容量潜力的分析研究；参照或采用国际先进标准，尽快建立健全水产品质量保证体系。

（三）搞好海洋生物资源的精、深、多层次加工及综合利用

紧扣国际市场脉搏，深挖海洋渔业资源深加工潜力，重视低值海洋渔业资源的综合开发利用。以鱼浆和海藻等大宗水产品为原料，大力发展合成产品。利用南海生物资源，开发功能保健品和美容食品。根据国内外市场需求对现有加工企业进行分类排队，调整南海区域渔业生产经营结构。以海洋渔业为突破口，在海洋渔业、海洋药物及保健食品等方面取得重大突破，逐步建成多元化、大规模、高技术的海

洋渔业生产经营体系。在此基础上制定相关政策，分别给予不同力度的支持，尽快提高海洋生物产业的规模和效益。应用高新技术改进生产工艺，提高海洋渔业资源加工的精度，创出自己的优质品牌产品，尤其是海洋生物制造业产品。重视海洋渔业综合加工开发工作，把水产品加工和其他食品加工有机结合起来。

四、促进海洋生物经济的快速发展

海洋生物经济是一个巨大的经济链条，包括海洋生物技术、海洋生物交易、海洋生物消费、海洋生物金融、海洋生物市场、海洋生物物流等。加快发展海洋生物经济，首先要深入研究海洋生物经济的内在发展规律和趋势，研究南海生物资源的特殊性，通过研究、比较，掌握海洋生物经济发展的规律，发现南海周边三省（区）在发展海洋生物高新技术方面存在的政策上、技术上、投入上的不足，从而制定出适应各省（区）海洋经济发展目标的海洋生物经济发展战略；南海周边三省（区）海洋生物经济的整体实力还是比较薄弱的，有必要引进和建立海洋生物经济和生物科技的跨国公司总部和国际组织总部，发挥总部经济和总部组织的优势；发展海洋生物经济，还要鼓励和发展各种形态的海洋生物经济企业，特别要重视发展海洋生物技术相关的企业群体，如海洋生物科技咨询企业、海洋科技转化企业、海洋科技营销企业、海洋科技推广企业、海洋科技品牌企业等，使之形成和谐的企业生态环境。这种生态环境就是一种发展海洋生物经济的生产力。建设好海洋生物经济示范基地，为大规模发展海洋生物经济提供范例和可行模式，包括海洋生物经济发展的硬件标准、软件标准以及人才标准等；建立一个开放的合作机制，吸引国际海洋生物科技精英人才，共同为南海和世界的海洋生物经济发展做出贡献。

扶持海洋科技教育产业，建立海洋技术推广体系。开发海洋生物，发展海洋经济，海洋科技人才是关键。大量的人才来源于教育的培养。因此，南海周边三省（区）应把海洋科技教育产业作为海洋生物开发战略、海洋经济发展战略的重要内容。加强海洋科技人才培养，完善海洋生物技术推广服务体系，为海洋生物开发利用提供可靠的人才资源及社会支撑条件。

南海周边粤、桂、琼三省（区）中，广东省海洋科技实力最为雄厚，属地内拥有中国科学院南海海洋研究所等多家海洋科研机构，以及南海区域规模最大、学科专业最齐全的广东海洋大学，各类海洋科技人才约占全国的1/4。近年来广东在海洋生物高新技术研发方面取得了许多成绩，为海洋生物资源可持续开发、利用提供了重要的技术支持。今后，广东要建立海洋科技创新与技术推广体系，强化海洋科技平台建设，整合广东大专院校、科研院所力量，加强中国南方海洋科技创新基地、广东海洋与水产高科技园海洋创新基地、公共实验室和广东海洋大学建设，逐步形成一支“开放、流动、竞争、协作”的海洋人才队伍。加强涉海专业建设，进一步提高广东海洋大学的教学和科研水平，培养大批应用型海洋科技人才。

五、建立南海海洋生物资源开发与保护协作系统

（一）建立国际协调机制，共同维持生态平衡

《世界自然资源大纲》指出，许多生物资源是世界共有的，保护这些生物资源不是一个国家的事。一个国家的生物资源可能受到另一个国家开发活动的影响。《联合国海洋法公约》强调为了生物多样性的保护及其组成部分的持续利用，促进国家、政府间组织和非政府部门之间的国际和区域性合作。南海沿海各国和地区应本着共同开发、共同保护的原则，加强交流与合作，共同维护南海区的生态平衡，严禁在南海海域进行狂捕滥杀，尤其是对珍稀海洋生物应采取切实可行的措施保护。这符合各国人民长远的、根本的利益。在互惠基础上，就其管辖或控制范围内对其他国家或国家管辖范围以外地区生物多样性可能产生严重不利影响的活动促进通报、交流信息和磋商，并酌情订立双边、区域或多边协议。

积极开展与国际组织和有关国家进行南海海洋资源调查等科学研究的合作，争取国外技术援助、促进技术人才的国际培训和交流。并与周边国家和国际组织合作实施南海大海洋生态系统监测与保护行动计划，共同开展海洋生物资源保护与管理；实施南海大海洋生态系统项目，通过跨边界诊断分析，确定南海大海洋生态系所面临的问题，从而形成国家和区域的南海战略行动计划；并推动区域战略行动计划的实施，解决跨边界诊断分析及国家南海战略行动计划中的重点问题。通过和濒临南海国家的密切合作与共同努力，有效地减轻该海域所承受的社会、经济发展带来的压力，推进对南海大海洋生态系的可持续利用和管理，促进南海周边国家社会、经济的发展，造福南海周边国家人民。加强与周边国家的合作，建立区域性海洋环境监测网，协调海洋环境和资源保护政策，制定地区性渔业协定，共同保护南中国海的生态环境和渔业资源。加强与国际组织和有关国家进行海洋与水产科技合作，争取国外技术和资金的援助，引进国外的先进技术、设备、资金、人才，选派一批中青年海洋与水产技术和管理人才到国外学习培训，开展海洋与水产技术的国际交流，努力提高广东海洋与水产科技的总体素质和水平。

联合海南、广西争取国家的支持实施南海大海洋生态系统项目计划，集中国家及三省区相关涉海部门及科研院所力量，积极推动该项目的开展。该项目是一个管理项目，因此部门之间的协调便显得至关重要，为此须成立由相关涉海部门组成的项目协调机构。在亚热带的关键海域与国际组织和有关国家合作，建立海洋生物保护区和东亚区海洋污染防治与管理示范区。

（二）建立国内区域合作机制

南海为广东、海南、广西三省区及香港、澳门特别行政区共同管理，因此需建立跨省区协调管理机制；南海与东海相连，还应与邻省福建建立协调管理机制。强化海洋自然保护区的选划和管理，着力建设省、市、县三级海洋环境监测网络，强化区域海洋环境监视、监测能力。积极发挥广东省毗邻港澳台地区的区位优势，加强与港澳台地区的海洋高技术交流和合作，促进区域的海洋资源开发、海洋环境保护和经济的可持续发展。

六、实行分区开发与整体保护有机结合的管理模式

海洋生物资源开发与保护的根本目的是促进海洋经济的发展，满足人民群众物质生活的需要，开发是建立在资源的可持续利用和良好的生态环境的基础上的。因此，开发必须遵循生态学原理，体现系统性、完整性的原则，立足当前，着眼未来，坚持海洋生态环境保护、海洋生物种群保护和海洋生物资源开发相协调的原则，遵循经济规律和生态规律，实行分区开发与整体保护有机结合的管理模式。

海洋生态系统是一个复杂的大型系统，各种成分和过程之间以复杂的联系相互促进、相互制约，形成目前相对稳定的状态。系统的某一部分遭到破坏可能会带来无法预计的后果，如某个物种遭受过度捕杀，造成该物种濒于灭绝，从生物链的角度看，就有可能危及许多现在人类还无法了解的物种，造成的后果可能就是难以恢复的。即使可以恢复，代价可能也是巨大的。“先发展、后治理”的道路得不偿失。因此，必须在整体保护的前提下分区开发利用海洋生物资源。

（一）整体保护

海洋是一个整体，海洋生物自然环境与所有涉海因素息息相关。整体保护的意义在于：一方面，对所有涉海因素进行控制，将其对海洋生物的不利影响减少到最低；另一方面，对海洋生物所有种群予以保护。

1. 南海海域、海岸的治理与保护。包括：（1）陆域污染源的治理。陆源排海的主要污染物是有机污染物、营养盐类。其主要来源于工业、农业废水以及城镇生活污水等。加强工业污染源的治理，逐步实现所有污染项目达标排放。加强对沿海城镇生活污水处理，全面推动沿海城市生活污水处理厂的建设。禁止使用有机氯等高毒、高残留农药，提高养殖技术，发展生态农业，改善农业环境，减少农业生产对海域环境的影响。（2）南海近岸海域污染源治理和生态环境的恢复与保护。包括含油污水、滩涂围垦和填海、河口、港湾的治理以及沿海防护林建设。

2. 南海海洋自然保护区建设。海洋自然保护区是海洋自然资源、生态系统恢

复和保护的良好场所，要继续扩大南海自然保护区的数量和范围。

3. 海水牧场建设。南海水生动植物的栖息地正受到严重的威胁，几乎所有的鱼、虾、蟹、贝的产卵场、索饵场、越冬场和洄游通道（即“三场一通道”）遭受到不同程度的破坏，大面积萎缩，一些甚至已经消失。为此，必须采取减少渔船总数、渔民转业、大量设置鱼礁、增设海洋生物资源特别保护区等措施，变猎渔为牧渔，大范围、大面积地恢复海洋生物栖息的自然生态。

（二）分区开发

对海洋生物（渔业）资源而言，根据资源的种类、数量分布建立相应的养殖区、捕捞区、增殖区、限养区和禁渔区。通过有组织的全面性海洋生物资源调查，对不同海区的海岸带类型、自然环境、生物群落结构以及种群变化规律等积累系统的资料，确定不同海区的开发利用对策。

1. 大陆架海域养殖区。（1）控制近海捕捞强度。以法律、经济、科学和行政等各种手段，有计划地逐步调整重要经济鱼类的捕捞量，把捕捞量压缩到小于其种群增长量的水平。严格限制沿岸水域的定置网具；限制沿岸拖网渔业，改革渔具渔法；杜绝损害幼鱼的各种市场。进一步加强对禁渔区、禁渔期的有效管理，增建不同类型的近海渔业资源保护区、禁渔区；规定合理的禁渔期、休渔期。（2）改善渔场生态环境。在协调一致的总体规划下，选择条件适宜的沿岸海区，试验并逐步扩大投放保护性人工渔礁，形成渔获型人工渔礁化的近海渔场；扩大放流增殖品种和规模，有计划、有步骤地定向改变沿岸渔场的渔业资源结构，提高渔场资源的数量和质量。（3）开展近海渔场资源核算研究，促进渔业资源资产化管理，包括实物量核算和价值量核算，为实现渔场资源的资产化管理提供理论和方法，并尽早纳入新的国民经济核算体系。（4）开展大规模海水养殖区域的养殖容量和潜力分析研究，建立优化模式和示范区。（5）完善沿海群众渔业管理法规。用法律的形式保护资源，保护渔民合理的渔业生产活动。法规的实施需要政府、民众的共同努力，使其成为沿海渔区家喻户晓的乡民公约。

2. 海洋自然保护区和海洋特别保护区。（1）加强海洋自然保护区的科学研究。开展海洋自然保护区内生物、环境和生态系统动态变化的科学研究，为保护和管理、开发和利用活动提供指导性信息。（2）加强现有海洋自然保护区的管理。加速建设已经选划的保护区；完善现有保护区的管理机构，增添必要的设备和设施。制定《海洋自然保护区评价标准》，开展阶段性自然保护区功能和必要性评价，评估拟建保护区的必要性和可行性。完善现有海洋自然保护区管理机制，制定《海洋自然保护区管理技术标准》，健全保护区规章制度，建立培训制度，提高管理人员素质。（3）选划和增建一批国家级的海洋自然保护区和特别保护区。建立海岛独特生物环境保护区系列、海岸湿地生态保护区系列、红树林自然保护区系列、珊珊礁自然保护区系列、珍稀和濒危物种自然保护区系列等。(4) 选划建设海洋特别保护区，制定《海洋特别保护区条例》、《海洋特别保护区评审参考标准》、《海洋特别保护区管理技术标准》等一系列适合于海洋特别保护区建设和发展的管理规范标准和规章制度。(5) 积极开展海洋自然保护区和海洋特别保护区的国际与区域合作，在保护区管理、科学研究、人员培训等领域加强合作与交流。(6) 限养区域。限养区系指现有养殖水域其主导功能让位于港口、旅游等优势功能，该海域内的养殖设施应限制发展并予以搬迁的区域。

3. 深海捕捞区。(1) 开展南海海域渔业资源的种类组成、区系特征、数量分布和季节变化等项基础调查研究，开展有针对性的渔业资源调查和探捕，为渔业资源管理及合理开发利用提供科学依据。(2) 开展南海海洋生态系统调查，主要包括：水域生产力调查研究，海洋环境变化和海洋开发活动对海洋生产力的影响，海洋生态系统的结构、功能、特点和规律，生物分布时空变化，生物种的演替和营养层的耦合，群落结构及其适应性，生物种的自然补充量等，为海洋生态环境保护提供依据。(3) 加强南海海洋渔业资源动态监测，及时为制定开发对策提供可靠依据。(4) 开展国际合作，进行联合或协作的生物资源同步调查，促进多边渔业资源保护协议的实现。(5) 加快渔业现代化建设，提高单只渔船吨位，提高渔船技术装备，整体提高渔船远海渔业生产能力。

4. 增殖区域和禁渔区域。增殖区系指由于过度捕捞和不合理采捕及环境破坏而使海洋生物资源衰退或生物资源遭到破坏，需要经过繁殖保护措施来增加和补充生物群体数量或种类的资源恢复性保护区。禁渔区系指在某个时期内禁止任何捕捞作业或禁止部分渔具作业，以利于生物资源恢复，使资源处于良好状态的海域。(1) 通过调研和普查，制定增殖区域和禁渔区域图谱、保殖期或禁渔期及渔业生产指南，组织广大渔民学习掌握。(2) 利用卫星定位、导航设备，严密监视渔船情况，禁止渔船在保殖期间、禁渔期间进入增殖海区或禁渔海区。(3) 根据种群特点设置鱼礁，提高物种繁殖、补充速度。

5. 海洋生物多样性保护。(1) 开展海洋生物多样性科学研究。开展南海海洋生物调查和研究，制定海洋生物多样性评价标准，编制南海海洋生物名录，对濒危物种的现状、生境、分布、数量及其变化规律和濒危原因进行调查和系统研究，并在此基础上，编制南海海洋生物多样性评价标准和保护规范。(2) 开展保护区外海洋生态系统及物种保护。制定“广东海洋生物多样性保护管理条例”；保护珍贵的海洋生物物种；保护红树林生态系统和珊瑚礁生态系统。(3) 建设海洋生物多样性信息系统与监测系统。开展海洋生态系统物种资源的长期动态监测，逐步建成海洋生态系统监测体系；建立海洋生物多样性保护国家信息系统并实现与世界相关信息系统的联网。(4) 积极开展保护海洋生物多样性的国际与区域合作。在海洋生物多样性管理、科学研究、技术开发与转让、人员培训等领域加强交流与合作，包括开展跨国民间组织之间的合作与交流。（5）开展多种形式的海洋生物多样性保护与开发利用方面的示范工程建设。积极采用旅游模式、人工养殖模式、综合利用和深加工模式等，寓教于游、主动式增加数量和提高质量的保护行动，达到保护与开发并举以及生态效益、经济效益和社会效益相统一的目的，促进公众自觉保护意识的普及。

第三章

珠三角区域海洋经济与产业布局

第一节 海洋经济与产业布局的理论基础

中国当代区域发展史一条根本性的经验就是必须把开发海洋资源、发展海洋经济放在区域总体战略规划上来。广东要继续领跑全国经济，就必须在强调陆地内涵发展的同时探索开发利用海洋的新空间，充分发挥广东第一海洋大省的资源优势，大力发展海洋经济。[①]“十二五”时期广东海洋经济发展的主要目标是，到2015年初步建成海洋经济强省，海洋经济总量显著提升，海洋生产总值达1.5万亿元，比2009年翻一番，继续保持全国领先地位，海洋事业实现全面协调发展，建成具有国际领先水平的蓝色经济区，成为推进海洋强国建设的主力省。珠三角是广东海洋经济的排头兵和中心地带，应充分发挥人力、空间、资本和经济实力在不同的角度、不同层面的优势，高起点做好新一轮的海洋总体规划，利用珠三角的区位优势加速发展海洋经济以获得新资源、新空间和新领域，把珠三角培育为全国发展海洋经济的主战场。本章基于国家和广东省“十二五”国民经济和社会发展总体部署，利用珠三角毗邻南海特殊的战略区位，提出关于珠三角海洋经济发展的总体方针、思路、目标、重点任务和政策建议，从海陆统筹的角度全面系统地探讨推动珠三角海洋经济发展、产业布局和区域协调问题，实现海洋强省的宏伟目标。

一、海洋经济与产业布局的区域特征

海洋经济的区域性特征决定了其与陆地经济具有千丝万缕的联系。就海洋作为人类从事经济活动的“海域”空间载体的基本属性而言，在现有经济技术条件下，

① 广东人民政府网：《广东与国家海洋局签订框架协议　促进海洋经济强省建设》，载于http://www.gd.gov.cn/gdgk/gdyw/201012/t20101209_133953.htm，2010年12月9日。

海域空间在其构成要素上，无论节点、域面、网络都必须在陆海相连中才能满足人类经济活动空间载体的要求。这是海洋经济与区域经济相互联系的空间表现。

海洋经济与区域经济的关系更为直接、具体和深刻地体现在海陆产业关联方面。与陆地经济一样，海洋经济是多部门、多行业的经济，但这些部门、行业之间多缺乏内在的有机联系，不可能形成独立的实体。事实上，这些海洋开发部门、行业是陆地经济的某些部门向海洋空间上的延展，多与陆地的经济活动密不可分，具有内在的联系，形成陆海经济生产与再生产的综合经济系统。一方面，海洋产业的发展必须依托于陆地产业。陆地产业是海洋产业发展的基础，可以为海洋产业提供配套设施和经济技术保障。例如，海洋运输业的发展离不开沿海港口及陆上运输体系的建设，也离不开陆上钢铁、机械、电子、造船等产业的发展。另一方面，陆地产业的发展也同样依赖于海洋产业的发展。陆地产业发展越来越面临资源全面枯竭和生态环境容量迅速减小的制约，而海洋中丰富的海底矿物、能源储备和生物资源为陆地产业发展提供了强大的物质保障和广阔的拓展空间。在海洋产业与陆地产业发展过程中，无论是发展空间还是技术经济等方面，它们的相互依赖是逐渐增强的。海陆产业间客观上存在的这种必然联系，也决定了海洋经济与陆地经济发展互为基础和条件，相互间具有重要影响。表现在：

其一，海洋经济是陆地区域经济系统的重要组成部分，陆地区域社会经济的发展程度对海洋经济发展具有重要影响。陆地社会经济发达与否，将对海洋经济发展产生促进和制约作用，从而给海洋经济打下深刻的区域经济烙印。因此，虽然我们可以把某一海洋区域的海洋开发活动作为一个国土综合开发系统来进行研究，但无论在哪个层次上也不可能把海洋经济活动作为脱离陆地经济活动的单纯海洋经济系统来加以对待。海洋区域经济确切地说是陆海区域经济。

其二，海洋经济开发是区域经济中新的增长点，是陆域经济的重要补充，海洋经济的发展与壮大将直接对区域社会经济发展产生推动作用。对于海洋开发较晚、海洋经济发展基础比较薄弱的国家和地区，海洋在社会经济发展和资源环境问题解决中的地位尤为突出。在我国，经过改革开放 30 多年的发展，国民经济已基本告别了短缺经济时代。与此同时，国外产品的冲击、中西部地区的经济增长、沿海地区内部经济发展的竞争，都在客观上要求沿海区域经济格局的重组，以产业结构调整为主题的结构创新成为沿海地区实现现代化的重要任务。从沿海地区产业结构创新的角度来看，不仅新兴海洋产业的发展成为沿海地区产业结构调整的重要方向，而且海洋科技发展及由海洋开发驱动下的对外开放能力与程度的提高，也将成为沿海地区结构创新的重要动力。从区域空间结构优化的角度来看，以海洋资源开发为基础的海洋产业的发展以及临海产业的发展，将带动临海型经济发达地带的形成和发展，促进区域经济布局重点向滨海地带推移。从生态环境保护和区域经济可持续发展的角度来看，海洋开发将有效缓解沿海地区日益严重的资源和环境压力，从而有效促进沿海社会经济可持续发展和现代化建设进程。

二、海洋经济与产业布局的地域集聚

产业地域集聚包括相同产业的地域集聚和不同产业的地域集聚两种不同类型。它是各企业进行微观区位选择的宏观体现。产出与成本，特别是交通成本的比较是各企业进行经济区位选择的所必须考虑的关键问题之一，而这种不间断比较的量的变化将带来产业地域集聚质的改变，从而成为产业地域集聚动态演变的微观基础和根本动因所在。①

在经济发展初期，与产出相比，不同行业企业进行交易的交通成本过高。出于对高效益的追求，不同行业的企业倾向于空间上相互毗邻，从而形成不同产业在同一地域的集聚。该种集聚扩大了不同地区之间生产能力的差距，而扩大了的生产能力差距进一步促进不同行业的地域集聚。长此以往，大量的资本沉淀，地区差距更加拉大。

不同产业在同一地域集聚发展到一定程度，产生地价高涨、环境污染、交通拥挤等规模不经济。从宏观来看，该种现象的发生会降低此地的生产能力，促使不同地区间生产能力差距缩小。但是，由于该地区已经存有巨大的资本沉淀，人均生产能力依然很大。从微观上来看，随着经济环境的改变，该地区已丧失了对各企业高生产能力的吸引力。随着规模不经济继续增大，不同地区间生产能力发生逆转。当生产能力的地域差距大到足以克服企业区位移动的成本时，就会带来不同行业的地域扩散，同种行业在同一地域上发生集聚，不同产业在同一地域的集聚程度减弱。这样，经济空间结构的重构和各产业在地域上的集聚体现为企业区位选择的结果，各产业在相应的地区进行集聚，提高了各地区的资本积累以及生产能力，从而缩小了地区间的差距。

三、区域产业结构与空间结构的互动关系

作为衡量区域发展水平与状态的重要指标，产业结构和空间结构既是区域社会经济发展的结果，又是区域社会经济向更高水平迈进的重要条件。产业结构以区域经济各产业部门之间的技术经济联系和联系方式为主要内容，具体表现在不同部门之间的数量比例关系以及各产业在区域经济中的职能两个方面。一国一地区的经济发展过程中，始终伴随着产业结构的演变，反映了区域经济发展的阶段性演进

① 韩增林、王茂军、张学霞：《中国海洋产业发展的地区差距变动及空间集聚分析》，载于《地理研究》2003 年第 22 期。

特征。

空间结构所反映的是不同经济客体在区域空间内相互作用而形成的集聚或分散状态。从区域经济发展的角度来看，空间结构理论所要揭示核心问题实际上是要素的积聚和分散与经济增长之间的关系。无论是早期的中心地理论、梯度推移理论，还是近年来发展起来的点—轴系统理论，所揭示的空间结构的演变过程都无一例外地证明，区域发展客观上存在着经济增长与发展不平衡性之间的倒“U”字形相关规律。按照这一规律，任何国家和地区的经济发展，都会在自身的自然、社会、经济诸要素地域分布特征的基础上，经历一个从不平衡到较为平衡的发展过程。区域发展状态是否健康，与外部关系及内部各部分的组织是否有序、萌芽而有活力的因素是否被置于有利的空间区位等有着密切的联系。

区域产业结构和空间结构关系密切。即一定产业结构的区域内必然有着其特定的空间结构，两者之间相互作用，影响着区域经济的增长。换句话说，不同产业结构状态、不同发展阶段的区域社会经济有着不同的空间结构。随着社会经济由农业社会向工业化和后工业化社会的发展，在“集聚经济”因素的作用下，社会经济空间结构经历着由“平衡”到“不平衡”、再重新回到“平衡”的过程。因此，有学者将区域产业结构与空间结构作为一个整体进行研究，提出了所谓产业—空间结构的概念。

所谓产业—空间结构，是指区域内各种生产要素所形成的生产组合在产业及空间形态上形成的综合物质实体。它不是产业结构与空间结构的简单相加，而是区域产业结构与空间结构相互作用所形成的有机整体，共同作用于区域经济的增长和区域内的微观经济组织，并通过不断优化生产要素的配置来实现产出的优化，通过不断的升级换代实现其动态化、协调化和高级化发展。① 然而，就实质而言，产业—空间结构变化仍然表现为工业化和城市化相互推进的过程。一方面，产业结构的成长变化反映了区域经济的发展水平，它与工业化过程密切相关，在一定程度上可以认为，产业结构变化过程就是工业化的进展过程。另一方面，空间结构的变化反映了社会经济空间集聚和分散的趋势，即集聚经济导致空间结构由第一阶段向第二阶段和第三阶段转化。而判断空间集聚程度的指标之一，就是区域的城市等级规模结构。城镇体系不断发展的过程，就是城市化进程。因而，空间结构的变化与发展，在一定范围内可以认为是城市化进程的反映。由于产业结构与工业化、空间结构与城市化密切相关，产业—空间结构变化实质上是工业化和城市化的有机联系。产业—空间结构理论的思想，对于海陆过渡型区域海洋产业发展与空间布局问题的研究具有借鉴价值。

---

① 赵改栋、赵花兰：《产业—空间结构：区域经济增长的结构因素》，载于《财经科学》2002 年第 2 期。

第二节 珠三角海洋经济与产业布局基础与面临的形势

一、珠三角海洋经济发展的主要成就

广东海洋经济总量连续16年保持全国领先地位。2010年，广东海洋生产总值达8 291亿元，占全省地区生产总值的18.2%。基本形成了海洋旅游业、海洋交通运输业、海洋油气业、海洋化工业、海洋渔业、海洋新兴产业等较为完整和具有较强竞争力的海洋产业体系。海洋第一、第二、第三产业的比例由2000年的30∶28∶42，调整为2009年的4∶46∶50。初步形成了珠三角、粤东、粤西三大海洋经济区和广州、深圳、珠海、汕头、湛江五个增长快、外向度高、富有活力的海洋经济重点市。其中，珠三角对广东海洋经济的贡献最大。

至2009年底，广东沿海港口拥有各类生产性泊位1 733个，其中万吨级以上深水泊位237个，已拥有三个亿吨大港（广州港、深圳港、湛江港）。珠三角启动了国家南方海洋科技创新基地和广东省海洋与水产高科技园建设，建成了8个省级重点实验室、7个区域性水产试验中心和一批科技兴海基地，形成了一批具有自主知识产权的海洋科技创新成果。其中，深圳市重点发展“海洋高科技产业”，提升科技含量，发展海洋生物利用，打造海洋产业经济新格局，发展滨海旅游产业和加快发展海洋文化产业。通过建立深圳海洋博物馆、海洋影视城、东部滨海旅游带、深圳湾滨海休闲观光带、沙井滨海湿地公园、红树林科普教育基地等文化教育基地，进一步促进城市生活文化事业与旅游、科技等相关产业的融合，丰富城市的文化生活，提升城市的海洋文化品位。2010年，广州市主要海洋产业实现增加值超过1 250亿元，占全市GDP总量的12.4%，形成了一批产业群。广州要确立海洋经济在地区经济中的支柱地位，到2015年，海洋产业增加值力争达到2 500亿元以上，占地区生产总值的比重达14%左右。在区域布局上，广州将重点建设“三大组团”，努力打造“三大基地”。南沙组团将建设成为国际航运中心、南沙滨海新城和CEPA先行先试综合示范区。莲花山组团：重点发展海洋生态经济，发展滨海度假、海洋观光、生态旅游和文化旅游，推进莲花山国家中心渔港和现代观光农业建设。黄埔组团：以发展港口现代物流、航运服务、商务服务为重点，加快建设广州（黄埔）临港商务区，打造成区域航务中心和服务于珠三角港口群的临海经济综合服务中心。同时三大基地的建设也初具成效，以南沙为重要依托的海洋科技创新和研发基地；以南沙和黄埔港区为主体的现代物流基地；以中船龙穴造船基地、广州重大装备制造业基地（大岗）为核心的国家级造船基地和世界级船用柴油机生产基地。2011年上半年，中山市的水产品总产值约

24.15 亿元（现行价），出口创汇 4 987 万美元。中山市临海工业园成为火炬开发区和战略性新兴产业的承载区，央企纷纷落户。临海工业园已引入包括 9 个央企在内的 38 个项目，总投资额 603.54 亿元，2015 年投产后年生产总值将在 2 000 亿元以上。作为珠三角海域面积最大、海岛数量最多的城市，珠海未来 10 年将致力建设海洋经济强市。力争把珠海建设成为华南地区重要的临港工业基地、珠三角地区发达的海洋交通物流中心、富有滨海特色的国际商务休闲旅游度假区、珠江口西岸高水平的海水养殖加工出口基地、全省乃至全国具有竞争力的海洋高新技术产业先导区。珠海充分发挥海洋资源得天独厚的优势，大力发展海洋经济，发展一批新的海洋产业群，优化产业结构，建成各显优势和各具特色的临海经济带、海岛经济区、东西两翼经济走廊，营造了良好的海洋经济发展平台。尤其是“十一五”期间，珠海紧紧围绕“率先建成具有全国领先水平的蓝色产业带”的战略目标，加强对海洋经济发展的领导和组织协调，加快体制创新，加大资金投入，海洋渔业结构进一步调整、滨海旅游强劲增长、临海工业初具规模，海洋经济总量逐年提高。近年来，全市海洋经济总量年增长速度达 12% 以上。2009 年，珠海市海洋产业总值达 321 亿元。到 2015 年，珠海将初步达到海洋经济强市的条件。到 2020 年，海洋产业总产值达到 1 170 亿元，海洋产业增加值 600 亿元，占地区生产总值达 17%。海洋经济实力将位居全国前列，成为珠三角海洋经济发展的核心区和示范区。

二、珠三角海洋经济与产业布局存在的主要问题

经过改革开放 30 多年的发展，珠三角各区域海洋经济取得了长足的进步，为加快海洋经济强市建设打下了坚实的基础。但海洋开发建设中存在一些问题。

（一）整个珠三角的海洋产业带动能力还有待提升

海洋交通运输业受外部环境影响较大，需要在提高信息技术含量、构筑多元化外部市场方面增强稳定性和开拓性；滨海旅游资源的经济效益尚未充分发挥，缺乏成熟的盈利模式，需要在资源集约利用、打造高端产品和产业化动力机制方面寻求突破；海洋油气业对珠三角地区的海洋经济贡献尚未充分发挥，需要从服务能力建设及地方留成比例方面加强协调；海洋船舶工业、海洋设备制造业、涉海产品及材料制造业发展空间有限，需要从加强技术含量入手，提高资源配置能力；海洋渔业养殖面积逐年萎缩，远洋渔业贡献度不高，需要从渔港和集散地基础设施建设入手，提高都市功能区的辐射力；海洋生物医药、海水综合利用、海洋电力业等新兴产业尚未对广东省的海洋经济转型升级起到引领作用，需要在技术储备和政策扶持方面加强引导性。从产业结构上看，第三产业比重偏低，海洋

渔业中水产品加工、流通和休闲渔业发展滞后，远洋捕捞和深海养殖发展缓慢。海洋电力、海水综合利用和海洋生物制药等新兴产业产值较低，占全省海洋生产总值的比例不到1%。

（二）海洋科技进步与海洋产业发展不协调，海洋科技进步贡献率低

受科研体制限制，珠三角各区域海洋科技资源分散在行业部门、高校与研究所、地方等不同机构与部门，海洋科技整合度较低，很难发挥整体科研优势参与国内外竞争。另一方面，由于珠三角各区域缺少有效的组织协调，政策措施不能及时到位，海洋产学研尚未建立有效的合作机制，海洋科技成果产业化程度偏低，海洋高新技术产业发展缓慢，海洋科技进步贡献率有待进一步提高。

（三）海洋资源集约化利用程度有待加强

“十一五”期间，广东省进行了全面的产业升级，对珠三角海洋经济发展的海洋资源粗放利用的趋势有所缓解，但并未逆转。临海产业布局缺乏统筹规划，用海格局相容度不高，亟须通过创新岸线开发模式实现资源优化配置；填海规划缺乏科学性，光深圳市已划定围海造地功能区 16 个，填海面积超过 30 平方公里，需要进行整体填海、整体规划和有序开发；岸线资源的粗放使用使大部分海岸线生态、景观价值已严重损耗，亟须推进海岸带更新工程；对海岛资源的保护和开发缺乏系统规划；海洋资源承载力处于勉强可持续发展状态，海洋生态赤字总体呈上升趋势。

（四）陆海统筹机制有待建立和完善

海洋管理涉及多个涉海行业与部门，条块分割现象严重，且各涉海部门间尚未建立有效地协调与合作的机制，使得海洋经济发展难以实现统一部署与安排，在一定程度上制约了海洋经济的持续健康发展。珠三角各区域海陆污染治理缺乏有效衔接，河流排污与陆源入海排污标准不统一，河流排污控制与污染治理效果严重影响近岸海域水质；海洋工作涉及规划国土、建设、交通、旅游、环境保护、海事、公安消防、农业及渔业等部门，缺乏海洋管理协调机构与机制；海洋生态环境监测与管理机制有待进一步完善和落实，对污染排放监督检查的执行力有待进一步提升。以资源消耗为主的粗放式发展方式依然普遍，一些地区过于追求经济指标增长而对陆源污染物排海控制力度不足，海洋生态环境恶化势头未能得到有效遏制，海洋生态环境已经成为制约珠三角海洋经济发展的硬性约束因素。

第三节　珠三角海洋经济与产业布局目标

一、总体目标

推动珠三角蓝色经济崛起，力争“十二五”期间建设成为全国海洋经济强区域，再造“海上珠三角”。到2015年，海洋经济发展方式得到有效转变，海洋经济结构调整迈出实质性步伐，现代海洋产业体系基本建立，全面提高海洋产业竞争力和国际化水平，进一步提高海洋经济在国民经济中所占比重，基本建成结构合理、布局科学、综合实力和竞争力强、陆海统筹、人海和谐的海洋经济最强区域。

二、具体目标

（一）海洋经济结构目标

2015年前全面优化珠三角海洋产业结构，使传统产业显著提升、主导产业得到增强、新兴产业快速发展，海洋三次产业结构调整到为5：40：55。构建以石化、滨海电力、钢铁、新型建材、造纸、船舶修造、汽车零部件和装备制造业八大产业为主的临港工业体系。

（二）海洋经济空间目标

联动粤东海洋经济区、粤西海洋经济区两个增长极，实施南海开发战略，推动粤港澳、粤闽、粤桂琼三大海洋经济圈的合作共赢，全面构建“珠江三角洲地区优质经济合作圈”。利用10～15年的时间把珠三角建设成为广东提升海洋经济国际竞争力的核心区、促进广东海洋科技创新高效转化的集聚区、加强海洋生态文明建设的示范区和南海开发与保护的综合示范区。

（三）海洋科技目标

把珠三角海洋经济区建设成为南方海洋科技教育中心和科技创新基地，海洋科技创新体系初步形成，海洋高新技术产业增加值持续提高，加强海洋工程与装备制造、深海资源勘探、海洋生物医药、海水综合利用等领域的科技攻关与产业化。至“十二五”期末，海洋科技贡献率至2015年提高到60%。高技术海洋产业在海洋经济中的比重进一步提升，海洋科技对海洋产业的贡献率达到60%。加大引入海洋高端人才力度，形成海洋科研人才、管理人才、企业家队伍、专业技术人才为骨干的多层次海洋人才体系。

（四）海洋生态目标

实现海洋经济与海洋生态环境的和谐发展，海洋生态环境保护得到加强，海洋污染得到有效控制，海洋环境质量明显改善，海洋生态环境建设取得显著进展。到2020年，工业废水达标排放率达到95%，生活污水处理率达到80%，沿海工业废水和生活污水排放总量得到进一步控制，近岸海域水环境质量基本达到海域环境功能目标要求，海域环境质量有根本性好转，海洋生态系统基本得到改善。

（五）海洋管理体制创新目标

逐步完善现代海洋管理协调机制，强化海洋行政主管部门的经济管理职能，按照权威性与科学性统一，精简和效能的原则，保证结构完整和要素有用，实现责、权、位、能相对应的系统化、法制化、国际化的海洋综合管理体制。

第四节　珠三角海洋经济发展战略定位和示范区建设

珠江三角洲地区是我国改革开放的先行地区，是我国重要的经济中心区域，在全国经济社会发展和改革开放大局中具有突出的带动作用和举足轻重的战略地位。改革开放30多年来，珠三角曾引领中国发展方式的转变，开创了一条改革开放之路，中国沿着传统发展方式实现了GDP年均增速接近10%的高速增长。如今，国际国内形势发生了深刻变化，世界经济和中国经济步入了一个新的发展阶段。面临新的发展目标，传统发展方式已经无法延续，先行一步的珠三角作为“全国探索科学发展模式试验区”，理应继续为中国探索新的发展方式，引领中国发展方式实现质变的飞跃。广东省省委书记汪洋强调“广东过去的发展离不开海洋，现在的发展离不开海洋，将来的发展更离不开海洋”，“要以改革创新的精神向海洋要资源、要环境、要空间，推动海洋事业大发展”。广东省政府作出《关于促进海洋经济科学发展的决定》，全面加快海洋经济强省建设。2010年，广东全省海洋生产总值达8291亿元，占全省地区生产总值的18.2%，约占全国的1/5，“十一五”期间年均增长17.8%，连续16年居全国首位。

2011年上半年，国务院相继批复了《山东半岛蓝色经济区发展规划》、《浙江海洋经济发展示范区规划》，作为全国三大海洋经济发展的试点省之一，这为广东和珠三角的海洋经济发展赢得的机遇和创造了很好的外部环境。珠三角在广东建设海洋经济综合试验区建设中的战略定位是：建设成为广东提升海洋经济国际竞争力的核心区、促进广东海洋科技创新和成果高效转化的集聚区、加强海洋生态文明建设的示范区和南海开发与保护的综合示范区。

一、建设海洋经济发展的国际竞争力核心区

国家把区域经济发展提升到前所未有的战略高度，相继批准了一系列区域发展战略规划，从长三角、珠三角、环渤海地区，到北部湾经济区、海峡西岸经济区，再到黄河三角洲地区，引发了全国区域经济发展的高潮。2010 年 4 月，我国正式把山东、浙江、广东三省作为海洋经济发展试点省份，着力提升我国蓝色经济发展，使海洋经济区域在我国的区域经济发展中扮演了重要的角色。《广东海洋经济综合试验区发展规划》是继《珠江三角洲地区改革发展规划纲要》之后，广东又一个上升到国家级战略的区域性规划。珠三角作为广东三大海洋经济发展的重点区域之一，是广东打造“海洋经济强省”的“蓝色引擎”。广东省的财税收入全国排名首位，珠三角在其中占到了 85% ~87% 的份额，从财政上看珠三角的地位实际上就是广东省的地位，珠三角已经是撑住广东经济大厦的一根重要的柱子，如果再把香港和澳门考虑进来，大珠三角则是一个更为庞大的经济体。随着海洋经济区域布局不断优化，广东省初步形成了珠三角、粤东、粤西三大海洋经济区，在这三大海洋经济区中珠三角的海洋经济特色突出、优势明显。《广东海洋经济综合试验区发展规划》将广东省全部海域以及粤东西和珠江三角洲地区 14 个市全部纳入主体规划范围，同时把珠江三角洲地区的佛山、肇庆，以及环珠江三角洲地区的粤北等相邻地区作为联动区，发挥海洋经济的辐射带动作用。到 2015 年，广东省海洋经济规模将达到 1.5 万亿元，占到 GDP 总量的近 1/4，基本建成海洋经济强省；到 2020 年，广东省将实现建设海洋经济强省的战略目标。由海洋经济大省到强海洋经济大省是一个系统工程，需要构建一个新平台，广东要实现海洋经济强省的目标，首先是要把珠三角海洋经济区打造成具有国际竞争力的核心区，为广东海洋经济蓝色崛起提供示范。

加快建设科技引领、产业高端、优势突出、布局合理的珠三角海洋经济发展的国际竞争力核心区是广东经济发展的大势所趋，基本思路是要“培育海洋战略性新兴产业占领产业链高端，升级海洋产业结构，降低资源消耗，优化海洋产业布局，现代海洋产业区内合理集聚”。[①] 珠三角海洋经济区要优先实施“产业链高端化”战略，整合资源抢占新世纪国际海洋开发的战略制高点。珠三角应立足全省的经济和区位优势，科学谋划珠三角海洋空间资源综合开发，考虑配套建设一批产业化示范基地，如珠三角海域生态环保技术产业化示范基地、海洋工程装备国产化技术示范基地、海水综合利用技术产业化示范基地、可再生能源综合试验示范基

---

① 李宜良、王震：《海洋产业结构优化升级政策研究》，载于《海洋开发与研究》2009 年第 26 期。

地、海洋水产技术产业化示范基地、海洋科技综合开发产业化示范基地、珠江三角洲高效生态技术产业化示范区等基地，以打造高端临海工业集群为重点，推进珠三角海洋的产业结构转型升级。为推进珠三角区域的集约用海，规模化利用海洋空间，促进临海工业基地建设和优势产业集聚，组织编制了江门银湖湾、珠海高栏港、汕头东部经济带、广州龙穴岛、台山广海湾等5个区域建设用海总体规划，并获国家批准实施，将为珠三角经济社会发展提供近万公顷的空间。突出各个时期的珠三角海洋产业开发重点和开发时序，进行有效开发，促进产业集群化能真正落到实处。要通过各类示范基地的建设，形成近海海洋产业链系统和终端商品生产加工产业链系统，使海洋产业链体系的资源优势在珠三角各区域快速转化为产品优势。海洋经济的国际化发展离不开珠三角现代海洋服务业的发展，要依托珠三角作为广东的经济中心、金融中心、主要港口和临港工业基地，重点发展港口物流、海洋会展业、海洋信息服务和航运金融保险服务业，促进广东海洋产业结构由“资源开发型”向“海洋服务型”转变。有重点地扶持一批发展潜力大、带动性强、处于海洋产业链高端的海洋战略性新兴产业，率先在珠三角海洋经济区构建现代海洋产业体系，推动广州、深圳、珠海、中山等地打造世界级海洋工程装备制造产业带。加快建设广州、深圳国家生物产业基地和中山国家健康科技产业基地，在深圳、珠海、江门等地建设海水淡化示范工程，在万山群岛等海岛建立海洋可再生能源开发利用技术实验基地。加快广州南沙、珠海横琴新区、深圳前海等沿海现代服务业合作区建设，提升珠三角海洋产业的国际核心竞争力。

二、建设海洋科技创新和成果高效转化集聚区

把珠三角建设成为全省海洋科技创新和成果高效转化集聚区的基本思路是：加快海洋创新平台建设，完善海洋技术创新体系，促进海洋科技成果转化，聚集培育海洋科技人才，提高海洋自主创新能力。珠三角要实现海洋经济国际核心区的目标，就必须大力深入实施科教兴海战略。因为，蓝色经济是一个立体的产业集群，需要多产业、多学科、多领域通力打造的新兴经济群，然而科技是其中的主线。在挺进海洋、深耕蓝海的征程中，科技的触角已经渗透到了每个项目、每一个产业和每一个角落，带动着海洋新能源、海洋先进装备制造、海洋生物制药等战略性新兴产业向自主化、规模化、品牌化、高端化迈进。要实现科技兴海，首先要为科技创新找到一个有效的创新平台。创新平台是海洋科技创新体系的重要基础设施，是增强新兴海洋产业自主创新能力的条件和保障，也是珠三角打造海洋经济国际核心区，发展蓝色经济的必由之路。因此，珠三角必须加快构建政产学研、工科贸相结合的海洋高技术产业系列创新平台，推动建立海洋科技创新联盟，加强海洋科技重点攻关。创新平台建设可以为珠三角的海洋经济建设提供和储备一批高“含金量”

的科技成果，系列科研平台的建设，会极大地推进珠三角海洋高技术创新和产业化，带动相关产业的发展，成为珠三角各区域实施海陆统筹、联动发展的主导力量。

除了加快科技创新外，最重要的一点还是要注重海洋科技创新的转化，创新海洋科技成果转化机制，加快打造一批海洋新兴产业研发孵化和产业化基地，只有这样，科技优势才能真正地转化为竞争优势。加大政府财政投入和科技扶持力度，改善海洋高科技企业发展政策环境，促进海洋企业提升自主创新能力。深化海洋科技创新和成果转化体制改革，整合优势科技资源，加快重大科技兴海项目攻关和科技成果转化。要坚持"加快转化、引导产业、支撑经济、协调发展"的指导方针，紧紧抓住科技成果转化和产业化的主线，尽快将海洋科技成果转化为现实生产力。吸引更多的国家级创新平台落户珠三角，构建完备的海洋科技创新平台体系。完善国际交流合作，进一步加强与日本、韩国、欧美及中国香港、中国台湾地区等沿海发达国家和地区的海洋科技交流合作。海洋竞争，根本是科技，关键在人才。加大海洋高端人才引进与培育，加快建设海外留学人员创业园区、科技孵化园区和引智示范区等人才创新基地，打造集教育培训、科研开发、技术孵化、产业发展于一体的海洋投资者创新基地。积极推进海洋信息化建设，推进"数字海洋"，为海洋安全、经济、科研、网格、综合、虚拟的应用提供服务，大力优化自主创新和产业发展环境，为科技人才提供海洋科技成果中试基地、公共转化平台和成果转化基地的建设。加大对国家高技术产业化专项资金的支持力度，组织实施一批高技术产业化示范工程，促进海洋高技术产业在广州、深圳、珠海、中山等地集聚发展，择优建设海洋产业国家高技术产业基地。将广东建设成为具有国际竞争力的海洋科技人才高地、海洋科技创新中心、海洋高技术产业基地和成果高效转化基地。

三、实施南海开发战略，建成海洋综合开发与保护的示范区

随着陆地资源和近海资源的日益衰竭，海洋经济的发展从近海到深远海是一种必然趋势。南海由于其丰富的海洋资源和独特的战略区位，在工业血液日趋减少的今天，重要性不言而喻。南海的北边是我国广东、广西、福建和台湾四省区，这使得珠三角具有毗邻南海特殊的战略区位优势。作为全国海洋大省，广东应按照立足当前、着眼长远、超前布局、制胜未来的要求，由近海向深远海拓展，推进南海全方位保护开发，不断提升我国南海资源调查、科技支撑、生态保护、维权执法等方面的能力，保护、利用和开发南海也就成为珠三角海洋经济发展中的重要战略。广东省虽然拥有较为完整和较强竞争力的产业体系，形成了粤东、粤中、粤西三大海洋经济区。但是广东海洋经济发展也存在发展模式单一、资源利用不够集约，以及

新兴产业发展乏力的多种不足等许多亟待解决的问题，难以适应全球发展趋势和“南海开发”要求。珠三角要高瞻远瞩地实施了南海大开发战略，围绕南海资源和国家的南海发展战略打造海洋新能源、海洋先进装备制造、海洋生物制药等科技含量高、带动能力强的临海、涉海、海洋产业集群。依托南海开发和广州、深圳等广东省内各港口、航道、市场优势，以南海为中心构筑全球化的海洋运输网络体系。随着北部湾经济区的兴起，在国家南海方针政策的框架下，广东省采取多种形式参与南海开发；积极开展与周边国家、地区的合作；抓住中国—东盟自由贸易区建成的历史机遇，加强与东盟各国的经贸往来。立足珠三角的经济优势和毗邻港澳的优势区位构建珠三角地区与东盟各国合作的海上通道，把南海建成广东与东盟合作的“经济内海”；支持中海油、中石油、中石化等大型国有企业在南海的油气资源开发，支持并促成三大石油公司在珠三角地区建设南海油气资源勘探开发基地；利用南海丰富的渔业及生物资源，充分开发远海远洋渔业资源。

南海位居太平洋和印度洋之间的航运要冲，南海的制海权控制了整个东亚的经济命脉，经济意义和战略意义都是相当重要的。珠三角成为南海综合开发与保护示范区的重要组成区，既是广东建设海洋经济综合开发试验区的需要，也是广东省全方位准备对接好国家南海开放战略，为承担国家南海开发战略任务做各方面的储备工作，发挥国家南海开发的物资供应和补给基地、研发和后勤保障基地、资源综合利用和加工基地，产品的推广营销基地，资金筹措和技术人才储备基地等的需要。将珠三角经济区建设成为我国南海战略资源保护、开发和权益维护的一个重要保障基地的组成区，更有利于国家南海开发战略的实施。鼓励和重点培育若干个辐射带动能力强、创汇水平高的渔业龙头企业，在珠三角区域内建成一批现代化的远海远洋捕捞船队和南海远海远洋渔业生产基地。充分考虑南海周边政治、外交和经济形势，以及国家对待南海问题上的政策以及珠三角各市区目前的经济、科技实力，按照由近及远，进行阶梯式开发和利用南海资源，为珠三角的蓝色经济腾飞提供资源基础。

四、实施区域协调战略，构建粤港澳海洋经济合作区

目前沿海经济区域布局已基本形成，东部率先发展战略全面推进。以环渤海、长江三角洲和珠江三角洲地区为代表的区域海洋经济发展迅速，沿海地区“3 + N”的经济区发展布局基本形成。与周边多个经济区的交流互动成为广东海洋经济综合试验区的一大亮点。相比山东、浙江的海洋规划，广东海洋经济综合试验区的“综合发展”和“辐射带动”的意义更加显著，非常契合广东经济当前发展的需要。粤港澳、粤闽台和粤桂琼是广东经济发展所处的三大海洋经济合作圈。这三大海洋经济合作圈同时又联动海峡西区、北部湾经济区以及海南国际旅游岛。因此，

珠三角具体发展海洋经济极佳的地理区位，为构建珠三角经济合作区提供了基础。未来五年，广东省海洋综合开发的目标是提升优化珠三角海洋经济区的核心作用，发展壮大粤东海洋经济区、粤西海洋经济区两个增长极。珠三角要结合自身的实际，将海洋经济发展与海陆统筹和区域协调发展相挂钩，全面构建“珠江三角洲地区优质经济合作圈”，在三大海洋经济区的基础上推动构建粤港澳、粤闽、粤桂琼三大海洋经济合作圈的建设。按照海洋资源整合广域性和海陆发展协调性的原则，珠三角海洋经济形成了内部小区域协调和外部大区域协调双层经济合作格局。内部小区域协调主要是珠三角与东西两翼的协调，《广东海洋经济综合试验区发展规划》涵盖广东省全部海域及 14 市，规划期为 2011～2020 年，重点是“十二五”时期。为进一步增强海洋经济发展的辐射带动作用，还将珠江三角洲地区的佛山、肇庆及环珠三角地区的粤北等相邻地区作为联动区。以珠三角海洋经济为核心支撑，海洋经济有望成为广东省东西两翼地区协调发展的新支点，为解决广东区域经济发展不平衡的问题提供了新途径。

外部大区域协调是与三大经济圈的协调，外部经济合作层主要依托广东、面向南海，构建“三圈一带一支撑”的海洋经济新格局：以珠三角海洋经济区自身为支撑，加强与港澳海洋经济合作，构建粤港澳海洋经济合作圈，加强在海洋运输、物流仓储、海洋工程装备制造、海岛开发、油轮经济等方面的合作；以珠三角海洋经济区为支撑，联动粤东海洋经济区对接海峡西岸经济区，构建粤闽台海洋经济合作圈，扩大与福建在现代海洋渔业、海洋文化等领域的合作；以珠三角海洋经济区为支撑，联动粤西海洋经济区对接北部湾经济区和海南国际旅游岛，构建粤桂琼海洋经济合作圈，重点加强滨海旅游业、现代海洋渔业、涉海基础设施建设等。“一带”是指以广东海岸带为主轴，以珠三角海洋经济区为支撑，同时联动广东省东西两翼带动整个广东海洋经济发展。同时，要求珠三角要创新合作方式，加强与香港和澳门特别行政区、海峡西岸经济区、北部湾地区和海南国际旅游岛的对接合作，探索有利于海洋经济科学发展的新的体制和机制。

五、实施和谐海洋战略，构建珠三角人海和谐生态文明示范区

珠三角大力发展海洋经济要以生态海洋、和谐海洋为目标，并将海洋经济发展与环境、民生等连接起来。坚持“生态立区、绿色发展”，使海洋资源开发与海洋生态环境保护并重，坚持生态目标与经济目标的统一，统筹规划与突出重点的统一，走出“先污染、后治理”的恶性怪圈，建立海洋环境保护的长效机制，提升海洋资源与环境承载力，实现科学开发与永续利用的有机结合。探索建立海洋监督管理机制，建立健全海岸带管理、污染物排放控制、海洋灾害防范防治和统一联合

执法监督机制，以及海岸带经济发展和海洋环境资源信息管理系统，有效保护并逐步改善海洋环境，维护良好生态系统，建设海洋民生工程，不断提高海洋生态环境服务功能。要着力完善珠三角海洋主体功能区划，提高海洋和海岸带生态系统保护水平。这样才能提高珠三角海洋经济的可持续发展能力，将珠三角建设成为人海和谐、工业文明与生态文明的宜居区之城和“首善之区”。

第五节　构建现代海洋产业体系，优化海洋空间布局

珠三角地区毗邻南海，具有得天独厚的区位优势。在南海海洋开发浪潮中，珠三角应发挥自身优势、把握机遇，打造以现代海洋渔业、滨海旅游业、海洋交通运输业、海洋油气业、海洋船舶工业为核心的主导产业体系，培育和发展一批具有广阔发展前景和自主知识产权的海洋战略性新兴产业；以珠三角海洋经济区域为核心，联动粤东和粤西两大海洋经济区；协调粤港澳海洋经济圈、粤闽台海洋经济圈和粤桂琼海洋经济圈共建“南中国海经济圈”。

一、全力打造海洋主导产业体系

（一）积极建设现代海洋渔业

珠三角应结合自身区域特点，进一步调整海洋渔业捕捞、养殖、加工结构，加快渔业发展方式转变，实现由传统渔业向现代渔业的历史性转变，建设综合竞争力较强的现代海洋渔业。优化海洋捕捞结构，继续推进区域内近海捕捞渔民转产转业，扶持发展远洋渔业，建设一支装备先进、配套设施齐全的现代化远洋捕捞船队以及一批功能齐备的远洋渔业基地，培育具有竞争优势的远洋渔业龙头企业，规划建设远洋渔业产业园区，加快南海渔业资源开发。优化海水养殖结构，形成多种类、多方式、全方位的综合养殖格局，重点发展名特优新品种养殖，着重建设国家级、省级水产良种场。推进沿海标准渔塘建设，推进标准化、规范化养殖生产。推行健康养殖，加快水产健康养殖示范园区建设，大力发展以工厂化养殖、循环水养殖、深水抗风浪网箱养殖为主要形式的设施渔业。加快发展水产品加工流通业，重点发展水产品深、精加工，提高产品档次和附加值，打造一批水产品加工品牌和名牌，建设区域水产品加工基地。鼓励发展水产品服务业，建设区域性水产品物流中心。稳步推进休闲渔业发展。规划建设一批有特色、有规模的休闲渔业基地，开展丰富多彩的渔文化活动，结合人工渔礁建设，积极发展海上游钓业。

（二）着力打造高端海洋旅游业

依托珠三角地区丰富的海岸线资源优势以及资金、技术优势，有效整合海洋旅游资源，建设海洋旅游"黄金三角洲"。提升海洋旅游品质，构建先进的、多层次海洋旅游产品体系，扩大知名度，将珠三角建设成为国际高端海洋旅游的重要目的地。创建以滨海度假和会议酒店，高尔夫体育公园等产品为主的特色型产品；打造集休闲娱乐、科普教育和绿色生态为一体的生态旅游品牌，巩固以海滨浴场为基础的多元化的基础型产品；着重发展以滨海生态休闲、海水运动、滨海体验、海水温泉等产品为主的主导产品；大力发展游艇旅游、积极发展红树林、珊瑚礁和海草床等热带海洋风光旅游。培育海岛休闲探险旅游、风能发电观光和垂钓旅游等特色旅游新产品。重点培育深圳太子湾国际邮轮母港基地、中山磨刀门神湾游艇主题休闲度假基地、珠海万山群岛旅游示范区、东莞虎门威远岛爱国主义教育基地；重点发展以广州、深圳、珠海为核心的珠三角滨海旅游城市群。

（三）稳步提升海洋交通运输业

突破珠三角原有行政区划界限，整合优化港口资源，逐步形成以广州港、深圳港、珠海港为主要港口，惠州港、虎门港、中山港、江门港为地区性重要港口的分层级发展格局。[①] 完善广州、深圳、珠海港的现代化功能，形成与香港港口分工明确、优势互补、共同发展的珠江三角洲港口群体、与港澳地区错位发展的国际航运中心。以集装箱干线港、煤炭中转港等为重点，兼顾集装箱支线港、煤炭一次接卸港和商品汽车滚装运输的发展需要，加强港口功能结构调整。加快集装箱、煤炭、油品等大型专业化泊位建设，提升港口专业化运输能力。加强以沿海主枢纽港为重点的集装箱运输系统和能源运输系统建设，积极发展现代港口物流业，培育一批专业化和综合性互相配套的现代物流中心以及大型物流企业集团，加快港口信息化建设和港口航运支持系统发展等。积极拓展港口的航运服务、商贸、信息、物流、金融服务、临港工业等功能，推进港城一体化建设，促进港口向现代化多功能的新一代港口转变。

（四）大力发展海洋油气业

利用国家推进南海深海油气资源开发的有利契机，加快发展油气资源勘探、开发、储备和综合加工利用。加大海洋勘探开发力度，进一步完善近海石油勘探开发技术体系，加大对深水油气资源开发技术的研发力度，提高深海油气开发的技术水平，加快开采深海油气资源。加强海洋油气开发设备、技术和服务研究，勘探开发

---

① 周秋敏：《珠江三角洲城市群年鉴 2010》，广东人民出版社 2010 年版。

油气资源，发展油气加工业。推动海洋工程和技术服务业的发展，启动具有高附加值的依托油气资源的大型能源项目，综合开发利用油气加工废弃物和副产品，延伸油气资源综合利用产业链。[①] 支持在广州、深圳、珠海建设深海油气、天然气水合物资源勘探开发及装备研究、生产基地，积极推进省部合作，依托广东乃至全国深海研究力量，研究解决南海深水油气资源勘探、开采、储运、工程装备制造等领域的技术难题，为南海油气资源开发做好技术储备。依托油气开采，形成油气资源综合利用产业链。鼓励与中海油、中石油等央企合作开发南海油气资源，在广州、深圳、珠海、惠州等珠三角地区建立南海油气开发的服务和后勤保障基地。启动具有高附加值的依托油气资源的大型能源项目，重点建设大型 LNG 输气、发电项目，继续建设沿海油气战略储备基地，提高油气商业储备能力。

（五）调整提升海洋船舶工业

以具备国际竞争力的产品为龙头，形成总装、配套、加工与合作的产业链，培育造船、修船、海上平台、钢结构和船舶配套等产业群。重点发展超大型油船、液化天然气船、液化石油气船和大型滚装船等高技术、高附加值的船舶产品和海洋钻井平台、移动式多功能修井平台、大型工程船和浮式生产储油船等海洋工程装备。加快船舶工业结构调整。大力提升高新技术、高附加值船舶（LNG 船、LPG 船、VLCC 船、大型集装箱船）的设计制造能力和船舶配套设备自主品牌的开发能力。发展具广东特色的以中高档游艇制造为主的游艇业，在稳固常规船型修理的基础上，推进修船产品结构优化升级，重点发展大型化、高技术、高附加值船舶的维修，提升船舶的改装业务和保养业务。

合理布局海洋船舶工业。以中船南沙龙穴造船基地、广船国际、中船黄埔造船厂、广州造船厂、广州文冲船厂、中船中山船舶制造基地等大型船厂为基础，加快建设以广州、中山、珠海、江门为中心，各有侧重、错位发展的珠江口国家千万吨级修造船基地。加快发展船舶配套产业，重点建设中船大岗船用柴油机制造与船舶配套产业基地。

二、加快临海、岛屿产业带建设

（一）打造高端临海重化工业

依托炼油和乙烯炼化一体化龙头项目，延伸产业链，带动炼油、合成材料、有机化工、精细化工等快速发展，进行集群集约布局，形成石化产业集群。在沿海规

① 朱坚真、师银燕：《环北部湾经济增长和主导产业选择》，载于《经济研究参考》2007 年第 40 期。

划新建2~3个千万吨级炼油、百万吨级乙烯炼化一体化工程。重点打造珠江口沿海生态环保型石化产业带。以宝钢重组韶钢、广钢为契机，建设广州南沙高端板材制造基地，与湛江东海岛千万吨级现代化钢铁基地一起，形成优势互补、错位发展的两大临海钢铁产业基地。促进钢铁产业与装备制造、造船、石化、汽车、家电、金属制品等下游产业协同发展。加快钢铁现代物流体系建设，打造辐射全国、国际一流的钢铁交易平台。加快发展临海核电、风电等清洁能源，构建火电、核电、风电等门类齐全的临海能源产业体系。重点打造台山、广海湾能源产业集群，加快台山电厂、台山核电站、川岛风电等能源项目的建设。

（二）以临港产业集聚区为重点，构建临海产业带

坚持港口、产业、城市和生态四位一体，统筹规划港口发展、临港产业基地建设、沿海城镇发展与海洋生态环境保护，以临海重化工业为主体，强化产业链效应，加快建设临海产业带，构建珠三角“A”形临海产业空间布局体系。

重点发展四大临港产业集聚区：南沙——中山临港产业集聚区。依托广州港南沙港区、中山港中山港区、马鞍港区，以南沙经济技术开发区、中山火炬高技术产业开发区、中山工业园区为支撑，构建珠江口西岸以先进制造业为主的临港产业集聚区，重点布局发展船舶及海洋工程装备、核电、风电、汽车、轨道交通、通用专用机械等先进装备制造业，以及港口物流、海洋旅游等现代服务业。珠海港临港产业集聚区。以高栏港经济开发区为支撑，加快建设高栏港深水港区，加快开发荷包岛深水岸线，重点发展海洋工程装备、造船、能源、精细化工、航空等临港重化工业。银洲湖——广海湾临港产业集聚区。以江门新会经济开发区、台山广海湾工业园区为支撑，加快银洲湖、广海湾公共深水港区的建设，重点发展以能源、核电装备制造、精细化工、造纸、修造船、钢铁、建材等为主的临港工业，依托港口和临港工业建设广海湾滨海新城。惠州港临港产业集聚区。以大亚湾经济技术开发区为支撑，加快建设前湾和东马港区，依托港口重点发展石化、汽车、能源、港口物流等临港产业，推进海水综合利用、海洋旅游等产业。

（三）推进海岛开发与保护

遵循《海岛保护法》科学规划、保护优先、合理开发、永续利用的基本原则。尽快制定和完善海岛保护和开发的地方性法规，建立海岛综合管理协调机制，制定海岛保护和利用规划，依法治岛、以法兴岛、以规划引导。加强海岛资源、环境的综合调查和海岛生态环境保护，建立海岛及其周边海域生态系统监控网络，定期开展生态评估。[1]以政府为主导、引入市场经济手段，统筹协调、因岛制宜，整体规

① 吕慎杰：《广东海洋经济绿色发展战略研究》，载于《现代乡镇》2008年第12期。

划与有序推进相结合，实现海岛管理综合化、开发主体多元化、开发模式灵活化、开发效益综合化。优化开发有居民海岛，选择开发无居民海岛，严格保护特殊用途海岛，重点推进五大岛群的开发与保护。以珠海的海岛开发利用为例，横琴岛重点发展以海洋公园建设为主打造高端海洋旅游业，以澳门商务服务、休闲旅游、科教研发及高新技术等四大重点产业，大学横琴新校区建设为切入点将横琴岛建设成为粤港澳合作的示范区。三灶岛重点围绕航空产业，积极发展配套服务业及其空港物流业。高栏岛重点发展海洋交通运输业、现代物流业和临港工业，强化与陆域经济的联系，拓展港口经济腹地。淇澳岛重点发展生态旅游和海洋渔业。万山群岛以海洋旅游、海洋渔业和深水港口开发、仓储物流为开发重点，推进万山海洋开发试验区建设。内伶仃岛加强国家自然保护区的建设，重点保护猕猴、红树林等珍稀生物资源，规划建设海岛生态博物馆。

三、联动粤东、粤西，规划珠三角海洋经济区域总体布局

以科学发展与可持续发展为导向，遵循“集约布局、集群发展、海陆联动、生态优先”的基本思路，以海岸带和近海开发为重点，推进海岛开发与保护，逐步开拓外海，科学配置要素资源，准确定位主导产业，发展特色产业和配套产业，形成错位发展、协作配套、优势互补、特色鲜明、重点突出的珠三角区域海洋经济空间布局，以珠三角带到粤东、粤西两大海洋经济协调发展，形成各具优势、互为补充、紧密衔接的区域布局体系。

按照注重体现海洋资源整合广域性和海陆发展协调性的原则，依托珠三角腹地优越的人力、资金、技术优势，以南海开发总目标，联动粤东、粤西，着力构建“三圈一带”的新格局。“三圈”，即以珠三角海洋经济区为支撑，加强与港澳海洋经济合作，构建粤港澳海洋经济合作圈；以粤东海洋经济区为支撑，对接海峡西岸经济区，构建粤闽台海洋经济合作圈；以粤西海洋经济区为支撑，对接北部湾经济区、海南国际旅游岛，构建粤桂琼海洋经济合作圈。“一带”，即以广东海岸带为主轴，以三大海洋经济合作圈为依托，以临港产业集聚区为核心形成海洋产业群，以海洋产业群、滨海城镇群、海洋景观、海岸生态屏障为支撑，通过产业、居住、景观带的科学错位布局，打造宜业、宜居、宜游的广东沿海蓝色经济带。

四、构建粤港澳、粤闽台和粤桂琼海洋区际合作经济圈

以珠三角区域为核心和枢纽，联动粤东、粤西，搭建广东与港、澳、闽、桂、琼的海洋经济合作平台，积极促进构建“三圈一带”经济格局。推进省际、区际合作，共创“南海海洋经济圈”。

1. 粤港澳海洋经济合作圈。以珠三角海洋经济区为支撑，构建粤港澳海洋经济圈。珠三角海洋经济区以加强资源整合和优化开发为导向，重点提升自主创新能力，做优做强海洋产业，打造若干规模和水平居世界前列的海洋产业基地。重点发展先进制造业和现代综合服务业，强化协调海洋交通运输业，着力打造高端海洋旅游业，加快发展战略性海洋新兴产业。加强城市之间的分工协作和优势互补，整合区域内产业、资源和基础设施的建设，实现产业布局、基础设施、环境保护等一体化，构建“三心三带”的空间结构，即以广州、深圳、珠海为三大海洋经济增长中心，形成珠江口东岸的现代服务业型产业带、珠江口西岸的先进制造业型产业带、珠三角沿海的生态环保型重化产业带。加强与港澳的海洋产业分工与合作，推进粤港澳海洋经济合作圈建设。以环珠江口、“湾区”共同规划实施重点行动计划作为切入点开展海洋经济合作，以广州南沙港区、深圳前后海地区、深港边界区、珠海横琴区、珠澳跨境合作区五个粤港澳重点合作区域为核心，加强粤港澳在海洋运输、港口物流、海岛开发、海洋旅游、海洋战略性新兴产业、环境保护与治理等方面的合作，共同打造国际一流的现代海洋产业基地和珠江口湾区优质生活圈等。充分利用港澳服务业的优势开发海洋，加强粤港澳海洋开发金融合作，着力推进海洋企业在深港上市融资，以及在境内外发行海洋开发债券。以广州、深圳、珠海、惠州作为中心增长点，辐射和带动区域海洋经济的全面发展。将广州打造成为国际服务业中心，南方海洋行政、科教、文化中心；深圳建成为先进高效的国际物流中心、世界知名的国家级海洋生物产业基地、国家海水综合利用示范基地、国际邮轮母港基地；着力将珠海打造成为国际重大装备制造业中心；惠州建设成为世界级石化产业基地。

2. 粤闽台海洋经济合作圈。以粤东海洋经济区为支撑，构建粤闽台海洋经济合作圈。粤东海洋经济区以加快海洋资源开发为导向，重点发展临海能源、石油化工、装备制造、海洋交通运输、港口物流业、海洋旅游业、现代海洋渔业等产业。加快以海上风电为主的海洋能开发，积极培育海水综合利用、海洋生物医药等战略性海洋新兴产业。重点推进柘林湾、广澳湾、海门湾、惠来海岸、红海湾、南澳岛等区域的开发。加快建设以汕头为中心的粤东沿海城镇群，推进基础设施、产业和环境治理等一体化。以潮汕地区加盟“海西经济区”为契机，进一步扩大与台湾地区、福建的海洋经济合作，推进粤闽台海洋经济合作圈建设。发挥汕头港、潮州港成为首批对台直航港口的作用，加强与台湾地区的海洋运输与物流合作。加强对闽台旅游合作，打造“一程多站”的海西精品旅游线路。支持粤台经贸合作试验区建设，将南澳打造成为粤台经贸合作试验区核心载体，合作开发南澳岛生态旅游、海水养殖与捕捞以及风电项目等。加快推动台商投资工业园区建设，承接生物技术等新兴产业，引导台资企业参与投资能源、石化、造船等海洋产业。加快台湾地区农民创业园建设，拓展与台湾地区在现代海洋渔业、旅游观光等方面的合作。

将汕头打造成为粤东海洋经济区的中心，同时培育潮州、汕尾、惠来等副中心。汕头要加快东部城市经济带、工业经济带和生态经济带建设，以汕头港为依托，重点发展以港口物流业为核心的现代服务业；加快发展能源、造船、精细化工、装备制造、海洋旅游和海洋生物医药等产业。

3. 粤桂琼海洋经济合作圈。以粤西海洋经济区为支撑，着力构建粤桂琼海洋经济合作圈。粤西海洋经济区以加快海洋资源开发为导向，重点发展临海钢铁、石化、能源工业和港口物流业，提升海洋旅游业，加快发展现代海洋渔业，培育海水综合利用、海洋风电、海洋生物医药等海洋新兴产业。发挥大西南出海口的优势，以湛江港为中心，构建粤西沿海港口群，加快建设临港重化产业集聚区。重点推进湛江湾、雷州湾、水东湾、海陵湾、东海岛、海陵岛等重点区域的开发与保护。推动以湛江为中心的粤西沿海城镇群建设。向西以湛江为重点融入北部湾，加强与环北部湾城市和东盟国家的产业分工与合作；向南以琼州海峡为纽带，加强与海南省的海洋经济合作，推进粤桂琼海洋经济合作圈建设。重点加强海洋渔业、海洋交通运输业、海洋旅游、海洋基础设施建设等方面的合作，构建与东盟合作的新高地。发挥湛江东南亚水产品集散地作用，共同促进南海渔业资源开发。以推动海南国际旅游岛建设为契机，整合环北部湾旅游资源，共同打造海洋旅游“金三角”。加强海域环境治理的合作机制，制定北部湾、琼州海峡等海区海上环境共同行动计划和应急响应机制。将湛江打造成为粤西海洋经济区的中心，培育茂名、阳江等副中心。湛江依托深水良港与区位优势，重点建设临港钢铁、石化、能源等重化工业，加快推动东海岛湛江钢铁基地建设，利用广东海洋大学的科研优势，大力发展生物育种、健康养殖、海洋生物医药业等战略性海洋新兴产业，推进海水综合利用，发展提升海洋旅游业。

第六节　珠三角海洋经济发展布局的服务体系和保障措施

一、健全海洋综合管理机制

海洋管理是一项长期的系统工程，要强化海洋意识，善于抓住机遇，科学发展。海洋制度的建设必须立足长远、立足实效、放眼全局，从源头上改善海洋开发综合管理条块分割、多头管理的混乱局面和海洋管理机制滞后于海洋经济发展的被动局面。

海洋综合管理要突出海洋结构调整优化。充分整合珠三角区域现有的海洋资源、整合各海洋主管部门的职能，加强各地级市、各部门间的协作，完善各项海洋与渔业综合管理制度，提高整体的综合服务水平，确保海洋与渔业的管理、开发科学合理、持续有序。加强对围海造田、海岛开发和大型海域使用项目的管理，坚决贯彻执行重大用海项目的公示制度。

海洋综合管理还要加大力度规范海域的合理、有序使用，在海陆统筹的基础上加强海岸带综合管理。建立重大海洋灾害监测预警机制，完善海洋与渔业的危急管理及海洋生态资源的保护制度，使海洋经济的发展与海洋环境相协调，使经济效益、社会效益和生态效益相统一。[①] 同时加大对海洋工作和海洋科普知识的宣传，进行政府、企业、社会三个层面的宽领域、多层次联动，建立和疏通各种海洋信息发布渠道，形成社会各界关爱海洋、保护海洋、开发海洋的良好社会氛围，调动各方面开发海洋、建设海洋的积极性。切实稳定好海洋政策环境和调控措施，运用包括经济、行政、法律等海洋综合管理手段，实现海洋资源有计划、有步骤、有节制、有序地科学利用，促进珠三角海洋经济产业带的又好又快发展。

二、加强海洋科技创新体系建设

把海洋科技作为珠三角海洋经济发展的重要引擎，继续贯彻和推进珠三角的科技兴海战略。进行全方位的产学研相结合，联合攻关，大力促进与各大高校及科研院所的合作，发展一批具有战略意义的重大科技攻关项目，整合科技资源和提高海洋科技成果的转化率。

大力发展海洋电力产业、海洋生物制药、海水综合利用、海洋能源和新材料等战略性海洋新兴和现代高新技术产业，从科技层面优化海洋产业结构，提高海洋综合开发整体水平及综合效益。开发先进适用技术和共性技术，大力发展一批具有附加值高、技术含量高的海水养殖技术，推进海洋电力、海洋资源深加工的集约化，发展绿色养殖、健康养殖。建立财政扶持、金融支持、群众自筹、吸引外资的科技多元投资体制，多方筹措资金，增加科技兴海投入力度。结合珠三角的发展目标，重点支持海陆共性技术、海洋资源开发和海洋生态修复的技术攻关及各项重大海洋科研项目。

以临港工业为基础搭建珠三角海洋科技产业平台，建设一批海洋科技创新示范基地和海洋高科技产业园。根据海洋产业投入多、周期长、风险大的特点，积极筹建和引入珠三角海洋科技风险投资基金，发挥金融资金对海洋科技支撑作用。

建立海洋科技的激励机制，增加科技对海洋产业的孵化能力，积极培育一批具有自主知识产权的大型科技龙头企业和产业集群。充分发挥各类海洋科技中介机构作用，面向企业和市场，建立以海洋技术咨询、海洋技术交易、风险资本市场、人

① 高艳：《海洋综合管理的经济学基础研究——兼论海洋综合管理体制创新》，载于《中国海洋大学》2004年。

才和信息沟通等为主要内容的服务网络，创建区域性海洋科技服务中心，为海洋新产品开发、新技术推广、科技成果转化等做好科技中介服务，营造良好的科技创新环境，加速海洋科技成果的转化。

三、巩固海洋人力资源保障体系建设

人是发展海洋经济的主体。科学发展必须以人为本，把人才工作作为促进经济社会发展的一项根本性工作来抓。坚持"人才强海"、"科教兴海"战略，加大人才开发资金的投入，增强海洋产业自主创新能力。搭建海洋科技公共服务和资源共享的平台，抓好培养、吸引和使用三个环节，培育海洋科学研究与技术开发的人才链，初步形成广东省海洋科技的研发与创新型的人力资源体系。同时，要充分整合珠三角现有海洋科技教育力量，完善海洋科技与管理人才的培养、激励和使用机制，积极引进、培养海洋科技人才和海洋管理人才，逐步建立一支具有创新能力的海洋人才队伍和一支带教能力强的高技能人才梯队，为珠三角海洋经济的发展提供智力支持。加强人才市场建设，积极培育海洋类企业对人才吸引的主体地位，加强人才的多元载体建设，提高人才承载力。做好区域内海洋类人才的引进规划，大力引进海外留学人员、中高级专家以及各类科学技术和经营管理人才，重点引进海洋高新技术产业、支柱产业、新兴产业等急需的高层次海洋类人才，特别是带技术、带项目、带资金的优秀创新人才和领军人物。

大力实施"科教兴海"战略。积极推进海洋意识及涉海人员的教育和培训体制改革，尤其要进一步深化海洋部门的干部人事制度改革，健全党政领导干部公开选拔、竞争上岗等各项制度。建立人才资源库，培育海洋人力资本，发展多层次、多种类的人才市场和中介服务体系和人才市场服务水平。围绕珠三角海洋经济结构的调整优化和海洋产业升级，以高层次人才为重点，实施产业和区域人才集聚战略。在人才激励上积极推动知识、技术、专利、品牌、管理等要素参与分配，以及创新人才的培养、选拔、激励、评价机制和奖励制度，营造有利于优秀人才脱颖而出的海洋管理环境。

四、完善防灾减灾支撑体系

加强海洋防灾减灾基础设施建设，继续搞好珠三角沿海防潮堤工程建设和重点区域的防护能力。在重要入海河口地段修建防潮闸，逐步建成和完善风暴潮防御工程体系，使沿海城市及重要区域防护能力达到50年一遇的标准。同时要加快形成"带、网、片、点"相结合的沿海综合防护体系建设。

依托省海洋预报台，建立完善的卫星遥感、航空遥感、船舶、岸站、浮标组成的海洋监测网络，建立健全海洋灾害防御决策体系和海洋灾害预警预报系统，及时准确地预报海洋灾害和海上事故。加强海洋灾害的实时跟踪监测，有效开展海洋灾害的监测预警，准确及时地预报风暴潮、海啸等海洋灾害性天气，为海洋防灾减灾提供专业海洋预报服务。

建立海洋灾害应急处理救助体系。加强海洋安全搜救体系建设，充分利用现有军用和民用船只，完善海上交通安全管理和应急救助系统，提高防灾减灾和突发性海难事件应对能力，有效减轻海洋灾害造成的损失。珠三角各地级市、县（区）要建成海洋渔业安全生产通信指挥系统，加强沿海地震监测系统建设和地震区划研究，提高海洋工程及沿海的地震综合防御能力。

建设海洋气象信息集成与共享平台、海洋气象灾害预警系统、海洋天气发布系统、海上重大事件应急响应服务系统，编制海洋与渔业应急管理反应预案。组织开展海洋灾害应急演练，提升海洋灾害预报预警和应急处置能力，强化灾后评估和恢复工作。

五、拓宽海洋经济发展投融资渠道

创新财政投资机制。综合运用国债、担保、贴息、保险等金融工具，带动社会资金投入海洋开发建设。省级及沿海市、县、区财政要形成对海洋科技、教育、文化、防灾减灾等公益性事业投入的正常增长机制。按照集中财力办大事的原则，加强对各涉海部门的海洋经济发展相关专项资金的整合和统筹安排。积极引入市场因素，鼓励社会资本进入海洋开发领域，健全多元化投入机制，形成投资主体多元化、资金来源多渠道、组织经营多形式的发展模式。全力推进银企合作，开辟海洋产业发展专项贷款，对海洋开发重点项目优先安排、重点扶持。对海域、港口岸线、无居民岛屿等资源的经营性开发实行使用权公开招标、拍卖，创新海域使用权抵押贷款制度，拓宽融资渠道。积极争取和合理利用国际金融组织、外国政府贷款以及民间基金，支持符合国家政策的重大项目建设。

第四章

广东现代海洋产业体系研究

第一节　现代海洋产业体系及其内涵

一、产业与海洋产业

当前学术界对“产业”没有形成一个统一严谨的定义。一般认为，产业是社会分工和社会生产力发展的必然结果。其初始的含义是指从事物质产品生产的行业，即生产同一类产品的若干相互联系的企业的集合。后来，随着人类的经济活动的变化，人们对“产业”的认识发生了变化，特别是20世纪50年代后，随着服务业和各种非生产性产业的迅速发展，产业的内涵已变为所有从事赢利性经营活动并提供同一类产品或劳务的企业群体。企业群体又可据其产品类型被分为若干行业。这个产业概念强调，在现代市场经济中，所有的产业（及行业）必须从事赢利性经济活动，即必须以赢利作为活动的主要目的；那些不以谋利为目的的所有非经济活动的部门（如行政、司法、社团等），不应该归属到产业中来。

2006年12月，国家海洋局出台了《海洋及相关产业分类》（GBT－20794－2006）的国家标准，认为海洋产业是指人类利用海洋资源和空间所进行的各类生产和服务活动，分为以下五个方面：（1）直接从海洋获取产品的生产和服务；（2）直接从海洋获取产品的一次加工生产和服务；（3）直接应用于海洋和海洋开发活动产品的生产和服务；（4）利用海水或海洋空间作为生产过程的基本要素所进行的生产和服务；（5）与海洋密切相关的海洋科学研究、教育、社会服务和管理。该标准并没有强调产业的赢利性，如海洋环境监测预报服务、海洋教育、海洋管理、海洋社会团体与国际组织、海洋科学研究等。由于这些不具备赢利性，不具备有产业的经济学性质，只能称为行业或部门。将其归入产业范围，可能使现代海洋产业体系建设进入误区。

二、产业体系与海洋产业体系

“体系”是指若干有关事物相互联系、相互制约而构成的一个整体。该概念的含义有三点：一是基于一定标准进行分类的相关事物；二是整体，即由相关事物组成的整体；三是相关事物之间相互联系、相互制约的关系。①

根据体系的概念，我们可以把产业体系定义为基于一定分类标准的相关产业相互联系、相互制约的而组成一个整体。由于目前学术界对产业的分类标准不同，由此形成了多种产业分类方法，如两大部类划分法，费希尔—克拉克创立的三次产业分类法、物质生产和非物质生产划分法、农轻重划分法、标准产业划分法、生产要素密集度划分法、产业功能划分法和在三次产业划分法基础上的五次产业划分法等。② 不同的产业分类方法，也就会形成多种不同的产业体系；不同的产业体系内部各产业之间的相互关系不同，但都可以从技术与经济联系、资源分布、要素分布及投入、产出等角度进行考察和分析；在产业体系的技术与经济联系等关系中，各产业所处的地位不同、承担的功能不同，会有主导产业（群）、支撑产业（群）和产业环境之分。

根据体系及产业体系的概念，我们将开发利用海洋资源或空间作为分类标准，把海洋产业体系可以界定为与海洋资源或空间开发、利用有关的产业相互联系、相互制约而构成的整体；主要由上述5个方面的海洋开发、利用活动所形成的产业组成一个整体；这个整体也有其主导产业、支撑产业和产业环境。

三、现代产业体系与现代海洋产业体系

党的十七大在新的发展阶段第一次提出了“发展现代产业体系”的重大命题，为我国推进产业结构优化升级指明了方向。但报告中未对现代产业体系的概念作明确表述，迄今国内外理论学术界、各省、市、自治区对此均无统一定义。本章节认为，现代产业体系是一个比较的（相对于传统产业体系）、动态的概念，其含义将随着人们对产业体系的认识发生变化。不同国家或地区，在不同的时期，人们对产业体系的认识不同，对产业体系建设提出的要求不同，现代产业体系的含义会不尽相同。因此，我们对现代产业体系的界定必须体现出时代进步的要求与发展趋势。

---

① 曹曼、叶文虎：《循环经济产业体系论纲》，载于《中国人口·资源与环境》2006年第3期。

② 刘思华：《创建五次产业分类法，推动21世纪中国产业结构的战略性调整》，载于《生态经济》2000年第6期。

改革开放30多年来，中国经济在“高投入、高产出、高排放”的传统增长道路上，保持了年均9%～10%的高速增长，先后解决了温饱、小康问题；同时，各种资源、环境遭到了很大程度的破坏。传统产业体系的弊端暴露无疑，忽视产业生态网络的作用，忽视废弃物处理，导致大量废弃物直接地排放，污染环境，直接影响到产业发展的可持续性。传统产业体系已经很难支持中国经济发展实现第三步战略目标。但是，经济活动已经出现了一些符合可持续发展的现象。在国家的大力支持下，以生态工业、生态农业、废弃物综合利用等为代表的循环经济已经起步；信息产业、知识产业的不断发展，且融入到传统产业中，提高了人们的工作效率和工作能力，推动着产业融合的进程；在珠三角、长三角等地区，以吸收、整合国内外优势资源为特征的产业集聚在加强；自主创新能力有了一定程度地提高，增强了企业和国家的竞争优势，提高了中国经济的国际化程度。

2008年7月中共广东省委、省政府在经过专题调研和反复论证后，出台了《关于加快建设现代产业体系的决定》（粤发［2008］7号），在全国率先提出了具有广东特色的现代产业体系的定义：“现代产业体系是以高科技含量、高附加值、低能耗、低污染、有自主创新性的有机产业群为核心，以技术、人才、资本、信息等高效运转的产业辅助系统为支撑，以环境优美、基础设施完备、社会保障有力、市场秩序良好的产业发展环境为依托，并具有创新性、开放性、融合性、集聚性和可持续性特征的新型产业体系”。该定义充分体现了现代产业体系建设的时代进步和发展要求，为广东省建设现代产业体系指出了明确的方向和要求，具有很强的实践指导性。

21世纪是海洋世纪，现代海洋产业体系作为现代产业体系的一个重要组成部分。因此，现代海洋体系的概念也应该包括上述紧密相连的三个部分，即“一个核心、一个支撑、一个依托”。“一个核心”，是指以《海洋及相关产业分类》中的主要海洋产业（又称海洋经济核心层，包括海洋渔业、海洋油气业、海洋矿业、海洋制盐业、海洋船舶工业、海洋化工业、海洋生物医药业、海洋工程业、海水利用业、海滨电力业、海洋交通运输业、滨海旅游业）为主体产业群；“一个支撑”，即以《海洋及相关产业分类》中的海洋经济支持层里的部分产业（包括即海洋科研教育服务业，包括海洋科学研究、海洋教育、海洋地质勘查业、海洋技术服务业、海洋信息服务业、海洋保险与社会保障业、海洋环境保护业）为支撑；“一个依托”，是以政府海洋管理体制、海洋产业规划与产业政策、海洋建设项目融资环境、海洋法制环境、海洋资源与环境、海岸带基础设施、海洋文化环境等为产业发展环境为依托（见图5－1）。

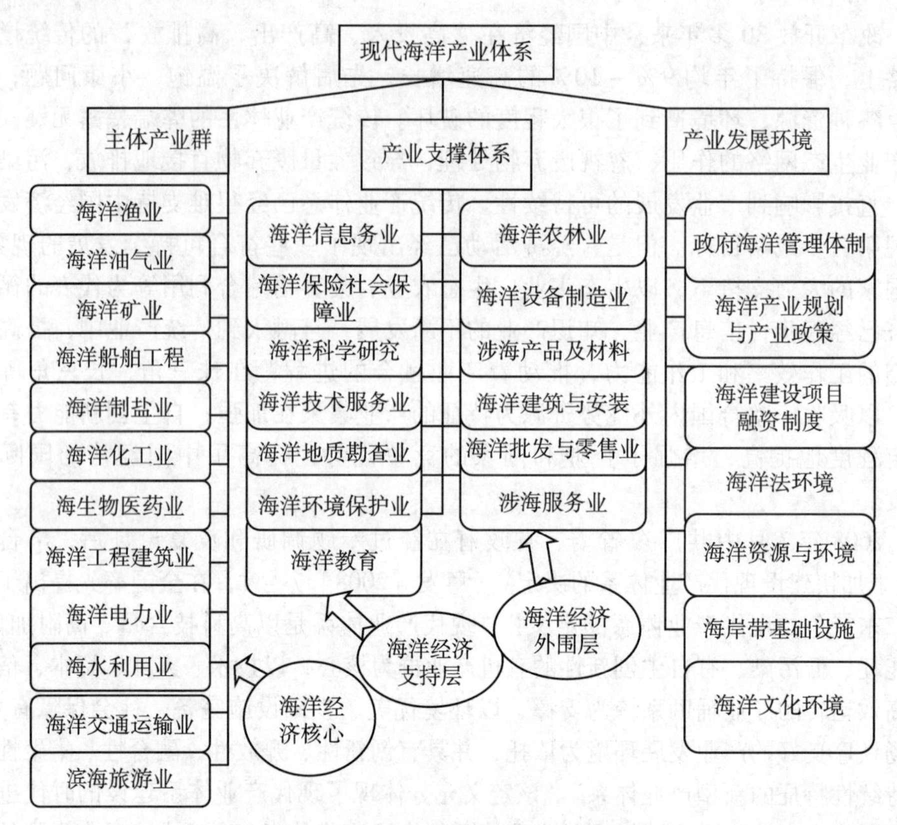

图 5－1　现代海洋产业体系构成

第二节　广东海洋产业发展及其总体评价

一、广东海洋产业发展概况

广东具有全国最长的海岸线，其海洋国土面积是陆地面积的 2.5 倍，不仅具有发展海洋经济的资源优势，而且具有优越的区位优势。改革开放以来，依托资源优势，广东省海洋产业得到快速发展，海洋经济发展速度超过了国民经济发展速度。自提出“建设海洋经济强省”战略目标以来，广东以提高海洋经济竞争力和现代化水平为核心，实施科教兴海、外向带动、区域协调和可持续发展战略，建立完善海洋基础设施、科技创新与技术推广、海洋资源环境保护、海洋综合管理和水产品质量安全管理等五大体系，不断加快发展海洋经济产业。逐渐形成了以海洋渔业、滨海旅游、海洋油气和海洋交通运输为主体，海洋船舶制造、海洋电力与海水利用、海洋生物制药等产业全面发展的新格局。海洋渔业、滨海旅游业、海洋油气业、海洋交通运输业四大海洋支柱产业继续保持国内领先水平，产值占全省海洋产业总产值的73%，其中海洋渔业、海洋运输、海洋油气、滨海旅游等产业增长态势强劲（见表5－1）。

表5－1　　1998～2005年广东主要海洋产业产值　　单位：亿元

年份	海洋渔业	海上油气	海洋电力与海水利用	滨海旅游	海洋交通运输	海洋船舶制造	滨海矿砂	海洋生物医药	总产值
1998	264.00	134.00	—	228.00	131.00	32.00	0.30	—	791.00
1999	315.64	167.61	—	253.92	121.48	35.92	0.61	—	896.05
2000	335.63	275.19	—	318.27	144.82	39.80	0.28	—	1 114.57
2001	402.11	209.67	230.86	343.05	186.76	38.25	0.23	1.23	1 542.60
2002	441.89	216.28	425.46	394.09	166.93	46.95	0.24	1.20	1 693.71
2003	471.78	252.73	600.00	331.32	227.00	50.00	1.00	1.20	1 936.09
2004	679.13	348.54	750.00	845.21	247.00	52.00	1.00	1.20	2 975.50
2005	828.36	477.20	775.00	958.17	268.76	64.80	1.00	1.40	4 288.39

注：数据来源于历年中国海洋统计年鉴。

从海洋产业发展趋势看，2005年海洋渔业产值达828.36亿元，比1998年增加536.22亿元，是1998年的3.25倍；2005年滨海旅游业产值958.17亿元，比1998年增加729.96亿元，期间增长了4.19倍；1998年海洋油气产值仅为134.00亿元，2005年上升为477.20亿元，期间增长了3.56倍；2005年海洋运输业产值268.76亿元，比1998年增加137.43亿元，期间增长了2.05倍；2005年海洋电力和海水利用产值达到775.00亿元，比2001年增加544.14亿元，是2001年的3.35倍；海洋船舶制造业在六个主要海洋产业中的比重最小，仅为1.5%，年均增长率10%左右；滨海矿砂和海洋生物医药业发展缓慢。

2007年5月，广东省审议并原则通过《广东省海洋经济发展“十一五”规划》。该规划明确了广东“十一五”时期发展海洋经济的总体目标，即建设海洋经济强省，优化产业结构，打造全国先进的石化、造船、钢铁和能源4大临海工业基地。区域经济协调发展，相互促进，形成珠三角、粤东和粤西3个各具特色的海洋经济区，培育广州、深圳、惠州、湛江和汕头5个海洋经济重点市，实现海洋生态系统良性循环与海洋资源持续高效利用，使广东省海洋经济实力进一步增强，海洋产业结构进一步优化，海洋经济区协调发展，海洋科技自主创新能力提高，海洋经济重点市逐步形成，海洋资源和生态环境保护进一步强化。作为中国海洋经济大省，广东如何在我国各沿海省份尤其是环渤海地区大力发展海洋经济的激烈竞争中，突出自身海洋经济优势，优化升级海洋产业结构，建立起现代海洋产业体系，实现从海洋经济大省向海洋经济强省的转变，成为广东发展海洋经济的首要任务，具有重要理论价值与现实意义。

二、广东海洋产业发展总体评价

广东海洋产业虽在生产总值上连续16年居于全国之首，且以海洋渔业、海洋油气业、滨海旅游业、海洋交通运输业为主体的海洋产业近些年来发展迅猛，但由于起步较晚，受到海洋开发技术水平的限制，海洋产业在发展过程中依然存在着诸多问题与不足之处。以下对广东海洋产业总体存在的问题作以下归纳总结：

1. 海洋产业综合发展水平不高。从总体来看，广东省海洋开发的质量和水平还不高，海洋产业增加值占全省国内生产总值的比例较低，海洋产业仍处在传统、粗放型海洋开发为主的初级阶段，海洋高新技术产业发展缓慢，缺乏海洋产业的名牌产品和龙头企业。

2. 海洋产业发展不平衡。从产业结构上来看，三次产业结构虽然逐渐优化，但是与发达国家相比，产业结构依然不尽合理。广东“十五”期末的海洋三次产业结构比例为23∶40∶37，劣于同期全国海洋三次产业结构17∶31∶52，而世界的平均比例为3∶7∶10，美国则为1.0∶2.46∶3.44。由此可见，广东海洋三次产业结构与国外发达国家海洋产业结构以及国内沿海省份还存在较大差距，产业结构明显不尽合理。

3. 海洋产业技术水平不高。海洋产业主要为资源依赖型产业，且技术含量相对较低。传统产业在广东省海洋产业中占有比较重要的地位，但产业的技术构成较为落后，由于受渔船技术水平的限制，海洋捕捞绝大部分为近海作业，从事外海及远洋捕捞的能力明显较弱。海洋交通运输方面，大型集装箱运输港口较少，港口的自动化、机械化水平总体不高，部分港口虽然发展迅速，但仍不能满足国民经济发展需求。未来产业中的海水综合利用技术、海洋能利用技术、深海油矿开采技术虽然有所发展，但仍处于起步阶段，且发展速度缓慢。

4. 海洋科学研究基础薄弱。尽管广东省海洋科研教学单位密集，然而由于缺乏有效的组织协调和合作机制，造成省内海洋科研力量及有限的科研经费分散，科研分工不合理，许多研究工作长期停留在较低水平的重复劳动，大大影响了广东省海洋产业发展的后劲。

5. 产业发展过程中环境问题突出。随着经济的快速发展，资源的快速消耗，广东省所辖海域尤其是重要河口区，由于毗邻陆域经济的快速发展，陆源污染物大量排放，致使海域污染日益严重，生态环境不断恶化，渔业资源日渐枯竭，生物多样性锐减，海域功能明显下降，资源再生和可持续发展利用能力不断减退。另外，风暴潮、咸潮、赤潮、溢油等灾害、事故频繁发生，严重影响海洋产业的可持续发展。

6. 海洋产业发展的社会支撑体系有待完善。广东省海洋综合管理能力与海洋经济发展的速度相比，仍处于滞后状态。缺乏细致的海洋开发总体战略规划，海洋产业发展的融资机制、政策法规体系相对单一落后，推动海洋产业发展的海洋科技创新体制尚未形成。海洋科技研发仍处于分散状态，缺乏统筹管理，研究成果的推广利用价值不大。海上的监测、监视、预报、警报和应急、救助等保障体系尚不健全，防灾、减灾能力较低。

三、广东三次海洋产业结构变动分析

以下是全国及沿海省市海洋三大产业产值数据表，我们来看 1998 ~ 2005 年间全国及沿海省市海洋三大产业结构的变动情况（见表 5 – 2、表 5 – 3）。

表 5 – 2　　1998 年全国及沿海省市海洋三大产业产值比重　　单位：%

地区	第一产业比重	第二产业比重	第三产业比重
全国	54.19	15.27	30.54
天津	5.98	42.82	51.19
上海	3.29	23.26	73.45
河北	51.06	16.21	32.73
广东	33.39	21.17	45.44
浙江	80.70	2.75	16.55
江苏	61.38	8.71	29.91
辽宁	61.19	23.34	15.47
福建	79.62	0.20	20.18
山东	76.76	15.13	8.08
海南	72.02	1.49	26.49
广西	95.15	0.45	4.40

表5－3　2005年全国及沿海省市海洋三大产业产值比重　单位：%

地区	第一产业比重	第二产业比重	第三产业比重
全国	27.32	23.52	49.16
天津	0.64	32.48	66.88
上海	1.4	10.45	88.15
河北	18.27	35.23	46.50
广东	19.32	30.83	49.85
浙江	28.19	32.07	39.74
江苏	29.33	39.18	31.49
辽宁	47.18	22.25	30.07
福建	50.32	5.45	44.22
山东	53.2	17.77	29.03
海南	56.96	0.99	42.06
广西	72.57	14.51	12.92

产业结构的变动是一个动态指标，单纯地从2005年的数据来看，广东省海洋产业结构比较合理，仅次于天津、上海和河北，这种静态的数据不能完全地说明问题。我们这里引进产业结构变动值来说明产业结构的变动幅度。我们以1998年为基期，以2005为报告期，海洋结构变动值为K。其中$K=\sum|X_{it}-X_{i0}|$，X_{it}为报告期第i产业产值在总产值中所占的比重，X_{i0}为基期第i产业产值在总产值中所占的比重。根据计算可得（见表5－4）：

表5－4　1998～2005年全国及各沿海省市的海洋产业结构变动值

	全国	天津	上海	河北	广东	浙江	江苏	辽宁	福建	山东	海南	广西
K值	0.54	0.31	0.29	0.66	0.28	1.05	0.64	0.30	0.59	0.49	0.31	0.45

从表中可以看出：广东省海洋产业结构变动值为全国各沿海省份中最低且远低于全国0.54的平均水平。这说明相对于全国其他沿海省份，广东省这几年海洋产业结构的调整力度较小，海洋产业结构高级化进程缓慢，这显然不利于广东建设海洋经济强省。尽管广东海洋经济发展水平已呈现较为合理的三、二、一结构模式，但其海洋经济结构调整速度的缓慢，将进一步拉大其与上海、天津等海洋经济水平较为发达省市的差距；同时将面临其他海洋经济发展水平相对落后省份后发优势的

威胁。因此，加快广东海洋产业结构调整速度以进一步加速优化其海洋经济结构，是广东省建设海洋经济强省的必由之路。

第三节　广东海洋产业发展存在的问题及其机理分析

一、广东海洋三次产业分别存在的问题

（一）海洋第一产业发展存在的问题

海洋第一产业通常指海洋渔业，包括了海洋捕捞业和海水养殖业两部分。海洋渔业一直是广东海洋产业的主导产业，产值位居全国第二，随着养殖、捕捞结构合理的现代渔业产业体系的构建，海洋渔业仍在海洋产业中继续保持优势。目前广东海洋渔业存在的主要问题包括：

1. 海洋第一产业仍占较大的比重。传统的海洋捕捞业经过长期发展，在技术进步的推动下，海洋捕捞的范围不断扩大，海洋捕捞的对象不断增多，海洋捕捞的产量趋近巅峰，有些品种已经达到甚至超过了海洋资源再生的生产极限。在某些海域，个别海洋生物物种开始衰退与枯竭。

2. 海水养殖总体生产水平较高，价格具有竞争优势，一些特色优势资源品种具有较强的竞争力，但问题依然突出。（1）海水养殖结构与布局不够合理。由于养殖对虾、扇贝等优质品种见效快、效益高，近年来海水养殖发展很快。而这些养殖又大多集中在内湾近岸，如港湾利用率高达90%以上，导致内湾近岸水域养殖资源开发过度。（2）海水养殖开发与保护的管理法规不健全、不完善，有些难以适应市场经济发展的要求，经常出现无法可依或有法难依的局面。（3）海水养殖业尚未实现“清洁生产”。目前，海水养殖主要是在广东省海洋污染最严重的场所河口和近岸海域进行，影响生物的正常发育，导致病害。（4）渔业生产技术尤其是病害防治技术的滞后，已经成为制约广东省乃至全国渔业生产的主要因素。由于养殖密度过大、种质退化、科研力度不够等诸多原因，致使全省各地的海水养殖病害严重。由于传统的生产体制使渔业技术进步，受到技术需求不足与技术供给不足的双重约束，最终导致渔业生产技术滞后。

3. 海洋产业结构单一，以劳动密集型为主。目前广东省海洋捕捞渔业和海洋养殖劳动力占整个海洋渔业从业人员的60%左右，说明人们的就业观念还没转变。海洋渔业小船多，技术设备落后。人力资源集中从事海洋捕捞业，造成了渔业资源的枯竭和捕捞效益低下；同时，造成了资金投入的重复和生产力的极大浪费。第一产业结构严重失衡，影响了海洋第二和第三产业的发展。加之近海渔业水域污染较

为严重，水域生态环境日益恶化，渔业资源和渔业生产受到了破坏。因此，恢复海洋环境，保护和繁育海洋生物资源，越来越成为海洋水产业不可或缺的基本环节。提供海洋垂钓、采捕等海洋旅游休闲服务，已成为产业升级提档的重要方向。

（二）海洋第二产业发展存在的问题

根据《中国海洋21世纪议程》，海洋第二产业以对海洋资源的加工和再加工为特征，主要包括海洋盐业、海洋盐化工业、海洋药物和食品工业、海洋油气业、滨海砂矿业、船舶与海洋机械制造、海水直接利用等工业部门。广东海洋第二产业中以水产品加工业和海洋油气业为主导，海洋船舶制造、海洋电力与海水利用、海洋生物制药等产业全面发展的格局。广东省海洋第二产业目前面临的主要问题包括：

1. 在水产品加工业方面，水产品加工业总体较弱。与发达国家和地区的水产品加工率的70%相比，广东只有20%～30%，可以看出还存在明显差距。水产品加工率的高低直接影响了广东省海洋水产业的产值，因此，较低的水产品加工率是制约广东省水产业发展的关键因素。

2. 在海洋油气业方面，海洋油气业是海洋产业中的重要支撑产业。2004年广东海洋油气业总产值250亿元，占全国油气业产值的42.0%，居全国首位。但由于海洋油气业属于新兴产业，还处于发展初期，海洋油气业的发展过程中还存在很多缺陷。首先，海洋油气开发技术还相对落后，在钻采工程、钻井机械、钻井采油平台等技术方面与国外先进技术还存在明显差距。其次，油气深加工量占海洋油气业总产量比例还偏低，缺乏下游油气炼化产业的有力支持，海洋油气业总体附加值偏低。再次，对于油气开发相关配套政策还相对滞后，并且海洋油气业对于海洋环境的污染也是制约海洋油气快速发展的一个主要因素。

3. 在滨海砂矿业、海洋盐业与海洋医药业方面，这三类产业产值在广东海洋产业中份额较少，三类产业总产值不足广东省海洋产业总产值的1%。在海洋生物医药业研制方面取得了不少突破，但总体来看，这三类海洋产业在海洋产业中的比重过低且近年来增长迟缓。发展过程中没有充分利用相关海洋自然以及技术资源，导致产业发展迟缓，内部动力不足。

4. 在海洋新兴产业方面，海洋电力工业一枝独秀。近年来，广东滨海电业发展快速，在国内同类产业发展中独占鳌头。但新兴产业总体发展较为单一。主要原因是近年来广东电力供应严重不足，制约经济社会发展。广东为解决电力能源短缺，在沿海新建多家大型电厂，致使该产业发展超常。从长远来看，电力供应一旦饱和，此类产业将大大放缓发展速度。其他新兴产业虽然有所发展，但总体上尚未形成规模，产业门类与发达国家相比仍存在很大差距。

（三）海洋第三产业发展存在的问题

海洋第三产业包括海洋交通运输业、滨海旅游业、海洋科学研究、教育、社会服务业等。近年来，广东海洋第三产业得到迅猛发展，其中以海洋交通运输业和滨海旅游业为主体，二者占广东海洋第三产业比重的95%以上。但第三产业内部同样存在问题，与发达国家相比，在技术水平、管理水平及配套服务等方面存在明显差距。

1. 海洋第三产业以海洋运输和滨海旅游业为构成主体，二者与陆域产业关联性较大，但科学技术含量较低。暂时性的较高比例不能说明海洋第三产业已经发展到较成熟阶段，还应大力发展海洋科学研究、教育、服务等行业，为海洋第一、第二产业提供强大支持。

2. 海洋第三产业尚未形成较大规模。近几年来，发达国家海洋经济第三产业中海洋旅游娱乐业发展惊人，预示着人类一种全新的海洋生活方式正在迅速孕育和成长中。滨海旅游是旅游活动的重要组成部分，在广东省具有广阔的发展潜力。目前广东对于滨海旅游的开发力度不足，尚未形成较高附加值。省内滨海旅游虽有一定基础，但海岛和海上旅游观光、度假、水上运动项目基础设施与设备落后，远不适应旅游发展的需要。特别是缺乏国际游轮专用码头和大型游轮，严重影响了旅游业的发展。滨海旅游也存在旅游形象定位模糊，宣传力度不够。海洋旅游规划不合理，景区布局分散，未形成整体优势，管理体制混乱，旅游产品开发处于初级阶段，结构单一等问题。

3. 当前海洋第三产业的发展还不适应改革开放的新形势。特别是海洋信息咨询服务业发展不快，所占的比重甚微，与全省信息产业所占的比重还相距甚远，需要加大投入力度。

二、广东海洋三次产业问题的形成机理

（一）海洋产业增长趋势与其产业结构优化的不同步

钱纳里等学者（1975）通过对第二次世界大战后几十个国家发展经验的实证研究，得出“发展就是经济结构的成功转变”的论断。[①] 同时，产业经济学理论认为，经济增长主要是由于生产技术结构转变引起的，产业结构优化升级引起了经济增长。尽管广东海洋经济增长趋势显示良好态势，但总量增长没有伴随与之相应的结构优化。实证研究表明，在海洋产业中，增长列前的产业多数属于原来产业中第

① 罗必良：《广东产业结构升级：进展、问题与选择》，载于《广东社会科学》2007年第6期。

一和第二产业类，滨海旅游业与其他海洋产业的关联度较低，很难成为带动海洋产业结构优化的主导产业。预计广东这种在海洋产业结构无明显优化基础上的产业发展将难以持续，未来一个时期可能存在速度放缓等问题。

（二）各个海洋产业关联度低且缺乏主导产业带动

灰色关联分析的意义是，除了揭示海洋产业在整体海洋经济发展中的排序，还可以进一步窥见产业之间的关联度。[①] 一般而言，关联度较高且排名靠前的几个产业可以组成产业集群或产业链，从而形成优势主导产业，这对海洋产业发展至关重要。而在广东，海洋产业中贡献度较高的海上油气、海洋渔业、滨海旅游、海洋交通运输、海洋电力与海水利用、海洋船舶制造等产业，没有形成相互关联，主导产业突出的格局。例如，围绕海上油气产业的产业链和产业群没有建立起来，滨海旅游孤军奋进，海洋生物医药缺乏技术研发等服务支撑。

（三）海洋产业结构优化的内生动力不足

从产业结构现状来看，广东海洋经济产业结构处于一种调整、升级过程，存在转型驱动力不足的问题，这极大地制约了海洋产业的转型。广东“十一五”期末的海洋三次产业结构比例，劣于同期全国海洋三次产业结构，与发达国家和《中国海洋21世纪议程》中提出改善和优化海洋产业结构的目标（即逐步将海洋三次产业的比例调整为2∶3∶5）相比，产业结构不尽合理比较明显。从区域产业布局上来看，珠江三角洲海洋产业发展较为迅速，海洋产业产值占广东海洋产业总产值的90%以上；东西两翼海洋产业发展相对缓慢，产业门类尚不齐全，仍以海洋渔业为主，海洋资源优势未能得到充分发挥，很难出现海洋高科技产业等迅速崛起的局面。

（四）海洋高新技术产业发展缓慢未形成规模

广东海洋主导产业中传统产业仍占有较大的比重，并且主要为资源依赖型产业，技术含量相对较低，粗放型的传统增长方式未能有效转变。广东的海洋高新技术产业未形成规模，许多领域仍处于空白，缺乏龙头企业和名牌产品。此外，作为新兴海洋产业的海滨砂矿、海洋工程建筑和海洋信息服务业等发展也很缓慢。

（五）海洋科技研发能力与产业发展要求不相适应

海洋科技是海洋产业科学发展的支撑和根本动力。只有依靠科技进步，才能提高海洋产业经济效益与生态效益，减少海洋环境污染与破坏，提高海洋环境治理水

---

① 白福臣：《中国海洋产业灰色关联及发展前景分析》，载于《技术经济与管理研究》2009年第1期。

平。然而，广东海洋科研力量却相对比较薄弱，海洋科技对海洋经济的贡献率依然较低，这与海洋经济大省的地位极不相称。广东省的海洋科研实力与江苏省相当，但与山东、浙江和天津相比却相差甚远，具有高级技术职称专业人员和科研成果均不到山东省的一半。此外，广东省缺少海上油气开采、海洋化工和海洋药物等领域研究与开发专业人才，极大地制约了广东省新兴海洋产业发展。

第四节 世界海洋产业发展的现状、特点及趋势

一、世界海洋产业发展的基本现状

20世纪70年代初，世界海洋产业总产值约1 100亿美元，1980年增至3 400亿美元，1990年达到6 700亿美元，2001年达到13 000亿美元。世界海洋经济快速发展，已成为沿海各国（地区）国民经济的重要组成部分。据欧洲委员会（The Council of Europe）的研究估计，海洋和沿海生态系统服务直接产生的经济价值每年在180亿欧元以上；临海产业和服务业直接产生的增加值每年约1 100亿~1 900亿欧元，约占欧盟国民生产总值（GNP）的3%~5%；欧洲地区涉海产业产值已占欧盟GNP的40%以上。The AllenConsulting Group报告统计，2003年澳大利亚海洋产业的增加值为267亿美元，占所有产业增加值的3.6%，提供了大约253 130个就业岗位，与海洋产业相关的其他产业产生的经济增加值高达460亿美元，创造了690 890个工作岗位。根据美国国家海洋计划（NOEP）报告对19个沿海州海洋经济的评估，这些沿海州86%的经济活动与海洋相关，与此相关的经济活动仅2000年一年大约产生11 500亿美元的经济价值。挪威通过开发海洋石油，一举摘掉了穷国的帽子，成为北欧富国之一。目前，挪威70%的国家财政来自海洋的开发利用；日本海洋经济已占该国GDP的14%。海洋经济已成为许多沿海国家经济发展的支柱，并成为沿海国家经济新的增长点。

世界海洋经济已经形成4大支柱产业，分别为海洋石油和天然气业、滨海旅游业、海洋渔业和海洋交通业。2006年世界主要海洋产业总产值约为1.6万亿美元，约占世界经济总产值的4%。世界海洋经济发展经历了以直接开发海洋资源的产业发展阶段后，跨入了以高新技术为支撑的，以经济发展、社会进步和生态环境不断改善为基本内容的系统整体协调发展阶段。

（一）海洋油气工业

全球海上石油的探明储量为200亿吨以上，天然气储量80万亿立方米。100多个国家和地区从事海上石油勘探与开发，投入开发的经费每年达850亿美元。

2008年世界石油产量为36.48亿吨，较2007年增加4 030.00万吨，增长1.1%，世界天然气剩余探明可采储量为177.10万亿立方米，比2007年增长1.1%。2008年数据显示，世界十大产油国分别为：俄罗斯（48 800万吨，单位下同）、沙特阿拉伯（44 500）、美国（24 500）、伊朗（19 500）、中国（19 000）、墨西哥（14 000）、阿联酋（13 080）、加拿大（12 850）、伊拉克（11 825）和委内瑞拉（11 750）。发达国家的油气开发十分重视新工艺、新设备、新技术的采用，使各种工艺技术日趋完善。国外油田充分利用地层能量合理选定分离压力与级数，采用合一设备简化流程；原油预脱水技术，油气混输技术、油气水不分离计量技术、油气田自动化技术。先进国家普遍采用SCADA系统，近年来又推广现场总线技术，实现了无人值守和生产过程的优化，形成了完整的软硬件体系。

（二）滨海旅游业

据世界旅游组织统计：滨海旅游业收入占全球旅游业总收入的1/2，约为2 500亿美元，比10年前增加了3倍；1998年全世界40大旅游目的地中有37个是沿海国家或地区；沿海37个国家的旅游总收入达3 572.8亿美元，占全球旅游总收入的81%。世界第一旅游大国法国，2002年接待国际游客7 670万人次，占世界旅游市场的10.7%，旅游收入345亿欧元，相当于GDP的7%，旅游业从业人数占就业总数的7.5%以上。意大利2002年旅游收入相当于GDP的20%，海滨旅游占国内旅游的65%，占国际旅游的55%。澳大利亚是海滨度假旅游的胜地，黄金海岸、大堡礁举世闻名，2002年澳大利亚滨海旅游创汇170亿澳元，是最大的服务贸易出口创汇产业。目前世界滨海旅游开发的项目种类繁多，主要有潜水活动、帆板运动、水下观光、海洋公园等，其中海洋公园已成为各国海洋综合娱乐主要场所。

（三）现代海洋渔业

世界渔业总产量稳步持续发展。据联合国粮农组织统计，世界渔业总产量1970年为6 200多万吨，1990年为9 800万吨，2004年达1.405亿吨。2004年比1970年增长1.25倍。2004年世界人均鱼品供应量约14千克，中国人均达29千克。近20年来，世界水产养殖也有了迅速发展。1986年养殖渔业总产量1 100万吨，约占世界渔业总产量的12%，2004年养殖渔业总产量达4 550万吨，已占世界渔业总产量的32%，其中以中国的养殖渔业增长最快。鱼产品是国际贸易中的活跃商品。2004年世界鱼产品贸易额为715亿美元。按价值计算，发达国家吸收世界渔业出口总量的80%以上，日本和美国占世界渔业年进口总量的35%。渔业产品出口是发展中国家创汇收入的重要来源之一。全球化和世界水产品贸易的进一步自由化，在带来许多利益和机遇的同时，也带来了新的安全和质量挑战。

（四）海洋运输业

海洋是交通和货物运输的重要通道。据统计，2004 年全球集装箱船队运力约为 890 万标准箱；1 000 总吨以上的船舶 76 000 多艘，7.15 亿载重吨。集装箱船已由第一代的 1 200 箱，发展到第五代的 5 200 ~ 5 500 箱。海上货运量占全球货运总量的 60% 以上。全世界共有港口 9 800 多个，其中贸易港 2 300 多个，年吞吐量亿吨级的有 10 个。20 世纪 90 年代以后，世界贸易高速发展，与之相关的行业包括国际运输业发展迅猛。不少国际知名的航运企业积极开始向综合物流服务迈进。前国际航运已从单一的纯海洋运输逐渐向综合物流服务转化，并成为国际航运企业发展的大方向。

二、世界海洋产业发展的基本特点

（一）政府主导，强化科技管理

美国国家海洋与大气局隶属于美国商业部，主要职责是研究和预测环境变化，有效地保护和管理海洋资源，促进国家经济的可持续发展。美国其他一些政府机构也在履行与海洋有关的职能，如美国交通部下属海洋事务管理局主管美国所有的海洋商务运输，而防止溢油事故污染海洋环境则由美国海岸警卫队来负责。2000 年，美国一个由总统任命的海洋政策委员会宣告成立，并于 2001 年正式开始对美国海洋政策和法规进行全面研究。该委员会建议，在白宫内增设国家海洋委员会，以更有效地对政府机构进行协调。

日本在制定海洋各领域的发展计划时，充分发挥了国家的主导作用，并组织各界联合制定战略规划。最近，日本对政府部门的各个机构组织进行了必要的改革，精兵简政以利于海洋开发战略的实施，各省厅都相应地制定了自己的海洋政策。如通商产业省制定了海洋各领域未来的基本政策；科学技术厅制定了海洋科技的基本计划和措施；环境厅提出了海洋环境保护的基本框架和各种措施；国土厅制定了海岸带综合管理计划；外务省与国际机构及相关国家进行协调，以利于日本的海洋开发和利用；文部省倡导大学研究的主体性和自主性，积极支持社会需要的海洋研究活动。

（二）加强区域集团化，增进国际合作

海洋产业全球化趋势逐渐加强，地区贸易集团扩大了国际间贸易，全球目前主要有欧洲共同体和美国、加拿大、墨西哥为核心的北美专一市场两个主要区域集团。在区域内，可按各个国家的优势和特点，对重大海洋科技项目进行分工，投资

分摊，并采取统一行动一致对外。如海洋油气资源的合作勘探开发，美国海洋石油资本向东南亚国家，澳大利亚、巴西等国家和地区流动，加速这些国家海洋油气的勘探开发。欧盟15国海岸线总长达3.5万公里，海洋运输是欧盟交流运输业的重要支柱，也是欧盟未来交通运输发展的重中之重。2001年，欧盟发表了《欧洲运输政策》白皮书，阐述了欧洲海洋运输的十年发展战略，旨在建立一个科学合理的、现代化的、具有国际竞争力的欧洲海洋运输体系。

（三）发展高技术，抢占海洋科技制高点

在海洋技术方面，美国继续保持在海洋探测、水下声通讯和深海矿产资源勘探、开发方面的领先地位。日本水下技术处于世界领先水平，水下技术中心的无人遥控潜水深度达到11 000米，是目前世界最高纪录。1990年，日本日立公司耗资1 600万美元在美国加州大学欧文分校建了一个生物实验室，以获取美国生物技术成果。

西欧各国为了在高技术领域内增强国家的竞争力，迎接新兴工业国的挑战，克服国家小、资源和资金不足、市场狭小、国力有限的弱点，走优势互补的联合之路，制定了尤里卡计划。尤里卡的海洋计划（EUROMAR）的原则之一是，加强企业界和科技界在开发海洋仪器和方法中的作用，提高欧洲海洋工业的生产能力和在世界市场上竞争能力。已完成海洋环境遥控测量综合探测（MERMAID）和实验性海洋环境监视和信息系统（SEAWATCH）项目，SEAWATCH在世界市场海洋仪器设备产品中已得到数千万美元的经济效益。尤里卡海洋计划的第二期海洋技术项目中的水声应用部分主要有：水下图像传输技术、长距离声通讯技术、用声学技术研究沉积物的现场特性，用SAR和回声测深仪研究浅海水下地形的动态特征，开发海底地形测绘技术等先进而实用的技术。

（四）增加研发经费，加速海洋高新技术产业化

在海洋科技研究开发上，日本、美国等国也不惜投入重金，而且每年都以4%左右的速度增加。美国计划建立“海洋政策信托基金”，加大资金投入，基金每年有50亿美元资金。日本海洋生物技术研究院及日本海洋科学和技术中心每年用于海洋药物开发研究的经费约为1亿多美元。欧共体海洋科学和技术计划（MAST）每年也投入1亿多美元作为海洋药物研究与开发资金。韩国政府每年都在海洋产业的全面发展和海洋环境保护上投入巨额财政预算。目前，韩国为发展海洋产业所投入的资金为国内生产总值的7%。

美国、法国等先进的市场化国家，对本国的海洋技术研发带有明显的扶持。在美国的Woods Hole、Scripps、法国的IFREMER等世界著名的海洋研究所周围集聚了一大批国际知名的海洋仪器设备公司（如美国的RDI公司、Benthos公司、SAIC

公司、OCEAN DATA 公司、SEABEAM 公司、法国的 THOMSON 公司、Oceano 公司等)。这些研究所与各公司紧密合作，为各海洋仪器公司提供人才、技术和市场，许多公司的企业主或雇员就是研究所的原雇员或兼职科研人员，他们最了解海洋市场的需求。

为了加速海洋高新技术的产业化，发达国家还建立了一批海洋高新技术科技园，促进海洋高新技术的发展。美国在密西西比河口区和夏威夷建设了两个海洋科技园，前者主要从事军事和空间领域的高新技术向海洋空间和海洋资源开发的转移，加速密西西比河区域海洋产业的发展，后者以夏威夷自然能实验室为核心，主要致力于海洋热能转换技术的开发和海洋生物、海洋矿产、海洋环境保护等领域的技术产品开发。

(五) 普及海洋教育，培养海洋科技人才

各国在普及全民海洋意识，培养海洋科技方面的新生力量方面做了不懈的努力。

美国为振兴和提高海洋科学教育，确立了统一的国家推进体制，诸如设立“海洋研究与教育财团”，海洋教育从儿童抓起；借国际海洋年之际，举行一系列活动，号召人民努力学习海洋知识，增强海洋意识。美国目前有 2 100 名科学家活跃在海洋研究领域。①

与美国相比，日本的海洋学家并不多，因此日本正在加紧海洋科技人才的培养。日本大学建立了不少有关海洋研究的学部，如水产学部、海洋学部，还有许多研究所，其中最有名是日本东京大学的海洋研究所，此外还有东海大学海洋研究所，以及千叶大学的海洋生物研究中心等。日本还成立了许多有关海洋的学会，如日本水产学会、日本海流学会、日本海洋调查技术学会、日本气象学会、日本浮游生物学会等。

澳大利亚认为，在海洋产业的开发上，教育训练是非常重要的，要加强优秀海洋人才的教育和培训，提高海洋科学技术水平。澳大利亚拥有世界级的海洋研究基础，其海事培训也享有国际声誉，在海事培训公司网络的帮助下，培训服务已向海外输出。

三、世界海洋产业发展的总体趋势

(一) 海洋意识普遍增强

《联合国海洋法公约》的生效，使世界经济政治格局发生了重大变化，世界各

① 储永萍、蒙少东：《发达国家海洋经济发展战略及对中国的启示》，载于《湖南农业科学》2009 年第 8 期。

国对海洋的开发越来越重视。发达国家依靠在海洋高科技中的领先地位实施其海洋产业发展战略，不仅抢占海洋空间和资源，而且都把发展海洋高科技当做海洋开发的重中之重。2002 年，加拿大制定了《加拿大海洋战略》，韩国也出台了《韩国 21 世纪海洋》国家战略；2004 年，美国出台了 21 世纪的新海洋政策《21 世纪海洋蓝图》，公布了《美国海洋行动计划》；2004 年，日本发布了第一部海洋白皮书，提出对海洋实施全面管理。发展现代海洋产业正成为世界高技术竞争的焦点之一。

（二）产业增长高速化

20 世纪 90 年代以来，世界海洋经济 GDP 平均每年以 11% 的速度增长，2001 年达到 1.3 万亿美元，占全球 GDP 的 4%。据 2004 年世界著名市场调查公司英国坎特伯雷 Douglas-Westwood 公司有关海洋科技报告，2000 年，全球海洋市场中海上油气产品占最大份额，达 3 000 亿美元，其次是海运，达 2 340 亿美元，海洋科技研发投入为 190 亿美元。目前世界海洋经济形成了 4 大支柱产业，分别为海洋石油和天然气业、滨海旅游业、海洋渔业和海洋交通业。2006 年世界主要海洋产业总产值约为 1.6 万亿美元，约占世界经济总产值的 4%。预计未来 10 年全球海洋产业年均增长率为 3%，2020 年达 30 000 亿美元。主要增长领域在海洋石油和天然气、海洋水产、海底电缆、海洋安全业、海洋生物技术、水下交通工具、海洋信息技术、海洋娱乐休闲业、海洋服务和海洋新能源等。

（三）海洋开发方式向高层次发展

海洋开发方式正由传统的单项开发向现代的综合开发转变；开发海域从领海、毗连区向专属经济区、公海推进；开发内容由资源的低层次利用向精深加工领域拓展，注重对海洋高科技的依赖，引发了海洋开发新的热潮，推动了现代海洋产业的发展。

（四）注重海洋产业开发与生态环境协调发展

由于世界海洋经济的迅猛增长，海上工业活动日益频繁，特别是海上石油开发高潮迭起。海洋开发活动在为人类带来巨大能源和财富的同时，也对海洋环境造成了很大的影响，产生了很多问题，包括：深海底资源开发对周围环境的影响，海洋运输石油管道，运油船舶对海域的污染等。针对海洋环境方面存在的问题，国际社会及世界主要海洋国家均依据海洋生态平衡的要求制定了有关法规，并运用科学的方法和手段来调整海洋开发和环境生态间的关系，以达到海洋资源的持续利用的目的。美国政府拟建立“海洋政策信托基金”，加大资金投入，在白宫内增设国家海洋委员会，以保护美国海洋资源免遭海洋资源开发及工业污染带来的危害；韩国海洋水产部计划向那些影响海洋生态系统和减少海洋生物多样性的公司征收税收，税收额度根据受威胁的区域的大小而定，用于保护海洋生态系统的生物多样性。

（五）深海勘探成为各国开发的热点

在世界各个大洋4 000～6 000米深的海底深处，广泛分布着含有锰、铜、钴、镍、铁等70多种元素的大洋多金属结核，还有富钴结壳资源、热液硫化物资源、天然气水合物和深海生物基因资源等丰富的资源，具有很好的科研与商业应用前景。最为现实的是深海石油资源，海底石油和天然气储量约占世界总量的45%。为了满足各国经济的飞速发展和世界人口的不断增加而产生对资源需求的依赖，深海勘探开发已成为21世纪世界各国海洋科技发展的重要前沿和关注的重点。

第五节 广东建设现代海洋产业体系的有利与不利因素

“配第—克拉克定理”揭示了产业结构演进升级的规律，即劳动力等生产要素和国民收入，随着生产力水平的提高，将经历由第一产业向第二产业转移，进而向第三产业转移，劳动力在产业间分布状况，呈现在第一产业减少，第二、第三产业增加的情形，也就是国民经济主导产业部门发展变化的过程。① 我们探讨海洋产业结构的现代化体系建设问题，配第—克拉克定理同样是适用的。只有当国民经济的主导部门由第二、第三产业中的某些部门承担的时候，才可称之为现代经济；同样，只有当海洋经济体系的第二、第三产业的某些部门为主导产业时，其海洋经济体系才可称为现代海洋经济体系。

由此，我们要找出推进广东海洋产业结构优化和升级，建设广东现代海洋产业体系的有利因素和不利因素，就应与分析构成广东海洋经济的要素状况及影响其流动和组合的条件是否具备。

一、促进现代海洋产业体系形成与发展的有利因素

（一）海洋资源丰富

1. 港口资源。广东港口资源有相当好的基础，还有适宜开发利用的港湾，为海洋各产业生产要素及其产品流动创造了有利条件。据有关资料显示，广东港口密度居全国各沿海省市之首，平均不到50公里海岸线就有一个港口（日本每31公里

① 杨玉华：《“配第—克拉克”定理在我国工业的演进路径》，载于《河南科技大学学报（社会科学版）》2007年第5期。

一个港口）。百余港口不但分布范围广，而且形成了以大型港口为主体，大、中、小港口相结合的，即以广州港（包括原黄埔港）联系深圳港为中心，以粤西湛江港、水东港、阳江港和粤东的汕头港、广澳港为两翼，并结合汕尾、蛇口、珠海、中山、九州、淮安等中型港以及众多小港口的集合群。

2. 交通运输资源。作为港口配套措施的海上运输业成为广东综合运输网的重要组成部分。近些年来贯彻“以港养港”政策，建设步伐大大加快，广东的海上运输线遍及全国沿海主要港口，远洋运输已达 147 个国家和地区的近 1 300 个港口，航线几乎遍及全世界。海洋运输业作为广东海洋经济的主导产业大有发展前景。广东海洋运输业对广东从内地取得所需资源供给，对外服务于外贸货运或者赋予广东外向型经济，作用举足轻重。

3. 滨海旅游资源。按照资源丰度标准、需求收入弹性基准，生产率上升基准以及过密环境标准等指标来选择广东海洋经济的主导产业。除上述海洋运输业外，还有基础较好和大有潜在远景的滨海旅游业、潮汐能及风能等能源工业，可为广东海洋产业优化和高度化提供较多且长时期的支持力。广东旅游资源中，既有滨海沙滩、名胜风景、温泉水库等，还有许多非物质文化遗产保护项目，与之配套的服务设施也具相当规模，特别是被上述提及的港口、海上运输条件、陆路运输业，为发展广东滨海旅游业、优化和提升广东海洋产业结构提供了十分有利的条件。产业结构从质的方面说就是产业之间的内在技术经济联系。广东港口条件、海上及陆路交通运输条件为游客达到旅游景点及沿途提供的服务网点提供了极大便利，这种高通达率是将旅游业发展为主导产业不可或缺的。

4. 海洋能资源。广东海洋能源种类较多，海洋油气资源的开发利用较早。2006 年广东与天津两省市海洋油气产值之和占全国海洋油气产值的 83.5%。海洋电力资源方面，2006 年广东与浙江两省海洋电力资源产值之和超过全国海洋电力总值的 90%。除此之外，还有风能、潮汐能、波浪能、温差能、岩差能等。其中潮汐能源和风能资源在广东蕴藏量比较丰富并且有开发技术能力，都有可能发展为广东海洋经济的主导产业。

（二）海洋经济发展的产业政策

根据《国务院关于印发全国海洋经济发展规划纲要的通知》（国发［2003］13 号）和《广东省国民经济和社会发展第十一个五年规划纲要》（粤府［2006］46 号）精神，为加快“十一五”时期全省海洋经济发展，广东省制定了《广东省海洋经济发展“十一五”规划》。详细规划了全省海洋产业的发展。2008 年 7 月，广东省委、省政府在经过专题调研和反复论证之后，出台了《关于加快建设现代产业体系的决定》（粤发［2008］7 号）。这为广东建设和发展现代海洋产业体系提供了政策指导。

（三）区位优势明显，经济实力雄厚

广东省毗邻港澳，处于改革开放的前沿，经济外向度高，人才、技术、资金和信息比较优势明显，在中国—东盟自由贸易区建设以及泛珠三角区域经济合作中发挥着重要作用。改革开放以来，广东省积累的经济实力和产业基础为海洋经济保持快速发展提供了有力支撑。

（四）华侨、华裔等人际资源

广东发展海洋经济，除了具有本省沿海地带居民自古兴渔盐之利和海上贸易之传统和发展海洋经济的积极性外，还有两千多万华侨、华裔以及六百多万港澳同胞分布于世界一百多个国家和地区，大部分祖籍在广东沿海市县的华裔、华侨，他们大多热爱祖国和关心家乡经济建设。他们中有相当多的人是一流的经济、技术、管理人才，也有一定的经济实力。改革开放以来，除了在文化教育、医疗卫生、社会福利事业等方面为家乡当地无偿赠款外，也帮助相当多地方企业穿针引线，引进资金、设备、种苗、技术、信息等，有的则直接兴办工商企业和各项事业，对侨乡乃至广东经济结构的变化发挥了重要作用。这是环渤海经济圈、长江三角洲海洋经济发展中所不具备的条件。

二、制约广东海洋产业体系形成与发展的不利因素

（一）海洋资源可持续发展意识薄弱

20 世纪 90 年代初期以前，广东海洋开发利用尚无统一规划及统一管理体系。部分市县急功近利，盲目开发和放任自流，人为破坏和损坏海洋资源、海洋环境所造成的资源衰退环境恶化问题，对广东海洋经济发展造成的不利影响，不在短期内消除将使今后产业发展特别是第一产业发展要付出更大成本。据资料显示，目前开发利用滩涂仅 50% 左右，水深 5 米以浅的海域 60 多万公顷，用于水产养殖的只占 15%，用于农田围垦的仅占 37%，围而未垦的相当普遍。又如沿海及海域资源过度掠夺开发造成水土流失、港湾淤浅、森林破坏造成植物群落由复杂变简单，由高级到低级的演替，这种重开发轻保护的观念与做法造成的后果。这不利于各产业与环境、社会协调发展。

（二）产业内部结构不合理

海洋产业的内部结构不合理现象仍较为突出，制约着海洋产业结构的优化和升级的速度。如海洋渔业，其水产品加工整体上还停留在冷冻、保鲜、腌制、晒干等

粗加工阶段，加工率只有20%，精深加工产品率不足10%，附加值很低。广东沿海港口虽然发展迅速，大中小港配套体系也还可以，但港口功能单一、泊位低；各种陆域供水、供油、仓储、加工等后勤配套设施严重滞后；滨海旅游数量扩张，重复建设，粗放经营现象也较为严重。

（三）骨干企业数量不足、规模经济不高

广东海洋经济发展中已经形成的各产业部门，骨干企业数量不足、规模经济不高，拳头产品不多的情形明显。这不利于产业结构调整过程中通过集聚效应和规模效应迅速地优化升级，也不能通过高精尖的拳头产品提升广东海洋经济在国内乃至国际的竞争力。

（四）科研基础薄弱、技术人才缺乏

科研基础薄弱、技术人才缺乏的状况仍然比较突出，制约着广东海洋产业结构的优化升级。海洋产业活动能否兴旺的关键是人，尤其懂得业务的科研人员和管理人员。目前广东海洋产业开发还处于从传统产业为主向新兴产业过渡的阶段，海洋资源开发的新技术、新工艺应用还相当薄弱，有些科技成果因缺乏试验生产基地而无法形成技术推广网络，转化为生产力率只有30%。广东本省从事海洋经济的中高级科技人员占全省同等研究人员的比例极低，远远落后于山东、上海、浙江等省市，与海洋经济大省极不相称，从而制约广东现代海洋经济体系的建设速度。

（五）缺乏具有高度权威的综合统一管理机构

缺乏具有高度权威的综合统一管理机构对海洋产业发展规划的监督与服务，不利于广东现代海洋产业体系建设。建立发展海洋经济的综合管理调控机构，解决海洋产业多头管理问题，协调各海洋经济参与主体的利益，落实海洋产业发展的中长期规划，对实现海洋产业又好又快发展、减少发展成本至关重要。这已被国际各发达海洋经济国家的经验所证实。海洋经济各产业的发展有一个共同点，其经济活动的过程以及产品的形成，是不能完全依靠具有私人产权的生产要素与生产条件来完成的。海洋，这片“蓝色国土”属于公共产品，在其使用中，如完全放任的、自由的，就必然会发生“公共池塘效应”或导致“共有地的悲剧”，也即对海洋资源无序地、无补偿、无代价地使用结果，是要付出海洋资源枯竭、海洋资源毁灭的代价。所以，海洋产业结构的优化升级，海洋经济的长远发达，必须有超越各海洋产业参与主体利益的宏观管理主体，通过强有力的宏观调控，实现海洋产业体系经济效益与社会效益、生态效益的统一，实现经济、社会、自然环境的和谐发展。

第六节 广东建设现代海洋产业体系的核心内容

作为中国海洋经济大省，广东如何在我国各沿海省份尤其是环渤海地区大力发展海洋经济的激烈竞争中，突出自身海洋经济优势，优化升级海洋产业结构，实现从海洋经济大省向海洋经济强省的转变，就成为广东发展海洋经济的重要任务之一。因此，广东省必须构建现代海洋产业体系。

一、临港工业

（一）临海石化工业

发挥石化工业在广东省承接国际产业转移和带动产业升级的主导产业作用，加快临海石化工业的结构、规模调整和产业升级。打造沿海石化产业带，促进石化工业向园区化、规模化、集约化方向发展，把广东省建设成为亚洲主要的石化基地。

（二）临海钢铁工业

积极建设湛江钢铁基地和南沙高档板材深加工基地，高起点、高标准地建设大型现代化沿海钢铁基地，走节能、节水、降耗、低污染的发展途径。

（三）海洋油气业

借助国家开发南海油气资源的机遇，积极发展油气开发产业，提高油气资源储备和加工能力，逐步形成油气资源综合利用产业群。开发南海油气有助于泛珠江三角洲的经济可持续增长。该地区常规能源十分缺乏，尤其石油天然气短缺的矛盾十分突出。因此，南海的油气开发具有明显的区位比较优势。可以说，南海的油气是地理上距离泛珠三角最近的能源原产地，从海南岛到珠江三角洲的距离仅为从新疆到上海距离的1%。开发南海油气对于支撑我国华南经济乃至全国经济的持续发展具有巨大意义。加强海洋油气开发设备、技术和服务研究，勘探开发油气资源，发展油气加工业。推动海洋工程和技术服务业的发展，启动具有高附加值的依托油气资源的大型能源项目，综合开发利用油气加工废弃物和副产品，延伸油气资源综合利用产业链。

（四）海洋船舶制造业

提高船舶工业的产业地位，重点建设珠三角造船基地，以具备国际竞争力的产品为龙头，形成总装、配套、加工与合作的产业链，培育造船、修船、海上平台、钢结构和船舶配套等产业群。重点发展超大型油船、液化天然气船、液化石油气船和大型滚装船等高技术、高附加值的船舶产品和海洋钻井平台、移动式多功能修井平台、大型工程船和浮式生产储油船等海洋工程装备。

二、海洋交通运输业

加强以沿海主枢纽港为重点的集装箱运输系统和能源运输系统建设，积极发展现代港口物流业，培育一批专业化和综合性互相配套的现代物流中心以及大型物流企业集团，加快港口信息化建设和港口航运支持系统发展等。为此，广东将用5～8年的时间，使全省的护岸和码头达到五十年一遇、防波堤达到百年一遇的标准，提高专业化运输水平。重点发展广州、深圳、珠海、汕头和湛江5个市的主枢纽港以及惠州、茂名等市的重要港口，加快发展沿海中小港口。重点建设大型专业化集装箱码头，形成干支结合的集装箱运输系统；建设以大型电厂、钢厂专用码头和广州港等为主的煤炭接卸系统；建设大型原油接卸泊位，完善油品码头布局。加快建设沿海主枢纽港出海航道，保证水深均能满足5万吨级以上船舶进出港的需要。

三、滨海旅游业

发挥优势，整合资源，提高旅游业整体质量和效益。突出海洋生态和海洋文化特色，重点发展滨海度假旅游产品，建设具有国际水平以及广东特色的滨海度假旅游示范基地。加强旅游基础设施与生态环境建设，科学确定旅游环境容量，实现滨海旅游业的科学发展。

打造集休闲娱乐、科普教育和绿色生态为一体的生态旅游品牌，大力发展游艇旅游、海岛休闲探险旅游、粤港澳城市观光与购物旅游、风能发电观光和垂钓旅游等特色旅游，积极发展红树林、珊瑚礁和海草床等热带海洋风光旅游。开发海洋民俗旅游，凸显潮汕和雷州等海洋文化艺术和饮食文化特色，以“南海1号”宋代古沉船出水为契机，以“南海开渔节”为促销平台，开发广东海上丝绸之路博物馆等旅游项目，系统打造有广东特色的滨海旅游品牌。

四、现代海洋渔业

推进现代渔业建设，做大做强水产养殖业，增强水产品国际竞争力。加大力度培育区域性主导产品，建设一批无公害养殖基地和水产品出口原料基地，形成优势水产品产业带。以深水大网箱、工厂化养殖方法为切入点，促进从传统水产养殖向现代工业化水产养殖方式转变。加强科技储备与开发，提高水产养殖技术的科技含量。倡导和鼓励间养、轮养、套养和混养等生态养殖模式，逐步推广采用养殖互净清洁生产工艺。强化水产苗种检验监测，加快水产种苗原良种场的建设。

大力发展远洋渔业，着重发展大洋性渔业，提高远洋渔业组织化水平和国际竞争力，形成高优化、产业化、现代化经营的新格局。

推动水产加工业高效发展。重点发展水产品精深加工业，提高加工增值水平，挖掘海洋渔业资源精深加工潜力，大力发展合成产品、海洋医药、功能保健产品和美容产品等，不断提高产品质量和品位。强化产品具备国家质量安全认证的品质，扶持建设一批具有世界领先水平的水产品加工企业，提高水产品加工业的总体素质和核心竞争力。

大力发展现代水产流通方式。加快水产品批发市场建设步伐，积极促进农民合作经济组织与连锁企业建立稳定的产销联系，实现水产品市场由数量扩张向内强素质、提升功能转变。结合泛珠三角港口区域合作，建设水产品流通绿色通道，加快构建有效开拓国际市场和国内产销紧密衔接的水产品营销促销服务体系。

稳步推进休闲渔业发展。规划建设一批有特色、有规模的休闲渔业基地，开展丰富多彩的渔文化活动，结合人工鱼礁建设，积极发展海上游钓业。

此外，还需大力发展海洋战略新兴产业。

第七节　广东建设现代海洋产业体系的政策与建议

一、加大海陆资源整合力度，推动海陆产业向一体化发展

“海陆一体化”开发是国际上开发利用海洋资源、发展海洋经济的一种成功模式。现代海洋产业体系的建立是一个系统工程，海陆是密切联系的地理单元，海陆资源具有很强的互补性。[①] 海陆一体化的核心在于海岸带综合管理，包括海陆资源、空间和经济之间的整合，也包括海陆文化、社会和管理之间的协调和融合。广东现代海洋产业体系是运用系统论和协同论的思想把海洋开发和陆地开发有机结合起来，通过统一规划、联动开发、产业组接和综合管理，把海陆地理、社会、经济、文化、生态系统通过海岸带为载体整合为一个统一整体，实现海洋产业的科学发展、和谐发展、永续发展。从产业空间关联角度讲，广东现代海洋产业体系的建设必须走“海陆一体化”的道路，才能把海洋资源优势转变为经济优势。

① 栾维新：《海陆一体化建设研究》，海洋出版社 2004 年版。

二、加强保护海洋资源环境，走海洋产业可持续发展道路

伴随着广东海洋开发与利用的不断深入展开，一系列海洋资源环境生态问题日益凸显，严重制约着广东建设海洋经济强省战略目标的实现。具体表现为：近岸海域污染问题突出，废弃物的资源化和再利用形势紧迫；围海造地，港湾淤积，湿地萎缩；海域污染与海岸侵蚀造成海洋资源逐渐枯竭，海洋生物资源逐渐衰退等。针对上述问题，我们应加强保护海洋资源环境，实施可持续发展战略，走可持续发展道路，发展海洋循环经济。坚持海洋开发和保护并重、生态与效益并重，按照"布局合理、集约高效、科学规范"的原则，真正做到依法管海、科学用海，优化海洋资源利用，集约发展海洋产业。严格遵循自然生态规律，根据海洋资源再生能力和海洋环境承载能力，科学设置海域的功能。① 在海洋产业发展和用海项目建设过程中，坚决克服海洋开发行为的随意性、盲目性，建立良好的海洋开发秩序，合理配置海域资源，最大限度地发挥海洋资源的整体效益，使海洋经济发展规模、速度与资源环境承载力相适应，经济、生态和效益相统一，努力实现资源利用科学化、海洋环境生态化，增强海洋产业的全面、协调、可持续发展能力。

三、实施区域协调发展战略，促进区域海洋产业协调发展

针对广东省海洋资源配置不合理，区域海洋产业发展不协调的状况，应根据海域自然属性的特点和区域资源的比较优势，结合广东沿海各地经济社会发展水平，实施区域协调发展战略，统筹区域规划布局，调整优化海洋产业空间结构，加强资源整合和产业互动，构建珠三角、粤东和粤西三大海洋经济区。充分发挥珠三角龙头带动作用，重点发展高新海洋产业和现代服务业；强化东西两翼工业主导作用，发挥临海区位和资源优势，重点发展临海石化工业、特色产业和配套产业，形成分工合理、优势互补、协调发展的区域海洋经济新格局。

四、大力推进海洋法制建设，促进法律保障体系形成与发展

加快海洋法制建设，制订完善相关政策法规，实施依法治海、依法管海，为建设广东现代海洋产业体系提供有力的法律支撑。认真实施以《中华人民共和国海域使用管理法》、《中华人民共和国海洋环境保护法》为核心的海洋法律制度，依

① 邹桂斌、师银燕、朱罡：《略论北部湾经济区海洋生物资源开发与保护》，载于《创新》2008 年第 3 期。

据《广东省海洋功能区划》，坚持在开发中保护、在保护中开发的方针，按照“科学、规范、公正”的原则，依法审批各类海洋开发活动，规范海洋开发利用秩序，严格执行海洋功能区划和环境影响评价制度，建立严格的围填海海域使用论证和评审制度、控制机制、跟踪监察填后评估制度及重大建设项目用海预审制度。要逐步建立和完善政策法规体系，通过制定投资政策、产业政策、区域政策、税收政策、收入分配政策，运用税收、投资等经济杠杆来推动和规范海洋产业的发展。

加强海洋执法监察队伍建设，强化海洋管理执法监督，规范执法程序。按照统一领导、分级管理的原则，建设一支具有较高政治素质和较强保障能力的海洋执法队伍。加强海洋执法能力建设，实施省海洋与渔业执法装备建设项目，提高海域监察执法水平，强化海上联合执法管理，为海洋资源的合理开发，海洋产业的发展提供良好的法制环境。

五、提升海洋产业科技贡献率，促进科技创新体系形成与发展

建立广东省海洋经济科技创新体系，推动海洋科学技术的进步与发展，并努力将之转化为现实的生产力。现代经济的实质是以现代科学技术为第一生产力的经济。产业结构高度化，根本或关键之处在于各产业科技含量的充分注入。国民经济主导产业和支柱产业由劳动密集的第一产业，逐步转向资本密集的第二产业，再转移到知识密集型的第三产业，进而实现劳动就业和国民收入比重由“一、二、三”向“三、二、一”的高低变化。这些都是科技进步使生产力水平不断提高的结果。所以，广东建设现代海洋产业体系，必须重视对海洋产业的科技投入，重视以科技投入来提升产业生产力，这是发展广东海洋经济的根本举措。

建立广东海洋经济的科技创新体系。广东省从事海洋经济的科技人才数量少且发散，更需通过整合形成拳头，集中人力、智力，充分发挥这些人力资本作用。据王荣斌，梁松等所著《广东海洋经济》一书称，大约在10年前，广东省从事行业研究的高级科技人员仅有120多人，中级科技人员3 000多人，分别只占全省同等研究人员的0.1%和3%。可以说，除中央在广东设置的海洋机构科技人员外，属于广东自己的海洋机构科技人员并不多。这种状况在10年后的今天也未发生根本性的变化。所以，组织省内海洋科研单位、高校院所、中央驻粤机构和各产业界的海洋技术人员，形成产学研一体化的海洋科技创新体系，抓好基础研究、应用研究，加快科研成果产业化，迅速转化为生产力，是大势所趋。广东省发展海洋经济应大力引进国内外的先进技术和人才，同时立足于自主研发、自主创新，立足于自己加速培养海洋科技人才，否则，就不能使广东海洋经济走在全国乃至世界的先进行列。

六、建立海洋综合管理机构，促进综合管理体系形成与发展

建立具有高度权威和统筹力的省级海洋经济综合管理机构，行使发展海洋经济的统一规划、监管和服务职能。有一个对多种经济部门开发计划负责并进行综合规划和管理的独立机构，是完全必要的。国际海洋经济的经验也证明了这一点。1992年通过的《21世纪议程》也提出了这样的综合规划与管理组织“ICZM”（Integrated Coastal Zone Management），这个组织的基本目标就是追求开发海洋资源产生最大利益，减少人类活动与海洋资源可持续之间的矛盾，并保持各种开发活动与造成的环境影响之间的平衡。20世纪70年代，美国就率先将“ICZM”模式应用于滨海开发管理中。广东海洋经济发展的过程所产生的问题，同样证明了上述经济理论分析的正确性。证实了在相关部门之上，有必要建立一个共同的管理组织，如设立广东海洋经济发展综合规划和监管委员会，协调整合各利益主体和各相关部门的管理活动。

七、提高海洋信息服务水平，促进信息服务体系形成与发展

在海洋基础信息服务方面，加强管理和立法，理顺关系，疏通渠道，改变各类海洋信息的部门所有制，实现海洋信息的共享。建立海洋基础信息数据库，加快国内外的海洋信息技术合作，广辟国内外海洋信息源，通过全省海洋信息网络，及时向企业介绍国内外海洋产业发展动态、前沿科技、管理经验，发布广东省的海洋资源环境、海洋经济统计、海洋法规执行情况等，向政府提供决策咨询信息，向单位和个人提供海洋相关信息咨询服务。采取有效措施，引进市场机制，强化信息整体功能，完善信息网络，建立健全海洋信息和技术市场，为科技成果转化为生产力提供全程服务。在海洋资源环境监测方面，主管部门要全面监测海洋污染和资源损害情况，定期向公众公布海洋资源环境质量监测报告，作为指导海洋资源管理和环境保护工作的基础依据。加强陆源污染物总量和浓度控制，实施海洋污染物排放岸段分配，海洋环境保护关口前移，把海洋环境保护好、管理好。在海洋灾害预报、防治方面，着重开展风暴潮、赤潮及暴发性海产养殖病害的分析、预报，并根据海洋预警信息进行协调、调度，提高海洋产业灾害预防能力和反应速度，将海洋灾害损失减少到最低限度。

第五章

加快发展新兴海洋产业实现广东“蓝色崛起”

第一节 国内外新兴海洋产业发展现状

一、国外新兴海洋产业发展现状

新兴海洋产业发展的深度与广度取决于海洋科学与技术的创新和产业化程度，现代新兴海洋产业的突出特点是融合了现代高科技成果，新兴海洋产业的培育是一项知识技术密集、资金密集的综合性活动。世界海洋发达国家已充分认识到海洋科学技术能力是参与世界海洋竞争的核心，将发展以海洋科学技术为主导的新兴海洋产业作为开发海洋资源、保护海洋生态环境的重要国家战略，通过战略性新兴海洋产业带动海洋开发技术创新与海洋经济产业化，促进本国经济的新增长。

目前，许多发达国家海洋产业开发正向深海和新的领域推进，如深海采矿、海洋农牧化、海洋能源、海水综合利用及海洋空间等。这些产业一旦形成，将对世界经济产生重大的影响。[①] 从目前世界海洋经济的发展态势来看，国外对新兴海洋产业的研究的重点主要集中在海洋油气勘探开发技术、海洋工程装备制造、海洋生物技术、海水利用技术等几个产业链长，且对国计民生具有重大促进作用的领域。[②]

（一）深海油气开发产业

随着陆上和近海石油资源的日益耗竭，勘探和开发难度程度增大，以及受国际政治、经济、外交和军事等风险影响，大型国际石油公司已把深海海洋油气资源作

---

① 隋春花：《全面认识21世纪的海洋资源》，载于《韶关学院学报（自然科学版）》2001年第9期。
② 王永生：《海洋矿产开发：现状、问题与可持续发展》，载于《国土资源》2007年第10期。

为未来海洋产业的一个重要的前沿阵地。目前，在墨西哥湾、巴西以及西非等地，深海石油开发发展非常迅速。20 世纪 90 年代以来，全球超过 1 000 米以上水深的勘探倍增，超过 1 000 米水深海域的探井数接近 200 口。据国外资料的不完全统计，迄今全世界有 100 多个国家和地区从事海上石油、天然气勘探开发，参与经营的国际大石油公司达 50 多家。美国矿产管理局早在 2001 年就批准了一项深水石油和天然气计划，内容之一就是第一次长期使用合成系留索把漂浮平台固定在海底，这一计划大大增强了美国的海外石油的开采能力，使海洋石油产量从全球石油总产量中的比重 20% 增长到了 30% 左右。2003 年以来，全球在深海的石油开发投资超过了 150 亿美元。深水或超深水勘探及油气开发是资本密集型和高技术密集型产业，主要集中在 BP，SHELL，Mobil，Chevron Texaco 等几家大型的国际的石油公司，深海勘探开发海域则主要集中于美国的墨西哥湾、巴西和西非等地区。据有关资料显示：预计到 2015 年，巴西深海石油产量将增至 9 200 万吨。目前，全世界共有 1.4 万个海上采油平台，全球石油产量的 1/3 以上来自海洋，预计到 2015 年，海洋石油所占比例可能达到 45%。广东省作为一个海洋大省，具有濒临南海的区位优势，高油价和丰富的深海油气资源为广东省开发深海油气提供了难得的机遇，广东应整合资源进军深海，把南海开发作为一个重要的新兴海洋产业发展战略。

（二）海洋生物技术产业

海洋生物技术具有高效、低成本、不产生第二次污染等特点，已成为国际海洋生物技术产业的热点。目前，世界海洋生物技术的主要研究领域集中在海洋天然产物、海洋生物分子过程、海洋环境生物技术、海洋资源管理以及海洋食品安全与加工等方面。经过 50 多年的研究开发，世界海洋生物技术研发大国如美国、日本、英国等国家已从海洋生物中筛选出成千上万种海洋活性物质，并已成功地对一些医用潜力大的种类进行了临床研究。美国利用基因工程技术使一些鱼类生长时间缩短了半年，采用 DNA 重组技术，使贝类，鲍鱼产量提高 25%。另外，美国利用生物工程技术开发出几千种用于制作抗生素，抗病毒、抗肿瘤药物的海洋化合物，其中有微生物、苔藓虫类、被囊类动物、棘皮动物、腔肠动物、海绵和海藻类等。国际上海洋药物的研究已取得非常丰硕的成果，如美国辉瑞、瑞士罗氏、美国施贵宝、法国赛诺菲、美国金纳莱（Genaera）、美国礼来（Eli Lilly）、美国眼力健（Allergan）、日本先达（Syntex）、英国史克毕成（Smith-Kline Beecham）和美国 Ligand Pharmaceuticals 等一些国际知名的生物技术公司或医药企业也纷纷投身于海洋药物的研发和生产。日本、德国相继从海洋微生物中分离得到一系列结构新颖的生物活性分子，美国加州大学首次发现并成功培养了全新的海洋放线菌，日本东京大学对西加毒素的全合成工作以及西班牙科学家对抗肿省新药 ET－743 的产业化合成途径都取得了重大突破。美国、法国和以色列等国科学家组成的研究组于 2003 年绘出了原绿球藻和聚球藻的基因组序列图对全球气候变化研究、可再生能源技术开发和生物多样性保护等领域都有重要的应用价值。海洋生物技术产业作为21世纪最具发展前途的朝阳产业，其产业发展速度和发展前景明显优于其他高技术产业，甚至已超过了信息技术，已成为最受西方发达国家推崇的未来主导产业。据Ernst & Young调查公司的调查，美国大约有1 457家生物技术公司，其中上市公司达到342家，产业总收入达到285亿美元。该行业每年在研究和开发上的资金支出达高157亿美元，实现直接就业19.1万人。

（三）海水综合开发利用产业

作为水资源的开源增量技术，海水淡化已经成为解决全球水资源危机的重要途径。目前，全球有120多个国家在应用海水淡化技术，海水淡化日产量约3 775万吨，其中80%用于饮用水，解决了1亿多人的供水问题。早在20世纪中叶，美国专设盐水局来推进水资源和脱盐技术进步，日本也成立了造水促进中心，推动海水淡化发展。

世界海水淡化产业比较发达的国家主要集中在美国、日本、以色列、法国、西班牙以及韩国等。美国、日本的海水取用量每年分别达1 000亿和3 000亿立方米左右，欧洲每年为2 000亿立方米。日本工业冷却水总用量的60%来自海水，每年高达3 000亿立方米。美国大约25%的工业冷却用水直接取自海洋，年用量也约1 000亿立方米。海水直接用作工业冷却水的相关设备、管道防腐和防海洋生物附着的处理技术，已经相当成熟。美国等许多地区靠苦咸水淡化解决工业用水和市政用水问题。目前，世界上苦咸水淡化每天产量达7×10^5立方米左右，最大的苦咸水淡化工程是美国尤马河水的处理工程。全球海水淡化装置的年销售额数十亿美元。海水淡化规模不断扩大，淡化水成本不断降低。其中，典型的大规模反渗透海水淡化吨水成本已从1985年的1.02美元降至2005年的48美分。最近几年，澳洲、非洲、西欧、日本等更加快了海洋水综合利用的步伐。目前全球海水淡化的市场年成交额已达到数十亿美元，现仍以每年10% ~30%的增幅在增长，年合同款约30亿美元。海水淡化在国际上已形成了新兴的产业，主要的海水淡化公司有法国Sidem公司、英国weir热能公司、韩国斗山重工公司、以色列IDE公司、意大利Fisia公司等。海水淡化作为一种新兴行业，将进入高速增长轨道。

（四）海洋工程装备制造业

海洋工程装备是典型的高技术、高附加值产品，是装备制造业中较为高端的产品。目前一座3 000米深水半潜式平台的价格大约是5亿~6亿美元，相当于2架波音747的价格。海洋工程装备制造业是为海洋资源开发提供技术装备的新兴综合性产业，具有明显的战略性、成长性、带动性等特征。在船舶制造技术方面，各造船发达国家的开发与创新重点主要集中在三个方面：一是基础技术和关键技术，二是为改进船舶安全性、环保性和提高船舶性能为目标的新型船舶和新型配套产品，如日本研究开发的超导电磁推进船和超高速货船、德国的“E3”油船、挪威的“绿色船舶”等；三是以提高船厂现代化水平为目的的先进生产和设计技术，如日本计算机集成制造系统和造船机器人、韩国的设计生产自动化、西欧的柔性自动化（FASP）等。目前，国际上船舶制造向着高速、多功能、大型化方面发展。大型船舶具有显著的规模经济优势、良好的适航和抗海上自然力风险能力，以及有利于设备布置和空间的利用。巨型油轮已发展到第四代，载重量从4.5万DWT发展到56.5万DWT，集装箱船从300TEU发展到8 700TEU，甚至10 000TEU的第七代集装箱船。

二、国内新兴海洋产业发展现状

2010年，中国海洋石油总公司国内的石油天然气年产量首次超过5 000万吨。我国石油对外依存度已达到53%，连续两年突破国际公认的警戒线，预计2015年我国原油进口量将达到2.6亿吨，原油进口依存度达到55%。在这样的趋势下，海洋资源的利用显得意义重大。近年来的发展重点是海洋生物技术、新能源、深海资源的勘探和开发、船舶制造的尖端技术等。目前，我国在深海技术、海水资源的开发利用技术、海洋生物技术等海洋高新技术领域取得了跨越式发展。在深海资源开发技术与装备方面，我国已成为世界上能制造深潜器的少数国家之一。2008年以来，中国海域主要勘探区达到25.7万余平方千米，探明储量2 102百万桶油当量，渤海湾探明储有1 065百万桶油当量，占全部探明储量的50.67%；南海西部和南海东部分别储有614百万桶油当量和348百万桶油当量，共占全部探明储量的45.79%。东海探明储有75百万桶油当量，仅占全部探明储量的3.57%。从勘探区域和探明储量上比较，显然，渤海湾和南海海域有更为广阔的开发前景。

我国的海洋油气资源储藏丰富，在渤海、南海、东海拥有80余个油气田，油气产量不断攀升。从产量增长幅度看，近10年全国新增石油产量超过一半来自海洋，2010年这一数字更是达到85%。2010年全国石油总产量约1.89亿吨，中海油在国内生产的5 000万吨油气产量占了总产量近1/3，海洋油气正成为我国油气产量上升的主要领域之一。

但受客观条件限制，多年来我国只在渤海、东海和南海的近海进行油气开发。南海南部深水区至今没有实质性油气钻探，而南海是世界四大海洋油气资源带之一，石油地质储量约230亿~300亿吨，号称全球“第二个波斯湾”，油气资源潜力大，勘探前景良好。“十二五”期间，深海油田勘探开发将成为中海油的重点发展方向。中海油提出建设“深海大庆”的目标，将油气产量从“十一五”期末的5 000万吨油当量提高到1亿～1.2亿吨油当量，中海油将建立深海实验室和深海作业船队，加大深海勘探开发力度，总计投资2 500亿～3 000亿元。其中，计划投入300亿元建造第二批海洋工程装备，比“十一五”期间增长1倍。在南海海域，近海油气田的开发已具一定规模，其中有涠洲油田、东方气田、崖城气田、文昌油田群、惠州油田、流花油田以及陆丰油田和西江油田等，但更为广阔的南海深水海域仍尚待开发当中。仅南海北部的天然气水合物储量就已达到中国陆上石油总量的一半左右。按成矿条件推测，整个南海的天然气水合物的资源量相当于中国常规油气资源量的一半。[①] 广东省濒临南海，享有开发海洋油气资源的众多便利条件。广东应充分抓住这一战略机遇期，把海洋的油气开发作为新兴海洋产业的培育重点，加速广东海洋经济的快速发展。

我国海洋生物技术研究开发瞄准国际前沿领域，把重点放在海水养殖种苗的优良化、海洋天然产物及海洋药物的研发和海洋生物功能基因的研究方面。目前，我国在海洋生物技术方面大大缩短了与陆地生物技术以及国际先进国家的差距，取得了一批原创性的成果。在海水养殖方面，中国对虾快速生长新品种“黄海1号”通过国家水产原良种审定委员会审批，实现了我国海水养殖动物新品种培养零的突破。建成国家级紫菜种质和国家科技兴海宁波转移中心，及其下属的南北3个紫菜种苗生产基地，斜带石斑、半滑舌鳎、星鲽、大菱鲆等一批珍贵鱼的亲鱼培养和人工育苗也取得重大突破。另外，对虾技术、全雌牙鲆种苗培育、名贵的石斑鱼研究方面也取得重要进展。我国海洋碱性蛋白酶和溶菌酶的研究，已获得产酶菌最佳培养条件、液体浓缩酶的制备工艺和最佳稳定剂配方，成功构建了基因库。在海洋生物基因资源的研究与开发方面，尤其对虾病毒的分子生物学研究处于国际领先水平。

为解决日益严重的淡水资源危机，促进海水利用产业发展，国家一直高度关注和积极推动海水利用。胡锦涛总书记强调：“在合理开发地表水和地下水的同时，重视开发利用处理后的污水以及雨水、海水和微咸水等水资源。”温家宝总理在全国建设节约型社会会议上明确要求：“要大力实施高耗水行业节水技术改造，推进沿海缺水城市海水淡化和海水直接利用。”2007年12月国务院发布的《中华人民共和国企业所得税法实施条例》中对从事海水淡化的企业给予了财税优惠，国家发改委发布的《外商投资产业指导目录（2007年修订）》中也将“日产10万立方米及以上海水淡化及循环冷却技术和成套设备开发与制造”等5项海水利用相关技术和产业列入“鼓励外商投资产业指导目录”中。

---

① 朱坚真：《海洋资源经济学》，经济科学出版社2010年版。

表 6 - 1　　2010 - 2020 年中国海水利用发展目标

	海水淡化水量		海水直接利用量（亿吨/年）	对沿海地区用水比重度（%）
	（万吨/日）	（亿吨/年）		
2010 年	80 ~ 100	2.6 ~ 3.3	550	16 ~ 24
2020 年	250 ~ 300	8.3 ~ 9.9	1 000	26 ~ 37

2005 年发布的《全国海水利用专项规划》要求，2020 年海水淡化设备国产化率要达到 90% 以上，而目前我国海水淡化设备国产化率尚不到 60%。当前中国海水淡化生产规模在每天 20 万吨水左右，价格在每吨 4 ~ 5 元左右，比普通水贵出 1 倍多。"十二五"规划纲要中明确提出，鼓励海水淡化，严格控制地下水开采。随着自来水价格机制的调整和海水淡化技术的提高，海水淡化的单位成本实际上很具竞争力。海洋综合利用的产业化进程不断推进，海水利用产业必将迎来一个快速发展的新阶段，预计 2020 年海水淡化规模将达 2010 年的 5 倍以上。在国家有关政策扶持下，我国海水淡化产业发展将步入快车道。到 2015 年，全球海水淡化市场每年将会有 700 亿到 950 亿美元的规模。海水淡化产业增长最快的仍然是中东地区，其次将是中国市场。我国在海水淡化、海水直接利用等海水利用关键技术方面取得重大突破，技术经济日趋合理，海水淡化吨水成本已达到每吨约 5 元人民币。2010 年 6 月 22 日，青岛碱业 2 万吨/日海水淡化项目建成投产，部分技术如低温多效海水淡化技术、海水循环冷却技术已跻身国际先进水平。完成了山东黄岛每日 3 000 吨低温多效蒸馏海水淡化、山东黄岛每日 10 000 吨反渗透海水淡化、天津碱厂每小时 2 500 立方米化工系统海水循环冷却和深圳富华德电厂每小时 28 000 立方米电力系统海水循环冷却及青岛海之韵 46 万平方米大生活用海水等一批标志性示范工程。海水淡化、海水循环冷却技术已进入万吨级产业化示范阶段。此外，海水直流冷却技术、海水脱硫技术、海水化学资源综合利用技术也都得到了很大程度的推广应用。海水利用技术日趋成熟，产业化条件基本具备。我国市场成为国外海水淡化产品装备制造集团的重要战略市场。多个知名的海水淡化及产品装备制造公司，包括以色列 IDE、法国威力雅、新加坡凯发、德国西门子、意大利费赛亚、美国陶氏、美国海德能、比利时哈蒙等全球海水利用知名集团等，均已进入了中国市场。我国目前正在以国家科技支撑计划"海水淡化与综合利用成套技术研究和示范"重大项目为依托，开展大型海水淡化与综合利用成套技术研究，将相继建立 5 万吨级海水淡化、10 万吨级海水循环冷却、百万平方米大生活用海水、千吨级海水提溴、万吨级海水提钾、万吨级海水提镁等示范工程；发展大型海水淡化与综合利用技术装备，并在此基础上逐步构建我国自主创新的海水利用技术、装备、标准和产业化体系，全面提升我国海水利用技术核心竞争力。当前在中国沿海的山东长岛、

浙江舟山等岛屿的居民用水以及部分工业用水基本上都利用膜技术淡化后的海水。

根据我国海洋石油2015年远景规划，未来5年我国将有30多个油田待开发，需建造70多座平台，新建和改造10多艘FPSO，投资总量每年将以百亿元以上递增。国内从事海洋工程装备产业的主要有中船集团、中船重工等，两大集团旗下的上海外高桥、青岛海西湾和大连重工等制造基地，承建了以10万吨级FPSO和3 000米水深半潜式钻井平台等为代表的产品。然而从总体上看，我国企业研发设计和总承包能力薄弱，正处于整个海洋工程装备产业链的低端。2000年以来，国内企业共建造平台40余座，但70%以上是欧美公司设计。据估计，全球海洋工程装备共有各类海洋钻井装备650多座，其中自升式钻井平台超过430座，占有总规模的2/3；半潜式钻井平台180多座，钻井船近50艘，合计占1/3。海洋工程装备是典型的高技术、高附加值产品，全球市场规模约为400亿~500亿美元。世界船舶工业的产业转移表现在：一是造船中心从欧洲向东亚的转移，这个过程基本完成；二是东亚内部的产业转移。主要是随着中国造船业的崛起，世界船舶市场份额呈现由日本、韩国向中国转移的趋势。国家和广东省对于发展海洋工程装备制造业高度重视，相关产业政策都将海洋工程装备设计制造业均列为鼓励类行业和优先发展的高技术产业化重点领域。国务院最新出台的《船舶工业调整振兴规划》提出要大力发展海洋工程装备；《广东省船舶振兴产业规划》（2009~2011年）提出要重点建设珠海船舶和海洋工程装备制造基地，将中船珠海船舶和海洋工程装备制造基地项目列入广东省船舶产业振兴规划重点项目。随着我国经济社会发展，海洋油气开发加速发展，海洋采油装备国内需求较大，海洋装备制造业迅猛发展。据世界经济与合作组织（OECD）预测，2011~2015年世界年均新船需求量将达到3 918万载重吨。据国际海事咨询公司（IMA）估计，2008~2013年全球需要建造130~158套浮式生产系统，总投资高达650亿~810亿美元。根据中石油、中海油、中石化的中长期规划：中海油在建和勘探的项目总数超过50个，预计建设87座导管架、11艘10万吨级的浮式生产储油船（FPSO）、陆上终端管道系统等配套设施，共需投资1 000亿元人民币；中石油的海洋工程公司，订造多型钻井平台，计划2020年前投资600亿元人民币用于海上石油勘探和生产。中石油表示，2020年前还将建造4座半潜式钻井平台，用于南海油气资源开发。三大石油集团公司的宏伟规划为海洋石油水上装备及水下装备的发展提供了庞大的市场支持。

第二节 广东新兴海洋产业发展面临的机遇、挑战及战略意义

改革开放30年来，广东取得了举世瞩目的成就，但同时也面临资源枯竭、生态环境恶化等矛盾和问题。发展海洋经济是广东经济实现发展转型，当好实践科学

发展排头兵的重要抓手。而这些问题的出现和积累，都与广东传统的以陆地为轴心的发展理念、发展模式有关。在今后一个很长时期，严峻的现实要求广东更新发展思路，开拓发展视野，从单纯在陆域经济上做文章，转移到向富饶的海洋寻找出路，拓展生存发展的空间，实施可持续发展。

一、新兴海洋产业面临的机遇

（一）新一轮海洋经济发展浪潮席卷全球

跨入21世纪以来，海洋资源开发和海洋经济发展已成为经济全球化、信息化、多极化的有机组成部分。沿海各国加快了海洋资源和权益的竞争，加速调整了海洋开发战略，国际海洋竞争日益激烈。一些主要沿海国家将“海洋战略”提升为“国家战略”，如日本提出将海洋纳入国家大战略和全球视野；韩国、澳大利亚提出以发展海洋产业为核心，实现海洋经济发展战略；美国、俄罗斯提出以海洋经济和海洋安全为核心的海洋战略。爱尔兰、澳大利亚、新西兰等很多国家都先后发布海洋经济发展报告，2009年7月美国发表了最新的《美国海洋经济报告》。美国奥巴马总统上台后，签署的第一个关于海洋的决定就是要“发展海洋经济，保证美国在海洋经济领域占有领先地位”；同时，为保证海洋经济可持续发展，还要求美国政府尽快制定“海洋空间发展规划”。

（二）国家和省委、省政府高度重视海洋工作

党中央、国务院高度重视海洋工作，党和国家领导人就如何做好海洋工作多次发表重要讲话、进行专门批示。在新制定的《国民经济和社会发展十二五规划纲要》中专门辟出一章对海洋事业进行阐述。为了探索发展海洋经济的路径，2010年，国务院决定将山东、浙江、广东3省作为全国海洋经济发展试点省份。相继批复了《山东半岛蓝色经济区发展规划》、《浙江海洋经济发展示范区规划》。广东省委、省政府高度重视海洋经济工作，连续六次召开海洋工作会议，2010年6月份召开“首届海洋工作论坛”，2010年12月又在湛江召开了海洋经济博览会。

（三）陆域能源的日益短缺，为大力发展海洋经济提供了发展机遇

20世纪60年代以来，世界面临的人口、粮食、环境、资源和能源五大危机日益明显。我国人均耕地1亩多，后备土地资源也只有2亿亩，45种主要矿产资源的保证形势日益严重。海洋是缓解国民经济和社会发展资源瓶颈的重要保障，海洋为国民经济及社会发展提供了丰富的资源和广阔的空间。目前我国每年围填海面积已达120~150平方公里，在支持沿海地区经济发展、缓解建设用地紧张等方面发

挥了重要作用。海洋水产品年产量达2 000多万吨，海洋已经成为我国食物资源的战略性基地。海洋石油资源量约240亿吨，天然气资源量约14万亿立方米。海水日淡化能力已达24万吨，年冷却用海水量已达500亿立方米，海水利用技术已成为缓解沿海工业和大生活用水压力的主要途径。海洋日益成为我国未来生存和可持续发展的保障。广东作为海洋大省，面临浩瀚的南海，广东可以充分利用海洋优势，发展海洋经济。

（四）我国兴起"蓝色革命"，"海洋运动"方兴未艾

多种陆地资源的日渐短缺和发展空间的不断压缩迫使人们把眼光转向海洋，向蓝色的大海要资源、要空间、要财富。2009年4月，中共中央总书记、国家主席胡锦涛在视察山东时提出"要大力发展海洋经济，科学开发海洋资源，培育海洋优势产业，打造山东半岛蓝色经济区"。国务院总理温家宝把海洋工程产业列为国家未来重点发展的七大战略性新兴产业之一。我国沿海各省市也在加快海洋经济发展战略的研究和调整，海洋经济发展开始从量到质转变，从海洋资源经济到海洋科技经济转变，由以往单纯的海洋资源开发向海陆一体化开发转变，由以往的单方面追求经济利益向追求社会综合效益转变。在中央引领下，海洋开发纷纷成为沿海各省（市、区）的新世纪战略工程。辽宁、山东先后提出建设"海上辽宁"、"海上山东"，浙江提出建设"浙江海洋经济大省"，江苏、福建、广西也加快了海洋开发步伐。沿海各省在开发海洋资源方面你追我赶，共同掀起了一场"海洋运动"。

（五）东盟"10+1"合作协议的生效为南海合作的破冰提供了历史机遇

南海是广东发展海洋经济的主战场，南海的岛礁主权之争使广东的"南海战略"被搁置多年。南海石油储量近500亿吨，天然气储量达15万亿立方米，被称"第二个波斯湾"。如今，南海周边国家已在南沙群岛海域钻井1 000多口，参与采油的国际石油公司超过200家。迄今，越南已从南沙油田中开采了逾1亿吨石油、1.5万亿立方米天然气，获利250多亿美元。而我国在南海无一口油井。资源的蚕食迫使我国必须尽快调整南海政策。如今随着东盟"10+1"合作协议的生效，南海开发必将成为国家战略的重大部署，进入从政治到经济的全面合作，广东也将通过"南海战略"成为国家战略部署的主要承载省。

（六）广东要加快从经济上与国家"南海开发"战略的对接

广东应该充分发挥优越的区位条件和雄厚的产业基础优势，以中国—东盟合作为突破口重启"南海战略"，在经济上与国家的"南海开发"战略对接，力促"10+1"合作重心由陆地转向海洋，把南海建成合作的"南海"，打通与东盟协作

的海上通道，确立广东在东南亚地区经济发展的核心和“领头羊”地位。同时，围绕“国家南海开发的桥头堡和支援基地”的定位全面铺开广东现代海洋产业体系的构建，打造“深蓝广东”。

二、新兴海洋产业面临的挑战

（一）能否充分发挥广东的海洋资源优势

广东海洋资源禀赋较高，具有广阔的滩涂资源和丰富的港口资源，但广东的海洋开发水平仍旧较低。虽然海洋经济总量在全国排在前列，但是这些都是粗放的，很多是不可持续的。广东只是海洋大省，还不是海洋强省，海洋经济开发仅有资源优势还不够，还必须要有完备的政策体系、经济体系、技术体系作支撑。因此海洋经济能否在短时间内迅速崛起，对广东是一个挑战。

（二）能否协调好海洋经济发展与海洋生态平衡的关系

广东如何在大力发展海洋经济的同时，有效的保护海洋环境，给广东人民以碧水、蓝天，是对广东实现蓝色崛起的又一挑战。

（三）能否解决海洋人才与高新技术的短缺问题

21世纪海洋经济发展，不能仅依靠资源优势发展传统产业，而应该大力发展海洋生物医药业、海水综合利用业、海洋装备制造业等海洋高新技术产业。而海洋高新技术产业发展需要大量的海洋人才与海洋高新技术来支撑。广东目前的海洋人才与高新技术相对短缺，海洋人才和科研机构与山东、上海相比还有很大差距，与广东海洋资源大省身份还有很大差距，能否在短时间内建立海洋人才培养、流动、使用机制，建立海洋高新技术研发与转化基地，是广东实现蓝色崛起面临的重要挑战。

（四）能否破解海洋经济的粗放式发展，转变经济发展方式

广东目前在海洋资源的开发利用，海洋产业发展，海洋环境保护等方面还存在很大差距，海洋经济的发展与海洋大省的地位不相称，长期“重陆轻海”的思维导致海洋经济发展战略长期滞后。海洋经济发展方式粗放，分海域开发秩序混乱，海域使用矛盾突出，海洋生态恶化的势头尚未遏止，珠江口海域是全国海域污染较为严重的地区之一。海洋产业结构不合理，重构严重，缺乏规模企业。港区港口虽多，但没有形成规模效益。落后的发展方式和日益紧迫的发展环境，迫使广东必须加快海洋发展政策的转变，否则将难以对接上“南海开发”。

（五）能否调整好广东沿海地区海洋经济发展的各种不平衡

追求经济指标偏重，控制生态力度偏轻；传统产业比例偏重，新兴产业比例偏轻；珠三角比例偏重，粤东、粤西比例偏轻；近海资源开发偏重，深海远洋开发偏轻，这也是广东下一步实现蓝色崛起的一大挑战。

三、加快发展新兴海洋产业发展的战略意义

充分开发利用海洋资源，发展壮大广东海洋经济，不但有利于加快转变发展方式，推进产业结构优化升级，提高经济发展的质量和效益。还可以缓解人口、资源、环境三大危机的压力，且有利于拓展对外开放的广度和深度，承接国际产业转移，在更高层次、更宽领域参与国际合作与竞争，促进全省经济平稳较快发展。

（一）发展新兴海洋产业有助于广东省的新一轮崛起

经过改革开放30年的高速发展，广东经济发展正进入一个重要时期，伴随着工业化推进、城市化加速和消费结构升级，迎来了新一轮以高新技术产业、重化工业和装备制造业为重点的产业发展阶段。但是，长期以土地换GDP式的经济高增长，致使可持续发展的压力加大，土地资源严重紧缺就是其中最大的难题。目前，全省人均耕地面积只有0.032公顷，相当于全国平均数的1/3，远低于联合国划定的0.053公顷的警戒线。开发利用海洋，拓展发展空间，是广东新一轮大发展的出路，必须高度重视发展海洋事业。

（二）发展新兴海洋产业是广东“调结构、促增长”的现实需要

海洋产业是现代产业的重要组成部分。广东当前推进工业化、城市化，要在2020年率先基本实现现代化和全面建成小康社会，必须开发利用海洋资源，发展海洋产业，做大做强海洋事业。发展海洋事业，是今后保持广东省人均GDP快速增长，实现全省经济社会全面协调可持续发展，率先基本实现现代化的重要途径和强大支撑。

（三）发展新兴海洋产业是顺应世界海洋开发利用趋势的必然选择

随着经济社会的发展，人口、资源和环境等问题日益突出，国际社会开发利用海洋资源、控制海洋空间的竞争日趋激烈。许多沿海国家加大海洋开发力度，努力挖掘海洋经济巨大的发展潜力，加快推动海洋产业发展。

（四）发展新兴海洋产业是争当全国海洋事业科学发展排头兵的内在要求

近年来，沿海各省、市纷纷把发展目光投向海洋，提出了加快发展海洋经济的战略措施，海洋开发和海洋综合管理力度不断加大。山东大力实施建设“海上山东”的战略，浙江提出建设海洋经济强省，福建提出构建海峡西岸经济区；辽宁提出实施沿海经济带“五点一线”的发展战略，天津提出全面推进滨海新区开发建设，河北提出海洋经济新增长极建设，江苏提出“向海洋进军”，广西积极推进蓝色计划，海南提出“以海兴岛”战略等。各地在部署加快发展海洋经济的同时，均加大了对海洋开发的扶持力度，从资金、政策上推进海洋经济快速发展。全国沿海已形成你追我赶加快发展海洋经济的新格局。虽然广东是海洋大省，但在海洋基础设施建设、产业发展的一些领域已被其他省市超越。面对新时期国内外海洋形势的一系列新变化、新挑战，如何保持广东海洋经济在全国的地位，实现海洋强省的目标；未来几年内不断创新，加大海洋投入、开发、保护力度，对广东海洋事业继续当好排头兵至关重要。

第三节　广东发展新兴海洋产业的思路和总体目标

一、发展思路

根据国家战略和广东下一步发展的目标，结合广东海洋资源分布和海洋经济发展现状，充分发挥各区域比较优势，准确定位主导产业，着力优化结构布局，广东海洋经济发展的思路为：

以科学发展观统领广东海洋经济发展，以建设海洋经济强省为目标，以“集约布局、协调发展、海陆联动、生态优先”为基本思路，以“宽视野”、“大时空”、“高目标”的海洋战略意识，以“南海战略”为核心，以“产业支撑”为基础，以“科技兴海”为引领，以“港城一体化”为突破口，以“科技和人才”为支撑，以“和谐海洋”为方向，向海洋要资源、要空间、要财富，要发展，沿着“河湾—海湾—海岸—海岛—远洋”的发展路径，引领广东从“陆地”走向“海洋”，从“珠江时代”迈向“海洋时代”，不断提高海洋经济的综合竞争力和可持续发展能力，构建广东发展的蓝色引擎，实现“蓝色崛起”。

（一）战略定位

把广东打造成中国海洋经济国际竞争力核心区、南海综合开发先行区、区域合作发展示范区、自主创新和科技成果转化示范区和人海和谐生态文明示范区。

（二）总体布局

着力打造粤港澳海洋经济合作圈、粤桂琼海洋经济合作圈、粤闽台海洋经济合作圈，形成具有全国领先水平的蓝色产业带。

（三）核心战略："南海战略"

抓住东盟10+1自由贸易协定生效的历史机遇，加强与东盟各国的经贸往来，构建东盟10+1合作的海上通道，力促东盟10+1合作的重心由陆地转向海洋，制定南海航运指数，把南海建成东盟10+1合作的“经济海、合作海、友谊海”。

全方位对接好国家南海开放战略，为承担国家南海开发战略任务做各方面的储备工作，把广东建成为国家南海开发的物资供应和补给基地、研发和后勤保障基地、资源综合利用和加工基地，产品的推广运销基地，资金筹措和技术人才储备基地，即南海开发的后方总基地。

（四）五大支撑战略

“产业支撑”战略。围绕着为“南海战略”提供产业配套和支撑，把海洋产业作为广东战略性新兴产业进行培育和重点发展，优化海洋产业结构，构建广东现代海洋产业体系。建设近海海洋产业链系统和终端商品生产加工产业链系统，使海洋产业链体系的资源优势在广东本地快速转化为产品优势，以南海为中心构筑全球化的海洋运输网络体系。突出各个时期的广东海洋产业开发重点和开发时序，促进产业集群化。依托南海开发和广东港口、航道、市场优势，把广东建成我国重要的油气资源战略储备基地之一。

“科技兴海”战略。世界海洋经济发展进入全面依靠科技创新时代。广东要紧紧围绕“南海开发”，以增加海洋财富、保护海洋健康、提高海洋服务能力、推动科学发展的目的，实行高技术先导战略，形成高技术、关键技术、基础性工作相结合的海洋科技战略。积极推进海洋信息化建设，推进“数字海洋”，为“南海开发”和海洋安全、经济、科研、网格、综合、虚拟的应用提供服务。要坚持“加快转化、引导产业、支撑经济、协调发展”的指导方针，紧紧抓住科技成果转化和产业化的主线，尽快将海洋科技成果转化为现实生产力。①

“港城一体化”战略。港城一体化，即港口与城市功能的“无缝对接”。依托大型港湾，加快港口建设，壮大临港产业集群，推动以港兴市，促进港口与港口城市紧密相连、互动发展，实现城以港兴、港以城荣。目前国务院已先后批准上海外

---

① 钟晓毅、雷铎、吴爱萍：《敢为天下先：海洋文化广东创新三十年》，暨南大学出版社2008年版。

高桥保税区、青岛、宁波、大连、张家港、厦门象屿、深圳盐田港、天津保税区与其邻近港区开展联动试点，港区联动极大地拉动了当地港区经济的发展。广东的港口城市建设必须解决“港区分离”问题，走港城联动之路。

“和谐海洋”战略。对海洋的开发与保护同步是广东“南海开发”和海洋经济发展的重要原则之一。广东的海洋经济发展将与环境、民生等连接起来，探索建立海洋监督管理机制；建立健全海岸带管理、污染物排放控制、海洋灾害防范防治和统一联合执法监督机制，以及海岸带经济发展和海洋环境资源信息管理系统，有效保护并逐步改善海洋环境，维护良好生态系统；建设海洋民生工程，不断提高海洋生态环境服务功能，完善广东省海洋主体功能区划，努力恢复近海海洋生态功能，实现经济、社会、环境的可持续和谐发展。

“海陆统筹”战略。坚持海陆统筹、协调发展，大力发展现代海洋经济产业体系和临海工业，建立和完善海洋经济运行监测与评估系统，把广东建设成为提升我国海洋经济国际竞争力的核心区。

二、总体发展目标

形成海洋综合开发新格局。提升优化珠三角海洋经济区的核心作用；发展壮大粤东海洋经济区、粤西海洋经济区两个增长极；推动构建粤港澳、粤闽、粤桂琼三大海洋经济合作圈。

培育现代海洋产业新体系。大力提升传统优势海洋产业，加快培育壮大海洋战略性新兴产业，集约发展高端临海产业集群，形成门类齐全、高端发展、创新引领的现代海洋产业体系。

实现科技兴海新突破。加强海洋科技创新平台建设，率先构建具有国际竞争力的海洋科技创新和技术成果高效转化示范区。实施海洋人才战略，使广东成为海洋高端人才的聚集地。

构建蓝色生态新屏障。坚持“以人为本、人海和谐”原则，强化海洋污染防治，开展海洋和海岸带生态系统建设，建立完善的区域性海洋环境保障体系，进一步提高可持续发展能力。

创新海洋管理新机制。建立政策体系健全、职能有机统一、组织结构优化和运行机制完善的海洋行政管理体制，率先建立监管立体化、执法规范化、管理信息化、反应快速化的海洋综合管理体系。

到 2015 年，初步建成海洋经济强省。海洋经济总量显著提升，海洋生产总值达 1.5 万亿元，比 2009 年翻一番，继续保持全国领先地位，海洋事业实现全面协调发展，将广东建成具有国际领先水平的蓝色经济区，成为推进海洋强国建设的主力省。

第四节 广东新兴海洋产业体系培育及开发战略

一、广东新兴海洋产业选择依据

科学选择战略性新兴产业非常关键。选对了就能跨越发展，选错了将会贻误时机。选择战略性新兴产业的科学依据是什么？海洋产业应当重点发展哪些领域，这是研究我国海洋战略性新兴产业发展所要解决的首要问题。我国海洋战略性新兴产业的选择需要综合考虑国内外海洋高新技术产业的发展现状和趋势、海洋科技发展水平、经济效益和产品的市场需求、对其他产业的带动作用等因素。

世界范围内，海洋已初步形成了五大支柱产业，即海洋油气业、海滨旅游业、海洋渔业、海洋交通运输业和临港产业。预计未来10年，世界海洋经济的增长领域是海洋石油和天然气、海洋水产、海底电缆、海洋安全业、海洋生物技术、水下交通工具、海洋信息技术、海洋娱乐休闲业、海洋服务和海洋新能源等。从我国来看，海洋交通运输业、滨海旅游业、海洋渔业、海洋船舶工业、海洋油气业和海洋工程建筑业是我国海洋产业的主导产业，其中海洋工程建筑业、海洋电力业、海水利用业、海洋生物医药业等新兴产业近年来发展较快。

从经济效益角度来看，以海洋石油开发为重点的海洋工程装备产业市场容量巨大、毛利率高，2007年全球市场规模已达3 000亿美元。海洋能中的天然气水合物（可燃冰）是一种清洁能源，而且据估算世界上天然气水合物所含有机碳总量相当于全球煤、石油和天然气总和的2倍。随着淡水危机的凸显，海水淡化愈来愈受到世界上沿海国家的重视。目前全球海水淡化总产量已达到日均6 348万吨，解决了1亿多人的供水问题。2008年全球海水淡化工程总投资额达到248亿美元，2015年预计将达到564亿美元。

战略性新兴海洋产业的合理选择是一个非常复杂的过程。它是促进产业布局和产业结构的优化、培育基于比较优势综合产业竞争力、带动各地区经济发展和提高整体海洋经济效益的关键所在。当然，战略性新兴海洋产业的发展是一个具有动态性，但又相对稳定的过程，并非一成不变的。因此，战略性新兴海洋产业存在着时效性和时序性，在战略性新兴海洋产业的发展过程中必须要建立一个有效的指标评价体系来对其进行考查和评估，长期跟踪所选新兴产业的发展，以便及时调整。本文此处选取技术创新贡献度、资本投入度、产业关联度、经济效益度、社会效益度和生态影响度等6个基本指标和18个子系统指标，采用多因素评价法对战略性海洋新兴产业的发展水平进行综合评价（见表6－2）。

表6-2　　战略性新兴海洋产业发展水平测度指标体系

目标层	基准层（Ai）	权重（βi）	指标编（Di）	指标名称
战略性海洋新兴产业发展水平	技术创新贡献度（A1）	β1	1	新兴海洋产业的技术研发投入
			2	新兴海洋产业的科技人员比重
			3	新兴海洋产业的生产率增加值
	资本投入度（A2）	β2	1	新兴海洋产业资金投入增加值
			2	新兴海洋产业的人力资本投入
			3	新兴海洋产业的自然资源投入
	产业关联度（A3）	β3	1	新兴海洋产业的影响力系数
			2	新兴海洋产业的感应系数
	经济效益度（A4）	β4	1	新兴海洋产业产值贡献率
			2	海洋新兴产业的投入产出比
			3	新兴海洋产业的投资的利税比
			4	新兴海洋产业投资回收期
	社会效益度（A5）	β5	1	新兴海洋产业产值人均占有率
			2	沿海地区人均恩格尔系数
			3	新兴海洋业的乘数效应
	生态影响度（A6）	β6	1	新兴海洋产业的资源消耗系数
			2	新兴海洋产业的资源综合利用效益
			3	新兴海洋产业的生态治理成本

此处涉及指标体系内所运用权重、指标结合定性和定量两种方法，采用德尔菲法和层次分析法来综合评价确定。对战略性新兴海洋产业的评价的最终目标是根据广东省的省情发展和资源情况，找出能真正适应和带动整体海洋经济发展的战略性海洋新兴产业，所以对战略性新兴海洋产业经济阶段性发展水平的测度是整个海洋产业可持续发展水平一个最重要的方面。其中对战略性新兴海洋产业评价最为关注的就是其对资源的综合利用程度、技术创新程度和生态影响程度。资源是产业发展的基础，而生态又与资源的可持续密切相关，只有保证有可持续的生态和资源才可能有可持续的产业。技术创新是海洋新兴产业发展的动力和源泉，只有战略性海洋新兴产业才能迅速在海洋领域引入技术创新和制度创新，发挥战略性产业极强的扩散效应（这包括前向效应、后向效应和旁侧效应等）。战略性新兴海洋产业成为目

前我国沿海地区产业结构调整和经济格局重组的主要突破点之一。

（一）广东新兴海洋产业区位熵的比较分析

区位熵分析可以确定区域的优势产业，其计算方法是：某产业的区位熵等于区域该产业产值在海洋产业总产值中所占的比重与全国相应指标的比值。凡区位熵 > 1.0 的产业，就具有比较优势，区位熵越大，比较优势就越明显。2009 年，沿海省市各海洋产业区位熵见表 6－3：

表 6－3　　2009 年沿海省市海洋产业区位熵

省份	海洋渔业	海洋油气	海洋矿产	海洋盐业	海洋化工	海洋生物医药	海洋电力	海水利用	海洋船舶	海洋工程建筑	海洋交通运输	滨海旅游
天津	0.031	4.55		1.52	1.74				0.10		1.28	0.98
河北	0.76	0.07		5.31	2.18			134.98	0.47	2 130	1.13	1.08
辽宁	1.50	0.08		0.70	0.36	0.18			1.12	0.41	0.63	0.92
上海	0.26	0.24					0.64		8.20	0.10	2.90	1.99
江苏	0.93			0.78	0.60	3.00	108.23	16.53	2 343	0.46	0.19	0.61
浙江	0.84		4.24	0.09	0.24	0.21	287.07	37.41	0.55	0.73	0.92	0.69
福建	1.75		0.54	0.17		1.01			0.25	0.25	1.10	0.86
山东	1.33	0.30	0.04	1.87	1.59	1.45	15.47	5.34	0.33	0.47	0.57	0.69
广东	0.56	1.34	0.37	0.04	0.001	0.04	302.93	50.49	0.12		0.44	0.95
广西	1.67		1.70	0.14		0.33		66.68	0.001	0.21	0.02	0.54
海南	1.84		1.70	0.26		0.20	0.38			0.001	0.20	1.31

从表 6－3 可以看出，广东在海洋油气、海洋电力、海水利用、滨海旅游等海洋产业具有较强的比较优势，适宜优先发展。其中海洋油气、海洋电力与海水综合利用业均属海洋新兴产业且与其他沿海省份相比优势明显，海洋矿业与滨海旅游业也有较大的发展前景。一些没有比较优势的海洋产业如海洋船舶、海洋装备制造、海洋建筑工程也可利用广东毗邻港澳的区位优势以及技术优势，逐步提高竞争优势，最终有可能后来居上成为广东海洋产业未来发展的希望。

（二）广东新兴海洋产业发展聚类分析

聚类分析根据样本自身的属性，按照某种相似性或差异性指标，定量确定样本之间的亲属关系，并按这种亲疏关系程度对样本进行聚类。对广东省海洋生产总值、海洋生产总值占沿海地区生产总值比重、海洋第一、第二、第三产业产值及沿海省市海洋产业区位熵为聚类要素，运用级差标准化方法处理聚类要素数据，采用绝对值距离计算距离，选用最远距离聚类法，对海洋产业聚类分区。得到聚类结果如下：

X7（海洋电力业）> X2（海洋石油和天然气）> X9（海洋船舶工业）> X3（海滨砂矿）> X4（海洋盐业）> X6（海洋生物医药）。2010年，广东省海洋产业总产值8 291亿元，占全国海洋生产总值的比重为21.6%，比上年增长0.9个百分点。占全国的25.59%，居全国第1。新兴产业海洋电力、海洋石油和天然气工业的关联系数最高而且对经济增长贡献最大，海洋产业结构较为合理。今后应进一步加强海洋电力、海洋石油和天然气工业科学管理和内部结构的调整，以保证其持续、健康发展。

（三）灰色关联法确定广东海洋主导产业

灰色关联分析是以关联度计算为其基本手段的一种灰色系统分析方法，其基本任务是基于行为因子序列的微观或宏观几何接近，以分析和确定因子间的影响程度或因子对主行为的贡献度。具体而言，在给出主行为序列和影响因子序列之间的关联系数、关联度，确定影响主行为的主要因素和次要因素，从中找到最为关键的因素，如果两个变量间关联度大，则两个变量间因果关系大，反之则小。利用灰色关联分析确定广东省海洋主导产业，其结果如下（见表6－4）：

表6－4　广东海洋产业结构的灰色关联系数与灰色关联度

海洋产业	灰色关联系数								灰色关联度
	2003年	2004年	2005年	2006年	2007年	2008年	2009年	2010年	
海洋渔业	1	0.9708	0.8358	0.8453	0.6549	0.6003	0.4767	0.3626	0.7324
海洋油气	1	0.9893	0.9811	0.8534	0.6504	0.6062	0.4535	0.4028	0.7544
滨海砂矿	1	0.8376	0.7619	0.7156	0.5889	0.7443	0.5277	0.3754	0.6731
海洋盐业	1	0.9808	0.7559	0.7204	0.6028	0.5649	0.4169	0.3468	0.6313
沿海造船	1	0.9429	0.8272	0.7858	0.6377	0.5866	0.4166	0.3280	0.7098
海洋交通运输	1	0.8910	0.8048	0.8272	0.6251	0.5971	0.4909	0.3586	0.6652
滨海旅游	1	0.9451	0.8604	0.8419	0.6592	0.5819	0.4857	0.3250	0.7359

资料来源：原始数据引自《中国海洋统计年鉴》（2004～2010）。

经过多年发展，目前我国已经初步建立了较为完善的海洋高新技术研究体系，其海洋科技方面的突破和成果主要体现在五个方面：一是海洋环境监测技术在海洋动力环境要素、摇杆应用模块、大型浮标、高频雷达和声频监测等方面取得突破并实现产业化；二是近海海洋油气与天然气、水合物勘探开发技术取得长足进展；三是研制了一批大洋矿产资源勘察技术装备，打破了国外技术垄断；四是海洋生物技术发展迅速，生物工程、遗传工程、生态工程、生物栖息学等，海洋制品、微生物等研究位于国际前列；五是已形成年产万吨级膜法和蒸馏法海水淡化设计制造安装能力，海水提钾、镁等技术进入工业化阶段。根据2003～2010年间广东省海洋产业结构的数据资料，按上述步骤进行灰色关联分析，得出海洋产业重要性排序由大到小依次为：海洋油气、滨海旅游、海洋渔业、沿海造船、海滨砂矿、海洋交通运输和海洋盐业。因此，由灰色关联分析可确定广东海洋主导产业依次为海洋油气、滨海旅游、海洋渔业、沿海造船业等。

以上运用区位熵、灰色关联、聚类分析等方法分析了广东新兴海洋产业的选择。具体确定了广东海洋主导产业选择应以海洋油气、滨海旅游、海洋渔业、沿海造船、海滨砂矿、海洋交通运输和海洋盐业为顺序；并且应优先发展具有较大比较优势的海洋产业，大力发展海洋新兴产业中的海洋电力业、海洋油气业、海水利用业、海洋装备制造业等产业；并发展一批具有战略性的海洋新兴产业，为广东海洋经济发展注入强大动力。

二、主要海洋新兴产业与战略产业发展重点

海洋是广东的未来，是广东拓展发展空间、抢占战略制高点的希望所在。当今世界正处于海洋科技日新月异、海洋勘探纵深推进、海岸带可持续发展不断加强的海洋经济新时代。加快发展海洋新兴产业，实现海洋产业结构和经济发展方式根本转变，是广东打造“蓝色引擎”、建设海洋经济强省的战略选择。

近年来沿海发达国家纷纷把海洋开发上升为国家战略。发达国家开发海洋的经验主要可以归纳为“科技先行、服务主导、政府扶持”12个字。科技先行，是指充分利用现代科技勘察海洋空间，开发海洋资源，培育海洋新兴产业，抢占产业制高点。服务主导，是指发达国家海洋经济发展已进入服务业主导阶段。根据《2009年美国海洋和沿海经济发展报告》，近年来在沿海地区，服务业已取代工业成为主导，城市经济为主要形态；海洋产业中，沿海旅游与娱乐业为第一大产业，约占海洋经济就业总量的75%，生产总值的51%，海洋运输业为第二大产业，约占生产总值的15%。政府扶持，是指政府购买成为海洋产业发展重要支撑，如美国政府和军队是海洋工程建筑、海洋船舶等产品和服务的重要需求主体。

遍观中国，“海洋运动”渐入佳境，沿海地区海洋经济发展涌现新热潮。海洋科技纳入国家八大重点科技领域，将加快发展以进入世界前列。向海洋进军，向海洋要资源、要空间、要财富成为沿海地区新一轮发展重点。近年来，在东部沿海一带，辽宁沿海经济带、天津滨海新区、江苏沿海地区、福建海峡西岸经济区、珠海横琴岛和广西北部湾经济区等相继纳入国家战略。下阶段，随着山东半岛蓝色经济区和浙江海洋经济发展等进一步上升为国家战略，东部沿海地区将形成完整的沿海

经济发展带。这是一条“蓝宝石”串成的美丽珠链，将为新兴海洋产业跨越式发展搭建起大平台。

对广东来说，发展新兴海洋产业是建设海洋经济强省的必然选择。从资源利用上看，广东是一个海洋大省。其大陆海岸线长 3 368.1 千米，占全国海岸线总长的 1/5，居全国之首；沿海 10 米等深线以内的浅海和滩涂面积 1.3 万平方千米，占全国 1/5，也居全国首位；全省大、小岛屿 1 431 个（含东沙群岛），岛岸线长 2 428.7 千米，海岛面积 1 592.67 平方千米；在全省所辖海域内，矿产资源十分丰富，有一定储量的矿产地 56 处，探明滨海砂矿 5.5 亿立方米，非砂矿固体矿产矿石量 2 167.3 万吨，石油资源量 97 亿吨，天然气 1.1 万立方米，天然气水合物的资源量约 600 亿 ~700 亿吨油当量；潮汐能与海岛风能开发潜力很大；具有经济价值的鱼类资源有 200 余种，海洋捕捞量居全国前列，并逐渐向外海、远洋捕捞发展；海水盐度较高，适宜制盐，是发展沿海工业的原料资源；全省有海湾 510 余个，适宜建港的 200 余个，可兴建不同级别、不同类型的港口、码头；自然景观和人文景观多姿多彩，适合开发滨海旅游景点有 200 余处。近期，浙江、广东、山东成为国家海洋经济发展试点地区，创新发展体制，培育海洋新兴产业，加快海洋产业结构调整和经济发展方式转变迎来历史性契机。

（一）主要海洋新兴产业发展重点

抓好新兴产业的研发和技术储备工作，开发一批具有自主知识产权的核心产品，扶持做强骨干企业，为产业发展营造良好环境，为全省海洋经济发展增强后劲。

1. 海水综合利用业。制订鼓励和扶持海水综合利用业发展的政策，初步建立海水综合利用的政策法规体系、技术服务体系和监督管理体系，营造产业发展和基础研究的良好环境。建设较大规模的海水淡化和海水直接利用产业化示范工程，在深圳、湛江市等地区创建国家级海水综合利用产业化基地。推进海水淡化和直接利用工作。建设滤膜法海水淡化技术装备生产基地，强化技术创新和转化能力，降低成本，使海水淡化水成为缺水地区和海岛的重要水源和以企业为主体的生产和生活用水。提高技术装备的设计、加工水平和产品产业化能力，在沿海地区的电力等重点行业大力推广利用海水为冷却水，在有条件的沿海城市建设海水冲厕示范小区。至 2010 年，全省海水淡化能力达到每日 20 000 立方米以上，海水直接利用能力达到每年 190 亿立方米，海水利用对解决沿海地区缺水问题的贡献率达到 16% 以上。

2. 海洋生物制药业。重点发展海洋生物活性物质筛选技术，重视海洋微生物资源的研究开发，加强医用海洋动植物的养殖和栽培。利用海洋生物资源，重点开发具有自主知识产权的抗肿瘤药物、抗心脑血管疾病药物以及抗菌和抗病毒药物，努力开发技术含量高、市场容量大、经济效益好的海洋中成药，积极开发农用海洋生物制品、工业海洋生物制品和海洋保健品。

3. 海洋化工业。加强海洋化工系列产品的开发和精深加工技术的研究，推进产品的综合利用和技术革新，拓宽应用领域。加强盐场保护区建设，扶持海洋化工业发展。加快苦卤化工技术改造，发展提取钾、溴、镁、锂及其深加工的高附加值海水化学资源利用技术，扩大化工生产，提高海水化学资源开发和利用水平。

4. 海洋仪器装备制造业。主要依托国家海洋监测设备工程技术研究中心、国家海洋仪器装备国际科技合作基地等，推动潜标系统、大浮标、多功能现场监测节点传感器等新型海洋监测设备的生产应用，以自主创新和国产化为目标，构建海洋仪器研发平台，生产出一批高精尖的海洋仪器装备，努力实现海洋仪器装备的国产化，突出服务于国家海洋权益和国土安全，构筑集技术研发、设备研制、定型、实验和生产为一体的海洋装备制造业基地。

5. 海洋新材料。规模化生产高强轻质无机非金属材料及新金属材料、海洋涂层与功能材料等，研制开发深海探测、钻井平台、深潜设备、特种船舶制造等所需的特种海洋材料。

（二）积极培育海洋战略产业

积极培育海洋环保、海洋新能源等战略产业，加大政策扶持力度和资金投入，支持海洋环保、海洋新能源等领域的创新开发和重大产业化项目，创造良好的产业发展环境，成为现代海洋产业发展的亮点。

1. 海洋电力业。加快风能、潮汐能等海洋能源的开发利用，大力推广发展海水源热泵技术、海上风电，开展波浪能利用的试验开发。珠三角沿海地区严禁新建常规燃煤燃油电厂；东西两翼沿海地区要加快建设以大型脱硫燃煤电厂为主的沿海大型骨干电厂和具有一定规模的风电场，逐渐发展成为全省电力供应基地。随着科学技术的不断发展，海洋电力业也必定会持久地成为人类重要而清洁的能源来源。

2. 可燃冰资源开采。可燃冰是天然气水合物的俗称，是公认的21世纪替代能源之一，开发利用潜力巨大。据新近的勘测结果，南海北部陆坡的可燃冰资源量达185亿吨油当量，相当于南海深水勘探已探明的油气地质储备的6倍。按成矿条件推测，整个南海的可燃冰的资源量相当于我国常规油气资源的一半，可燃冰是解决中国未来能源问题的最大希望所在。广东应和国土资源部加强合作，深入进行环境影响和开采前的技术研究，为今后进行规模开采提供前期的科技支撑。

3. 海洋环保与社会服务业。大力发展海洋环保产业、海水源利用节能产业，研究开发清洁生产、资源节约和环境友好的技术和产品。加强海洋预报、防灾减灾、救助打捞、渔业安全通信救助体系和海洋信息服务，重点建设以海洋生态与环境信息数据库、海洋资源与经济数据库、海洋管理信息数据库为基础的近海地区“数字海洋”服务体系，为现代海洋产业科学发展提供支撑。

第五节 广东发展新兴海洋产业实现蓝色崛起的政策建议

“十二五”时期是广东未来经济新一轮发展的关键时期。新时期，广东海洋经济发展面临着经济发展方式转型、海洋管理体制转轨和海洋产业结构调整“三位一体”的历史性转变，而战略性新兴海洋产业正是对广东海洋经济发展的破局的重要手段。广东加快发展新兴海洋产业实现蓝色崛起已具备发展的基本要素和条件。但作为一种新兴产业，其培育和发展是需要耐心和魄力，会存在和遇到很多问题。表现最为突出的是技术创新问题和技术原创性等，这些技术突破都需要时间的积累，尤其主流的核心技术是经过市场长期选择的结果。新兴产业的技术不成熟，要允许失败和大胆试错，产业的选择就需要考验政府的勇气和魄力。

其次，新兴海洋产业发展是一种前瞻性的“预发展”，要加快解决新兴海洋产业的基础设施和服务体系的配套问题，不能用“老”体制来发展战略性海洋新兴产业的问题，新兴产业更多需要的是一种创新性突破，旧体制的官僚性显然是难以与其匹配。

再者，要考虑到战略性海洋新兴产业发展的成本问题。新兴产业发展的产业化程度和规模都偏小，这必然会带来高昂的边际成本，而且市场的不确定性也导致了投入的高风险。这些都是新兴海洋产业所面临的和必须解决的问题。广东实现蓝色崛起是一项系统工程，不能只从单一产业发展的角度着眼，割裂了各个产业间的联系，要全面布局。而新兴海洋产业的培育和发展非但要注重其时效性，还要形成一个有序的时空体系，在功能分工上有所侧重以获取产业综合竞争力和行业话语权。战略性海洋新兴产业应以一种系统的观点去考虑，可以分解为海洋政策和制度系统、海洋产业科技研发系统、海洋资源和生态系统、海洋财税与金融系统、海洋产业经济系统等五大系统，这五大系统相辅相成、相互促进。

由此，政府对战略性海洋新兴产业的培育关键之处主要是基于上述五大系统的培育和开发。

一、完善海洋产业政策和制度系统，以体制带动创新

近年来，沿海发达国家纷纷把海洋开发上升为国家战略，发达国家开发海洋的经验主要可以归纳为“科技先行、服务主导、政府扶持”。政策对于新兴产业的发展起到很大的诱导作用。广东省政府要为新兴海洋产业的发展提供宽松的政策环境和政策资源，不断优化产业发展规划、资金投入、扶持机制等政策体制，通过体制、政策和市场的综合制度设计带动新兴技术的大规模化和产业化。省政

府要发挥的国家海洋经济发展试点地区的优势和结合广东海洋综合规划的提出，通过寻求海洋新兴产业发展上的新突破来推进海洋产业结构调整和经济发展方式转变。

新兴海洋产业在其发展初期，大多是缺少竞争优势的弱势产业，对这些产业的政策培育和政策扶持是其快速发展的必要条件。政府对新兴产业的培育和扶持集中表现在政策资源的乘数效应和制度的“规制效应”。政府的政策和制度不但引导和助推新技术研发，而且可以短时间内人为地创造“新兴”市场。中国各种新能源（太阳能、风能、乙醇等）在市场上的快速发展得益于政府的税收、补贴和信贷等政策杠杆的使用。新兴海洋产业的发展必然伴随着海洋产业科技投入体制、产业投融资体系、财税体制以及知识产权管理体制等系统的更深刻、更广泛的变革，取代原来那种低层级、僵化的多头管理海洋体制和产业运作模式，建立监管立体化、执法规范化、管理信息化、反应快速化的海洋产业综合管理体系。①

二、以“四个统筹”推动战略性新兴海洋产业崛起

（一）注重统筹滨海开发与海岛、海域的综合利用

当前，广东省沿海地区海洋开发大多集中于滨海陆地和围垦区域。近年来海岛开发逐步加强，但对海洋专属经济区和大陆架范围内的海域开发相对滞后，公海资源利用微乎其微。广东省濒临南海，具有很强的区位优势和拥有丰富的海洋资源，利用现代科技开发利用这些海洋新资源是海洋新兴产业发展的源泉，也是克服近海资源约束的必然要求。为此，应跳出沿海开发范畴，拓宽海洋经济发展思路，在加强海洋科技实力和陆海联动的基础上，以南海开发战略为支点，使广东的海洋产业真正走向大洋，实现蓝色崛起。

（二）注重统筹临海重化、钢铁产业与滨海城市化发展

广东省的临海产业布局中存在较明显的重化和钢铁取向，对海岸带可持续发展带来较大压力。从国际经验上看，发达沿海经济最终将走向服务业主导和城市经济主导。从区域经济的发展趋势看，单一功能型工业集聚区已经不适应发展需要，综合性多功能产业集聚区成为新趋势。因此，滨海地区应高度重视城市生态化与工业化的互动融合，通过战略性海洋新兴产业的培育转变粗放型的海洋产业，为人才、

① 郑伟仪：《大力推进海洋经济发展试点　实现海洋事业科学发展新跨越》，载于《海洋经济》2011年第1期。

科技、信息和金融等高端要素集聚提供便利条件，打造新兴海洋产业发展的综合平台。

（三）注重统筹新兴海洋制造业与新兴服务业

新兴海洋产业布局要避免“重制造、轻技术、轻服务业”的倾向，应力促海洋新兴制造业与新兴服务业联动发展。承接国际海洋新兴制造业转移，加强与发达国家的科技合作，力争通过战略性海洋新兴产业为先导，在深海油气、海洋生物、海洋重装备制造等高附加值制造方面率先取得突破。[①] 顺应海洋产业升级和国内消费升级趋势，进一步突出滨海旅游与娱乐、港航服务、海洋金融等产业的战略地位，提升其价值链，抢占海洋产业战略制高点。

（四）注重统筹海洋产业竞争与沿海各经济圈合作

战略性海洋新兴产业布局中要突出特色，集中重点，建立跨地区统筹协调机制，构建特色鲜明、错位竞争、合作共赢的海洋新兴产业发展格局。新时期的沿海开发热潮，海洋新兴产业的区域竞争在所难免。战略性海洋新兴产业要避免对现有项目的无序争夺，避免低水平重复建设和恶性竞争，发挥区域竞争的正面效应。要统筹区域协调发展的规划布局，调整和优化区域空间结构，加强各区域间的资源整合和产业互动。通过提升和优化珠三角海洋经济区的核心作用，构建珠三角、粤东和粤西三大海洋经济区，形成广东海洋综合开发新格局。发展壮大粤东海洋经济区、粤西海洋经济区两个增长极，强化东西两翼工业主导作用，发挥临海区位和资源优势，重点发展临海石化工业、特色产业和配套产业，形成分工合理、优势互补、协调发展的区域海洋经济新格局。同时，积极推动构建粤港澳、粤闽、粤桂琼三大海洋经济合作圈，在粤港澳、粤闽台和粤桂琼三大经济圈间加强资源共享、市场共拓和优势互补，携手培育新兴海洋产业。

三、整合资源激活新兴海洋产业科技研发系统，形成研发集团和自主知识产权

高科技性是新兴海洋产业的基本特征。新兴海洋产业以海洋科技领域革命性的突破为先导，寻求“弯道超车”的机会。海洋科技革新需要积累和沉淀，必须要有一个长效的技术和人力资本储备激励机制。广东应整合资源进行产、学、研的联合，建立一批新兴海洋产业国家研发中心、重点国家实验室、新兴海洋产业技术检测和评估平台，从政府、企业、社会三个层面来激发新兴海洋产业科技

---

① 朱坚真：《海洋经济学》，高等教育出版社 2010 年版。

研发系统的活力，实行高新技术先导和重点突破战略。根据广东省海洋产业发展的重点及综合开发区建设规划，制定海洋高校、科研机构与企业的专业对口培训计划。定期派技术人员到高校，科研机构实行专业培训，参与专门研究开发以及实验发展等项目，高校、科研机构的研究开发人员定期到专业对口企业（中试基地）挂职或兼职，实际掌握生产工艺技术环节和市场需求。通过企业与高校、科研机构人才双向培训和交流，密切企、校、所的合作，促进科研成果的转化和人才资源的开发。建立以涉海性大学或科研院所为中心的海洋新兴产业培训中心，政府每年拨部分专款或提取发展基金，作为专业人才培训费用。同时，制定各项促进人才合理流动的政策规定，吸引国内外海洋新兴产业发展人才，逐步建立起一支“开放、流动、竞争、协作”的海洋人才队伍。加强国际交流合作是促进新兴海洋产业技术研发的重要途径，要善于借鉴国际上先进国家海洋技术的研究模式和经验。结合人才强省建设，做大做强涉海类院校和海洋学科群，大力培育引进海洋科技领军人才和海洋技术应用型人才，增强海洋新兴产业发展的人才支撑。

四、创新海洋产业金融、财税支持系统，促进海洋高新技术成果产业化

新兴海洋产业的发展离不开资金的支持，政府对产业的扶持也主要体现在政策投入和资金投入上。由政府为战略性新兴产业提供政策性金融支持，由财政引导和支持风险高、外部性强、创新周期长的创新活动。建立有效的新兴产业金融支持评估体系和预警系统及新兴海洋产业发展的技术资本、产业资本和金融资本有机耦合系统。政府要建立新的风险分担与化解机制，加强对关键性、集成性、基础性和共性技术等的核心技术领域进行突破，跳出低层次竞争，靠技术赢得市场。同时还要注重产业链整体技术突破和联动发展，加强技术与市场应用的互动性来提升科技成果的转换率，把握新时期技术经济新范式的内在要求和发展趋势，不能让新兴海洋产业技术领先，却输掉了市场。政府要吸引风险投资资金向战略性新兴产业倾斜或建立新兴产业风险投资基金，通过多种渠道筹措，发挥金融杠杆的作用，大量吸引民间资本的进入，把新兴海洋产业推向社会化、产业化。

把新兴海洋产业作为调整产业经济的新标杆，通过政策、资金和市场三个要素强化新兴海洋产业的带动性和关联度，以“项目＋资源配置＋政策设计＋制度性执行”来推动战略性海洋新兴产业经济系统的创新和运作，引导海洋产业进行合理的空间布局和产业集聚。在选择战略性新兴海洋产业要兼顾第一、第二、第三产业和经济社会协调发展，加强对传统产业的知识渗透和技术改造，统筹规划产业布局、结构调整、发展规模和建设时序，在最有基础、最优条件的领域率先突破。新

兴海洋产业经济系统要基于广东的省情和区域特色、创新新兴海洋产业组织模式和产业运营机制，突破收益递减规律的限制，激活内在的“产业基因”，保持产业综合要素产出率的动态提升。加强广东省级海洋科技创新平台建设，率先构建具有国际竞争力的海洋科技创新和技术成果高效转化示范区。

产、学、研相结合是加快科技成果转化的必由之路。广东省政府要积极鼓励科研院所，高等学校的科技力量以多种形式进入企业或企业集团，参与企业的技术改造和技术开发，以及合作建设中试基地，加快科技成果在企业中的转化推广和应用。同时，政府通过财政、税收等行政、经济手段，以集约化的“捆绑”政策，共同设立的“技术开发基金”、“新产品试制基金”、“新技术开发投资基金”等研发模式，海洋高校、科研机构可以技术成果、专利入股，鼓励海洋高校、科研机构以承包、兼并、合资等形式建立科技先导企业（包括中试基地），加强与高校、科研机构、企业共同投资，共担险，利益共享，推进广东涉海高校、科研机构成为面向新兴海洋产业建设的主战场。通过各项优惠政策及法规，培育大型涉海企业或龙头企业，同时鼓励中小高科技企业、民营科技企业积极发展高新技术产业加快海洋技术的开发和转化，并提高以企业为主体的技术创新能力，为发展高端海洋技术产业化注入生机与活力。

五、坚持陆海联动，优化海洋资源和生态系统，为新兴海洋产业可持续发展提供基础

海陆产业具有较强的技术经济依赖性和相关性，新兴海洋产业要统筹海陆分工与协作，整合两种资源，坚持错位发展，构建海陆生态协调、海陆产业结构优化升级的支撑体系。从资源条件看，广东省的海洋资源总量、海洋经济产值及沿海产业基础设施为发展新兴海洋产业提供了明显的比较优势。新兴海洋产业的发展要摒弃短视的经济观。资源的掠夺式开发势必削弱新兴海洋产业的竞争力。要建立完善的海洋环境和海洋灾害监测及预警预报系统，严格控制主要入海污染物排放总量和排放标准。海洋生态的平衡能为海洋资源提供良好的环境，可持续的海洋资源是新兴海洋产业发展的基础所在。新兴海洋产业旨在促进海洋资源的综合利用和生态的平衡发展，构建蓝色生态新屏障。通过海洋生态保护和修复，提高海洋经济可持续发展能力。如发展绿色海洋船舶工程，加快节能减排，利用海洋生物工程技术对海域进行生态修复和海洋生物资源养护、发展深蓝渔业、碳汇渔业等。同时，推出一系列引导性、优惠性政策，引导投资流向污染少、效益高的高新技术产业和服务业，促进新兴海洋产业向集约化和规模化发展。

海洋资源和生态系统的优化关键一点还在于实施以产业互动为基础的海陆统筹，实现海陆资源的互补，打造海陆一体化的产业资源联动平台。通过发展低碳

经济、循环经济、绿色经济促进海洋产业系统的优化。积极培育海洋环保、海洋新能源等战略性新兴产业。加大政策扶持力度和资金投入，支持海洋环保、海洋新能源等领域的创新开发和重大产业化项目，创造良好的产业发展环境，使之成为海洋经济发展的亮点。到2015年，实现广东省初步建成具有国际领先水平的蓝色经济区和新兴产业集聚区，成为推进国家海洋强国战略建设主力省的宏伟目标。

第六章

沿海港泊建设与货客进出口量平衡发展

第一节　港泊建设与货客进出口量平衡发展的意义

一、国际理论与经验

英国产业革命以后，西方引领了世界经济发展潮流。作为对外贸易的重要出口通道，港口问题的研究一直是个极富实践意义和政策意义的课题。1995 年的港口与城市第五次国际会议中，港口与区域经济之间关系的研究成为主题，开始着眼于港口与腹地交通运输系统相互作用和平衡发展问题，主要代表有 Bird、Gould、Morrill 和 Rimmer 等。

英国地理学家 Bird 开发了“港口通用模型”，用以考察不列颠的一系列港口的物质设施的添加与货客吞吐量变化情况。美国经济学家 Gould、Morrill 对 Bird 的模型进行了修正，并以加纳和尼日利亚为例归纳出欠发达地区的交通发展模型，提出导致港泊建设空间失衡的要素和港口序列的形成过程。Rimme 则对澳大利亚、新西兰海港空间演化进行实证研究，将定期班轮服务的影响纳入对港口建设体系，开始考虑港泊建设与货客吞吐量之间的平衡发展。为解决港泊建设与货客流量的平衡问题，Bath. C. Kulcik 针对泊位和堆场生产力的提高开发了一个可根据港口规划、设备配置、生产需求改变来分析港口的生产能力的仿真分析工具，用以解决港口（包括堆场、泊位和道口）吞吐量、生产能力和操作效率问题。Mayer 将港口货客吞吐量竞争研究的视野拓展到劳动力成本、生产率、铁路运输衔接水平、港口可达性、陆上用地情况等因素。Etsuko Nishimura 和 Akio Imai 采用了遗传算法和拉日格朗松弛法对港口泊位的动态分配进行研究。Hayuth 则以技术创新和扩散的视角来研究区域港口体系的空间发展演化和港口规模经济的规律，认为随着运输技术的进步，相对集中后的货客分流化是港泊建设未来面对的主导趋势。随着船舶的大型化，货客量增多，加快船舶周转，提高港泊生产力成为了迫切要求。M. Kia 等对港口装卸工艺、港泊的通过能力进行了研究，提出平衡港口建设和码头吞吐量的作业方式。

Hayuth 的模型很好地解释美国港口的发展，对港口区位的空间布局与结构演化的研究产生了重要影响。同时，认为港泊建设与货客量的失衡起源于腹地区域经济多样化，主要港口与其他不重要的港口之间竞争程度提高，而港口与货客源地的联系所形成网络会加快区域的一体化。港口是综合交通运输的枢纽、客货集散地和区域经济的引擎，港泊建设与货客流量的平衡是整个运输系统、乃至物流、资金流、人力资源流和信息流等四维网络的复合有机组成系统。合理的港口功能布局、适度超前的港泊建设以及高效的港泊管理对于国家的繁荣昌盛、人民的安居乐业具有极其重大的战略意义。港泊建设与货客进出口的平衡程度的高低是沿海取得区域国际竞争优势的重要因素，从而提升港口的竞争力。此外，研究还表明港泊基础设施建设是区域发展的一个必要条件，许多国家和地区的区域发展工程、区域经济发展政策中港泊建设一直处于中心地位。解决港泊建设与货客流量的平衡发展问题，是区域经济协调发展的重点所在。

二、国内理论与经验

随着中国国际贸易量的快速增长以及对沿海港口管理体制的改革，我国掀起了新一轮港口建设的高潮，初步形成了以环渤海地区、长江三角洲地区、珠江三角洲地区三大港口群为主的全国港口系统格局。我国港口基础设施不足的状况得到了扭转，港口的规模和吞吐量有了巨大的提高。但从全国的港泊建设来看，普遍存在港口功能定位不合理，重复建设问题严重，效率低下。港泊资源的开发和利用长期处于各自为政的状态，未能体现科学合理的原则，没有形成有机的港口网络，区域港口群整体协同效应不明显。港泊建设与货客流量发展也极不平衡，要么引流不足，运力过剩；要么港口堵塞，疏通不畅，造成港口资源浪费严重，对港口的社会、经济效益和竞争力都受到巨大影响。随着地方港口的迅猛发展以及货主码头的增加，使得港口之间的竞争日趋激烈，造成了当前港口生产能力的部分过剩，一方面港口经营效益下降，另一方面也导致了港口资源的巨大浪费，影响了区域经济的可持续发展。有些学者引入港口生产不平衡系数和泊位利用率来对港泊建设的不平衡问题进行研究，认为港口生产不平衡受到港口规模、货源组织、车船运行、自然条件和生产管理水平等许多因素的影响。张一诺从系统工程的观点出发，运用排队论等原理，结合我国实际情况，以泊位、船舶和船载货物周转的总费用最少为目标，提出确定港口最佳泊位数的通用计算方法。

朱坚真教授等（1996）以广西沿海港泊为例对港泊建设与货客流量之间的不平衡问题展开了研究，提出了许多针对广西港泊建设与协调发展的建设性对策。宋炳良从港口内陆空间通达性的理论入手研究港泊建设问题，分析在其他条件不变时，边际营业收入与边际广义运输成本相等的均衡状态下确定了港口货客量的空间边界。国内对于港泊建设规划研究的实证样本选取上多集中于长三角、珠三角、广西港口群。鲁子爱以厦门港为例建立港口规模优化模型考虑了港口建设费用、船舶费用和货客量的时间价值。

陈航对海港地域组合的形成机制、原理、条件和发展规律进行专门的探讨与论述。张培林认为港泊建设和布局具有层次性规律，并分析其形成机理和经济性，指出了港泊建设的平衡性是由货主、港口、船舶和地区开发等经济利益协调发展的内在经济规律所决定的。贾大山的适应理论认为港口的货客进出口量的增长，港泊的新码头建设是必须的，但通过技术改造、规模经济和服务质量也可以提高港口的吞吐量和平衡的适应性。

港泊建设与货客吞吐量的平衡问题是港口发展研究的核心问题，目前国内对这方面的研究还远没形成一个完整的测度体系，各相关学科之间缺乏有效的结合，而且针对于港泊建设与货客进出口量平衡发展的系统性研究成果尚不多见。在区域一体化的背景下，如何进行多学科配合，根据货客进出口流量对广东港泊建设进行更加合理的规划与建设，加强与腹地区域经济的联运，在激烈的竞争市场中占一席之地，从而加速区域经济的发展和资源的整合具有重要意义。

第二节　港口吞吐量影响因素分析与港口建设综合指标体系构建

一、吞吐量影响因素

影响港口吞吐量的因素十分复杂：综合起来看，大体可以分为两种类型，一种是客观的区域因素，如腹地的大小，生产发展水平的高低，外向型经济发展状况和进出口商品的数量等；另一种是港口本身的建港条件，包括自然条件和社会经济因素。在上述条件一定的情况下，劳动组织与管理水平、装卸机械数量和技术水平、船型、车型、水文气象条件、工农业生产的季节性、车船到港的均衡性，以及经由港口装卸的货物品种与数量，均可能成为影响港口吞吐能力的重要因素。①

（一）地理位置

港口的地理位置条件是决定港口吞吐量的重要因素之一。由于港口竞争的主要对象是腹地货源和中转货源，因而如果港口位于背靠广大经济发达地区大陆的边缘，并且靠近国际航线，则在与其他港口争夺腹地货源的竞争中就会处于非常

① 王丹、杨赞：《港口吞吐量影响因素分析》，载于《水运工程》2007年第1期，第45～48页。

有利的地位。相反，如果一个港口远离经济发达地区，或者远离国际航线，纵然该港口具有先进的现代化港口设备，也很难与其他港口直接展开真正的竞争。这是因为，货主选择港口往往是以全部运输成本最低为目标的。即使港口的现代化水平很高，可以提高货物的装卸效率，缩短货物和船舶在港口停留时间，最终降低船舶和货物在港口的成本，但和地理位置优越的其他港口相比，货物在本港装卸需要进行较长距离的内陆运输。这不仅需要花费较长的运输时间（这个时间有时会抵消甚至会超过船舶和货物在本港装卸所节省的时间），而且还要支付内陆运输费用，这个费用也经常会抵消甚至超过其在港口少付的港口费用。

（二）腹地经济

港口腹地的经济实力将直接或间接影响港口的进出口货量，一般可以用港口腹地内的生产总值来衡量。如果港口有强大的腹地经济实力，则进出口货物数量必然丰富，航线必然密集，集疏运也会发达，而且由于马太效应，港口还会吸引更多的中转货物，进一步提高港口的吞吐量。

（三）港口通过能力

港口通过能力是指港口在一定设备条件下，按合理的操作过程，先进的装卸工艺，在一定的时间（年、月、日）内装卸船舶所能完成的货物最大数量（以吨表示）。港口通过能力是港口所有泊位通过能力的总和，是由泊位子系统、库场子系统以及装卸子系统所组成的。一般来说，泊位子系统的通过能力是港口通过能力的中心环节，其他环节的通过能力都应与泊位的通过能力相适应。

泊位通过能力指所有泊位在1年中能够装卸货物的最大吞吐量。它是港口通过能力的主要组成部分，其大小取决于泊位数、泊位大小、码头装卸设备情况和效率、管理水平、船舶到港不平衡情况及泊位年工作天数等多种因素。

库（场）通过能力是指港区仓库或货场在1年中能够通过的最大货物数量。仓库（场）能力是港口通过能力的重要组成部分之一，它与库（场）的有效面积、单位面积堆存量及货物平均堆存期等许多因素有关。

装卸作业系统是港口通过能力的重要组成部分，是完成货物在车、船之间换装位移的系统。该系统通常是由装卸工人与机械组成的装卸机械化系统，又简称“人—机”系统。港口通过能力经常受到薄弱环节能力的限制，其大小与劳动组织、管理水平、设备状况和数量、船型、车型、机型等有关，也受货物种类及其比重变化情况、生产的季节性、车船到港的均衡性等许多因素的影响。如果在各子系统中出现了“瓶颈”现象，港口通过能力就取决于其薄弱环节，即能力最小子系统的通过能力，此时其他系统的能力都难以得到充分发挥。因此，港口各系统的通过能力要保持一定的比例关系，彼此协调配合。

（四）集疏运系统

集疏运能力大小是影响港口凝聚和辐射功能的重要因素。港口的疏（集）运能力与主要水运（一般指长途）能力需要保持平衡或稍有富余，才能使港口经常保持畅通而不致发生阻塞或导致水运能力的浪费。港口集疏运系统又包括陆路集疏运系统和水路集疏运系统。

陆路集疏运系统。陆路集疏运系统的好坏是指港口与其陆向腹地之间是否有合适的交通方式联系着，其渠道是否畅通，能力是否足够。港口与陆向腹地之间可以通过公路、铁路、内河、管道以及航空等方式进行连接。但是由于受到历史、地理和经济因素的约束，一些港口与其陆向腹地之间没有很好的运输联系渠道，或者渠道不太畅通，这必然会影响货物运送费用、运送时间，从而会影响到港口的实际吞吐能力。

水路集疏运系统。水路集疏运系统是指港口干支线的数量，航班的密集程度和船舶挂靠频率等。如有便利的水路通往内外货物集散地区，其实际吞吐能力就不会受到制约。

二、沿海港泊建设与发展的综合评价指标体系的构建

综合上述的分析可以构建沿海港泊建设与发展的综合评价指标体系（见表7－1）

表7－1　　沿海港泊建设与发展水平评价指标体系

第一层	第二层	第三层
沿海港泊建设及发展水平	港口自然条件	航道水深
		水文气象
		深水岸线长度
	港口设施利用	码头泊位运用
		码头生产设备运用
		堆场运用

续表

第一层	第二层	第三层
沿海港泊建设及发展水平	港口服务能力	货物吞吐量
		中转货物比重
		船舶在港综合停时
		单位吞吐量客户支付成本
	集疏运能力	进出港口道路通行能力
		铁路线长度
		驳船集疏运能力
	港口区位条件	腹地货量增长率
		口岸外贸进出口额
		区域市场占有率
	港口基础设施	深水码头数
		堆场有效面积
		港口通过能力
	港城关系	港口经济增加值
		就业贡献率
	港口管理水平	港口治理结构
		港口资源管理
	港口发展成本收益	港口发展成本
		年度利润总额
		净资产收益率
	港口中转能力	国际中转
		海铁联运
		水水中转
	信息技术资源	EDI 报文数
		EDI 报文量
		货物跟踪系统

但表 7-1 所构建的评价指标体系在操作上存在较大的难度，因为按目前的统计口径很多新的观念没有相应统计数据与此对应，而新统计数据的设立受到统计法的制约，不能随意设立（包括交通部）。所以我们最好能用三到五项指标反映出港口的综合竞争能力和发展能力。在这种背景下，我们目前采用的这一套指标体系只有二项一级指标，十项二级指标构成，见表（7-2）。

表 7-2　　简化后的指标体系

	一级指标	二级指标
港口建设与发展评估指标体系	港口综合服务能力（0.6）	港口吞吐量（0.25）
		船舶综合停时（0.2）
		单位吞吐量客户支付成本（0.15）
		吞吐量单位耗能（0.15）
		中转货比重（0.250）
	港口可持续发展能力（0.4）	吞吐量绝对增量增长率（0.2）
		港口能力适应度（0.15）
		净资产增长率（0.2）
		可利用岸线比例（0.15）
		港口治理结构（0.3）

港口建设及发展评价指标体系选取能够充分反映港口现在发展水平以及未来发展能力，可以获取基础数据，便于核算和操作的指标，包括港口综合服务能力和港口可持续发展能力两大方面。

一级指标中港口综合服务能力反映港口目前建设规模和水平，是港口可持续性发展的基础，体现港口发展“好”的方面，相对比较重要，因而权重设为 0.6。港口可持续发展能力反映港口发展潜力和后劲，体现港口发展“快”的方面，权重设为 0.4。从这两大方面对港口综合发展进行评估，促进港口既好又快地发展。

港口综合服务能力指标值 = 港口货物吞吐量指标值 + 船舶综合停时指标值 + 单位吞吐量客户支付成本指标值 + 港口吞吐量单位能耗指标值 + 中转比重指标值。

港口货物吞吐量（全港），指一定时期内经由水运进出港口并经过装卸的货物数量。用年货物吞吐量表示。

船舶综合停时，以船舶平均每次在港停泊时间来表示。即船舶进港至离港，船舶停泊总艘时数与停泊船舶总艘次数比值。该项指标是反映港口服务水平的重要指标，同时也间接反映出港口的气象和自然条件。对于船公司而言，该项指标数值越小越好。

单位吞吐量客户支付成本，指统计期内港口平均每单位吞吐量需客户支付的作业成本。可以通过港口经营单位主营业收入与吞吐量的比值来反映该指标。港口主营业务收入指与货物装卸直接相关的各项业务收入，主要包括装卸费、装卸包干费、堆存费以及货物在港区内移动发生的各项费用。该项指标是反映港口收费的重要指标，对货主而言，这一指标数值越小越好。

港口单位吞吐量能耗，是指平均完成单位吞吐量所消耗的能源。该指标反映了港口为了减少资源消耗和有效利用资源而采取的一系列资源节约的措施。

中转货比重，中转货吞吐量指报告期内从某港口装船运至本港卸货后，又运出到其他港口的货（箱）数量。中转货比重指中转货吞吐量与港口吞吐量比值。比重越大，表示港口中转能力越强。

港口可持续发展能力指标值＝货物吞吐量绝对增量增长率指标值＋可利用岸线比例指标值＋港口能力适应度指标值＋净资产增长率指标值＋港口治理结构指标值。

货物吞吐量绝对增量增长率（全港），吞吐量指统计期内经由水运进出港口并经过装卸的包括集装箱、原油、煤炭、铁矿石在内的所有货物数量。吞吐量绝对增量增长率表示统计期吞吐量增长量与基期吞吐量增长量的差额与基期吞吐量增长量的比值。

可利用岸线比例（全港），指港口尚未开发的可使用（以及规划使用）的岸线长度与该港口岸线总长度的比值。此项指标反映港口的发展空间。

港口能力适应度（全港），指港口吞吐能力与实际完成吞吐量的比值，反映港口设计吞吐能力对未来货物吞吐量的适应程度。当港口能力适应度小于1时，将导致港口吞吐能力不足。

净资产增长率，是指企业考核当期净资产与前期净资产的差值与当期净资产比值。该项指标是反映港口经营单位资本运作能力的重要指标。

港口治理结构反映港口战略竞争以及经营管理能力，包括港口投资主体以及港口主业产业链延伸。

第三节　基于港泊建设与货客量平衡的港口效率测度

一、港口效率测度的内涵

港口效率理论的根源是经济学界广为关注的“效率”理论，“效率”意味着经营实体对其拥有资源的利用有效程度，即增加或减少投入量对其产出能力的影响程度。当效率概念被应用到港口领域时，有效率意味着该港口与其他港口相比，在成本费用支出最小化，产出能力最大化，资源配置合理化等方面处于竞争优势。①

本节针对港口建设与货客平衡的效率测度研究，主要对港口的技术效率进行测度。从港口投入产出的角度看，技术效率就是反映了既定生产投入数量下，实际产出与理论最大产出的百分比。

港口效率就其内涵而言，需要注意的是港口效率并不是一个简单的成本——收益的对比关系，而是一个从投入——产出角度衡量的综合效率概念，其投入和产出并不仅仅局限于货币化的投入和产出，港口效率是关于港口资源配置情况和各项资源综合利用的有效程度的衡量。港口效率可以是从整体衡量的效率，也可以是从某一功能单元或某一局部衡量的效率。港口效率的测度与比较是建立在同一背景和基础上的，其效率值只是一个相对值，是在所选取的决策单元内进行的测算与比较，没有绝对的高效率与低效率。港口效率测度的内涵就是通过建立一个合乎同一性，可靠性，广泛性基本要求的效率标准，并能将港口的效率与此标准进行比较，具体应包括以下四个方面：一是确定各种港口效率的评价指标体系，二是采用合理的评价模型对其进行评价，确定效率标准以及港口的实际效率，三是找出并分析港口实际效率与效率标准的差距，四是针对港口的效率的主要影响因素提出改进对策和建议。

二、沿海港口技术效率测度的原理

（一）DEA 模型简介

数据包络分析（data envelopment analysis，DEA）它是利用线性规划技术，对多指标投入和多指标产出的同类经济体的相对效率进行有效评价的方法。它广泛应用于银行、医院、保险公司的效率评价，并可以评价不同量纲的指标，不需要主观地赋予指标的相对权重，具有很强的客观性。②

假设有 n 个需要评价的对象，每一个对象记为一个 DMU，且每一个 DMU 有 m 种投入和 s 种产出。用 X_{ij}表示 DMU_i的第 j 项投入，Y_{ik}表示 DMU_i的第 k 项产出，所有 DMU_i的投入可以表示为：

$$X_i = (x_{i1}, x_{i2}, \cdots, x_{im})^T, (i = 1, 2 \cdots n)$$

DMU_i的产出可以表示为：$Y_i = (Y_{i1}, Y_{i2}, \cdots Y_{is})^T, (i = 1, 2, \cdots n)$

DMU_i的效率可以表示为：

---

① 匡海波：《中国港口效率测试研究》，大连理工大学 2007 年版。

② 马占新：《数据包络分析模型与方法》，科学出版社 2010 年版。

$$E_i = \frac{u^T Y_i}{v^T X_i} \tag{1}$$

其中，u^T 和 v^T 分别为投入指标和产出指标的权向量，适当选取权重 u 和 v，能够使 $E_i \leqslant 1$，$i=1$，2，$\cdots n$。

如果对第 i_0 个 DMU 进行评价，记为 DMU_0，其投入为 X_0，产出为 y_0，则第 i_0 个 DMU 的相对效率评价模型为：

$$\begin{gathered} \text{Max } E_0 = \frac{u^T Y_0}{v^T X_0} \\ \text{s. t. } u \geqslant 0, v \geqslant 0 \\ \sum_{i=1}^{s} u_i = 1, \sum_{i=1}^{m} v_i = 1 \end{gathered} \tag{2}$$

利用 Chamess-Cooper 变换以及对偶规划理论并引入松弛变量 s^+、s^- 和非阿基米德无穷小量 ε，将模型（1）的分式规划问题等价变换为线性规划 CCR - DEA 模型：

$$\begin{gathered} \text{Min}[\theta - \varepsilon(e_1^T s^- + e_2^T)] \\ \text{s. t. } \sum_{i=1}^{n} X_i \lambda_i + s^- = \theta X_0 \\ \sum_{i=1}^{n} Y_i \lambda_i - s^+ = Y_0 \\ \lambda_i \geqslant 0, i = 1,2,\cdots n \\ s^- \geqslant 0, s^+ \geqslant 0 \end{gathered}$$

其中：ε 为非阿基米德无穷小量。$e_1^T=(1, 1, \cdots 1) \in E_m$，$e_2^T=(1, 1, \cdots 1) \in E_s$，$s^-$是与投入，相对应的松弛变量组成的向量 $s^-=(s_1^-, s_2^-, \cdots s_m^-)^T$，$s^+$是与产出相对应松弛变量组成的向量 $s^+=(s_1^+, s_2^+, \cdots s_m^+)^T$。

（二）模型参数计算及结果情况分析

利用线性规划的软件，模型中的参数 λ_i，s^+，s^-，以及 θ 都能很快计算出来。θ 为港口的生产效率值。模型结果分析存在着以下三种情况：

DMU_0为 DEA 有效：当 $\theta=1$，且 $s^+=s^-=0$ 时，DMU_0为 DEA 有效，即 n 个评价对象中，投入 X_0的基础上产出 Y_0达到了最优。

DMU_0为 DEA 弱有效：当 $\theta=1$，且 $s^- \neq 0$ 或 $s^+ \neq 0$ 时，称 DMU_0为 DEA 弱有效，其含义是可以对投入 X_0减少了 s^-而保持原来的 Y_0不变，或者在投入 X_0不变的情况下能够使产出提高 s^+。

DMU_0 为 DEA 非有效：当 $\theta<1$ 时，称 DMU_0 为非 DEA 有效，即 DMU_0 可将投入降低到 θX_0 而保持原 Y_0 不变。

三、沿海港口技术效率测度的路线

在广泛搜集港口效率评价指标及数据的基础上，本研究首先建立了港口技术效率评价指标体系，该体系使用较少的指标表达了港口技术效率更多的原始信息。在此基础上，借助数据包络法评价原理，建立基于数据包络法（DEA）的港口技术效率评价模型，并对港口技术效率的评价进行了实证研究，提高了评价的科学性和准确性，减少了人为主观因素及模糊随机因素的影响（见图 7－1）。

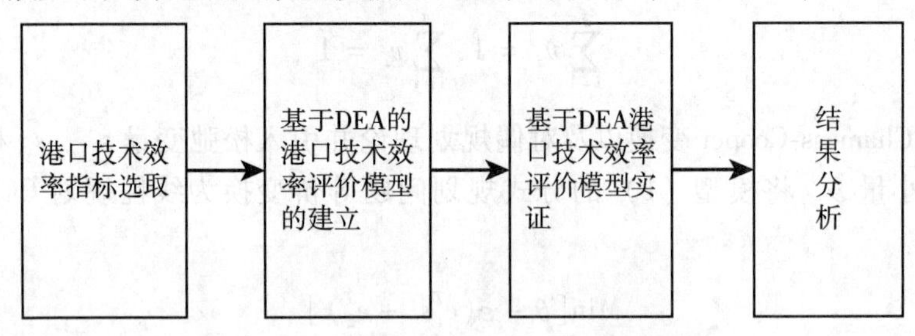

图 7－1　港口技术效率具体研究思路

四、沿海港口技术效率评价的投入产出指标体系的确立

根据世界港口发展的方向，结合广东港口现有情况，在考虑港口综合吞吐能力的基础上考核港口产出的质量，借助生产法思想来选取符合我国国情的港口投入产出指标。主要选取了港口泊位数量、装卸机械数量，库场面积共 3 个投入指标。由于目前我国港口货运比重在港口的吞吐量中非常大，因此产出指标中选取了港口集装箱吞吐量、港口货物吞吐量 2 个指标。港口投入产出指标体系如表 7－3。

表 7－3　　港口技术效率评价指标体系

港　口	指　标
投入	港口泊位数
	装卸机械数量
	库场面积
产出	港口集装箱吞吐量
	港口货物吞吐量

五、广东沿海港口技术效率测度的实证分析

（一）原始数据的采用

本研究选取了广东省三大港口群的主要港口进行实证分析，珠三角选取广州、深圳、珠海三港，粤东和粤西地区的港口群选取了具有代表性的两大港口汕头港和湛江港。

本研究采用各港口 2009 年的数据来进行研究，其原始指标数据，见表 7－4。

表 7－4　　广东主要港口投入产出指标数据原始值

港　口	产　出		投　入		
	集装箱吞吐量（万 TEU）	货物吞吐量（亿吨）	港口泊位数（个）	港口装卸机械数（套）	港口库场面积（万平方米）
广州港	1 120	3.63	132	1 180	215
深圳港	1 825	1.94	156	1 172	177.8
珠海港	56.4	0.44	118	213	5.6
湛江港	23.16	1.18	146	670	87.8
汕头港	82	0.31	82	312	26.7

（二）评价结果分析

用 DEA 的 CCR 模型所求结果为：

表 7－5　　DEA 的 CCR 模型的求解结果

DEA 效率值	广州港	深圳港	珠海港	湛江港	汕头港
Crste 效率	1.00	1.00	1.00	0.67	0.49
Vrste 效率	1.00	1.00	1.00	0.74	1.00
Scale 效率	1.00	1.00	1.00	0.905	0.49
趋势	规模报酬不变	规模报酬不变	规模报酬不变	规模报酬递增	规模报酬递增

从表 7－5 可以看出：（1）珠三角的三个港口广州港、深圳港、珠海港的综合效率相对比粤西、粤东港口的综合效率高，而粤西湛江港和粤东汕头港也呈现出不断发展的趋势。（2）湛江港的纯技术效率最低，由此可以得出湛江港的综合效率

主要依靠其规模优势。（3）汕头港的纯技术效率已经 DEA 有效，而综合效率非 DEA 有效，只有 0.47，是其规模不经济所导致的。有鉴于此，汕头港可以利用其良好的天然水域条件，加大对港口的投资，引入先进的机械设备，提高港口的整体运营效率，实现其规模经济，从而提高综合效率。

各港口投入指标的目标值（见表 7 -6）：

表 7 -6　　　　各个港口投入指标的目标值

港　口	港口泊位数（个）	港口装卸机械数（套）	港口库场面积（万平方米）
广州港	132	1 180	215
深圳港	156	1 172	177.8
珠海港	118	213	5.6
湛江港	108	488	65.0
汕头港	82	312	26.7

对比表 7 -6 与表 7 -4 可知，广东沿海的 5 个主要港口中，除了湛江港，其他 4 个港口的港口泊位个数、装卸机械套数和库场面积的目标值与实际值一致。关于湛江港，其实际港口泊位个数大于目标值，即 146 > 108；港口装卸机械套数和库场面积的实际值也都大于其目标值，结合表 7 -5 的分析结果即湛江港的综合效率主要依靠其规模优势，表明湛江港的问题在于盲目扩大投资，而忽视了与港口规模相配套的软件设施水平的提高，港口综合效率并没有随着投资规模的扩大而增大。据此，建议湛江港应该从信息技术、人才培养和招商引资等方面提高其纯技术效率，从而达到提高综合效率的目的。

各港口产出指标目标值（见表 7 -7）：

表 7 - 7　　　　各港口产出指标的目标值

港　口	港口集装箱吞吐量（万 TUE）	港口货物吞吐量（亿吨）
广州港	1 120.0	3.63
深圳港	1 825.0	1.94
珠海港	56.0	0.44
湛江港	328.49	1.18
汕头港	82.0	0.31

从表 7 -7 和表 7 -4 的对比可知广州港、深圳港、珠海港和汕头港的集装箱吞

吐量和港口货物吞吐量都已达到其目标值，而湛江港按照其现有的规模应该有更高水平的集装箱吞吐量，其现有的集装箱吞吐量与其目标值存在很大差距。这也反映了湛江港港口资源利用不足的问题。湛江港位于北部湾地区，水域条件极佳，具备了发展世界级深水良港的条件，但由于目前湛江港的腹地经济结构不强，其发展与珠三角的几大港口相比稍显落后。

六、提高港口技术效率的建议

基于上述分析结果，我国港口应该从以下三个方面入手，提高自身的技术效率：

1. 针对港口的投入，我国港口应加大增加深水泊位数和机械数等基础设施的投入，通过引入战略投资者和上市，加大基础设施改造和扩建的投融资力度，提高港口基础设施的质量，以提高自身的技术效率。

2. 对于港口的产出，我国港口应在提升港口货物吞吐能力的同时，大幅度提升集装箱吞吐能力，以赶超世界港口发展趋势。在提高自身服务质量的同时，对货物吞吐量和集装箱吞吐量比例进行优化，提高港口产出效率。

3. 从港口发展程度及前景来看，应努力发展港口多元化服务，提高业务处理电子化和自动化，走集约化经营的道路，以提高港口产出效率，从而是在生产效率方面避免陷入弱势。

总之，我国各港口要针对自身特点，挖掘影响自身技术效率的各种主要因素，改善其状况，以提高其技术效率。

第四节 港口腹地经济发展对港口效率影响力测度

一、港口腹地经济及其形成现状分析

（一）港口腹地及其对港口效率影响的界定

20 世纪 80 年代以来，经济全球化和运输集装箱化的迅速发展为港口带来了巨大变化，使得大部分港口货物的来源地与港口距离不大这种格局转变成港口腹地纵深几千公里之外的格局，而且这种格局目前越来越显著。港口影响范围的广度和深度的迅猛扩大致使现有理论关于港口腹地的内涵以及港口与腹地经济关系发生巨大的变化。根据港口对腹地货源的专有程度，传统做法是将港口腹地分为直接腹地和间接腹地。直接腹地，是指港口由于地理位置、自然条件等方面的优势，使得其对

于腹地内的运输货源具有独占性。[1] 间接腹地主要是指除港口直接腹地以外的对港口吞吐货物存在需求的地区。随着港口的发展以及集装箱化与多式运输的发展，港口直接腹地与间接腹地的界限越来越模糊，对于相邻港口更是如此。现代港口迅猛发展，以及腹地交叉重叠和动态多变的特征，本章节认为所有当前与港口间有货源联系，或将来可能有联系的地方统称为该港口的腹地。前者为现实腹地，后者为潜在腹地。

港口效率的提升、港口竞争力的增强不仅取决于该港口的现实腹地经济发展水平，而且与其潜在腹地的经济发展水平和程度有着重大关系。腹地经济发展对港口效率提升，是一种外在拉动型的力量，对提升港口效率影响显著。

然而，对于腹地经济对港口效率提升贡献的大小，跟港口的类型有关。根据港口货运功能的不同，港口类型可分为三种。一是通过型海陆联运港口，如秦皇岛港；二是与临海产业、加工业相关的港口，指大多数港口；三是货物水水中转型港口，如宁波—舟山港。水水中转型一般与所依托的港口腹地经济发展关系不大，其发展是以港口业务为核心。第一、二类港口与所在港口腹地经济关系密切，或是加工制造业聚集于港口腹地，或是服务于腹地的临港基础工业，与腹地生产、生活具有密切的关系。

基于以上分析，为使研究具有一般性，本章节所界定的港口腹地即所有当前与港口间有货源联系、或将来可能有联系的地方区域，包括港口所在城市及其受港口影响的所有地区，所研究的对象主要是腹地经济对第一、二类港口，即通过型海陆联运港口以及临海产业、加工业相关的港口的效率影响分析。

（二）港口腹地的演变进程

港口腹地依赖港口初始阶段。港口刚刚形成时期，其基本功能为运输中转功能，进而诱发产生港口产业，此时港口腹地仅限于港口所在城市，港口腹地初步形成，初级的港口腹地经济处于起步发展阶段。这一阶段，港口的区位优势起着决定性作用，港口腹地的发展对港口有很强的依赖性。[2]

港口腹地与港口相互关联阶段。港口的发展带动了与港口中转运输相关的海运代理、金融、保险等第三产业的发展，进一步增强了对港口腹地的影响，也促使港口对内陆经济发展的影响增大。港口产业发展形成巨大的产业带动力，逐步成为港口腹地产业的主体，如大进大出的临港工业和依港而建的进出口加工业。同时，港口腹地特别是港口所在城市的工业和商业的迅速发展，铁路、公路等集疏运方式的完善，也促进了港口规模的膨胀。以港口关联产业发展为纽带，港口与腹地在空间

① 宋德驰：《中国港口与运输实物》，人民交通出版社 1999 年版。
② 匡海波：《中国港口效率测试研究》，大连理工大学 2007 年版。

形态上相互融合，港口与腹地开始走向一体化，进入港口腹地工业型经济发展阶段。这时候以港口工业的形成为标志，港口腹地完成了从简单地服务于港口到积极地利用港口的转变，港口腹地与港口互动实现共同发展。

港口腹地和港口集聚扩散效应阶段。随着港口功能的多样化发展，即从装卸到集装卸、工业、客运、旅游、综合物流等于一身的综合性港口，产业发展构成的良好腹地基础设施条件产生空间集聚引力，吸引与港口无直接关系的产业在港口腹地的集聚。港口产业链不断延长，不断吸引关联产业在港口腹地集聚，并进一步辐射扩散到周边区域，形成强大的产业群，促使港口腹地不断扩大，带动腹地经济的发展。

港口腹地自增长效应发展阶段。随着港口腹地产业结构的优化升级和多元化产业的形成和发展，其继续发展将主要源于自身规模循环和累积。港口腹地在进入多元化经济发展阶段以后，港口经济就融入了腹地经济，成为港口腹地经济的一个组成部分。港口的主导地位将逐渐失去，其发展在很大程度上将取决于港口腹地的多元化产业发展及腹地的自增长发展。

（三）广东沿海港口腹地经济发展与港口关系现状分析

经过改革开放30多年的发展，广东沿海港口及其腹地经济发展，特别是广州、深圳、湛江等主要港口及其腹地经济已基本脱离了初级商港型经济的发展阶段，港口的效率得到较大的提升，港口功能日益多元化，港口腹地经济得到较快发展。但是，由于地理位置的不同，港口和腹地经济发展水平存在差异，形成了广东沿海港口及其腹地互动发展的不均衡性。

目前，广东省港口腹地经济与港口互动发展正进入黄金发展期。但广东省港口发展主要还处于临港产业集聚阶段，港口腹地经济发展和港口的关系主要还处于港口腹地和港口集聚扩散效应阶段。广东省沿海主要港口及其腹地互动发展大致可划分为两个梯队。第一梯队是深圳、广州港口，处于港口腹地和港口集聚扩散效应阶段。第二梯度是包括湛江、珠海、汕头等港口还处于港口腹地与港口相互关联阶段。

由于腹地产业的迅速发展，带动了港口腹地的经济繁荣，港口成为了港口腹地的经济发展的加速器，同时腹地产业也成为了港口效率提升的主要支柱产业。然而，不同的港口类型致使港口腹地经济对港口效率的影响也不一样。第三类港口的发展由于主要集中于港口业务本身，港口腹地经济对其影响不如第一、二类港口的影响大。主要原因在于第一、二类港口的发展主要是腹地经济支撑而发展起来，而第三类港口主要是港口业务本身，受腹地经济的影响相对较小。因此，对目前广东绝大多数港口效率的提升取决于港口腹地经济的发展程度及好坏。根据广东港口现状，本章节主要侧重点还是在于分析第一、二类港口腹地经济对港口效率提升的影响及其程度。

二、沿海港口腹地经济对港口效率影响分析的研究思路

港口腹地经济对港口效率影响相当复杂，目前对港口腹地经济对港口效率影响分析的理论度量方法都极其薄弱。因此在分析时首先应确定港口腹地经济对港口效率起作用的指标体系，借助科学性、代表性和综合性等呈现结构层次性的原则，选取有限的主要指标来分别确定港口腹地经济港口经济指标体系和体现港口效率指标体系，为科学系统地测度港口腹地经济发展对港口效率的影响力奠定基础。

在港口腹地经济对港口效率影响研究方法上，首先，现有研究关于测度港口腹地经济发展对效率提升的适用模型几乎没有。主要原因在于：一是现有的文献都以回归法等为主的数量统计方法很可能由于数据较少而得不出较准确的结论。其次，港口腹地经济发展和港口效率是两个不具有相似特点的对象之间互动关系，具有相似特点的对象、相同分析指标的因果关联性模型很多，如集对分析向量自回归计量模型等，但分析不具有相似特点的对象，其指标体系完全不同，且样本数据较少，因果关联性模型非常少。综上分析，港口腹地经济发展对港口效率影响的测度研究急需创新。

针对以上问题，匡海波通过建立港口腹地经济发展对港口效率影响力测度模型研究的港口腹地经济发展对港口效率的带动作用。港口腹地经济发展对港口效率影响力测度模型不仅修正了现有文献采用回归分析、向量自回归等计量经济模型等方法研究港口腹地经济发展对港口效率提升的带动效应的弊端，而且为研究港口腹地经济对港口效率的影响提供了一种新思路和方法。本文借鉴其研究成果对广东沿海港口腹地经济对港口效率的影响力进行了测度分析（见图 7-2）。

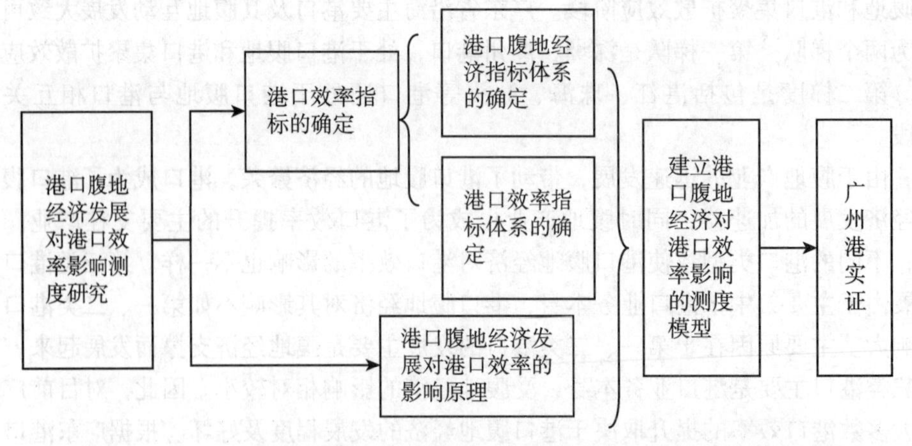

图 7-2　广东省港口腹地经济发展对港口效率影响测度分析框架图

三、沿海港口腹地经济发展对港口效率影响力评价指标体系构建

港口腹地经济和港口都是复杂的经济系统，体现这两种经济系统的指标相当丰富。本章节的侧重点在于研究港口腹地经济发展对港口效率提升的影响及其程度，由于反映港口腹地经济发展和港口效率的因素太多而且太复杂，在分析时只能选取有限的主要指标来进行分析，找出能有效反映港口效率和港口腹地经济发展指标。因此选择指标体系应呈现出结构层次性，能够完整、全面、系统地反映港口腹地经济对港口效率的影响程度和水平。

依据科学性、代表性、综合性、可操作性、相关性五个原则，把港口腹地经济发展程度和水平作为反映腹地经济的指标，而把港口的产出作为衡量港口效率的经济指标，最终选取了9个港口腹地经济指标包括国内生产总值、工业生产总值、农业生产总值、交通运输邮电业增加值、批发零售餐饮业增加值、财政收入、对外贸易总额、货运量、社会消费品零售总额，以及2个反映港口效率的指标包括全港货物吞吐量和全港集装箱吞吐量，如表7－8所示：

表7－8　　港口腹地经济对港口效率影响力评价指标体系

	总体指标	国内生产总值X1（亿元）
港口腹地经济指标	行业指标	工业生产总值X2（亿元） 农业生产总值X3（亿元） 地方财政收入X4（亿元） 对外贸易总额X5（亿元） 社会消费品零售总额X6（亿元） 邮电业务总量X7（亿元） 货运量X8（万吨）
港口效率指标	总体指标	全港货物吞吐量 全港集装箱吞吐量

反映港口腹地经济发展指标选取理由是：港口腹地经济和国际贸易是港口经济发展和港口效率提高的原始动力，因此本研究选取了腹地的国内生产总值指标和对外贸易总额这两个指标来反映这种港口效率提升的引擎动力。而港口腹地货运量的产生则是港口存在和发展的直接动力，工业生产总值、农业生产总值、交通运输邮

电业增加值、批发零售餐饮业增加值、财政收入、社会消费品零售总额则主要是从更微观层面上来体现腹地经济发展水平，以更好地反映港口腹地的产业对港口效率提升的贡献程度。

反映港口效率的指标选取理由是：港口效率体现在方方面面，因此反映港口效率的指标众多，而全港集装箱吞吐量是港口效率最直接最明显的指标，① 对于港口货物吞吐量这个指标，主要是由于中国国内港口大多数还是以散装货运和集装箱货运并重，尤其是内陆沿江港口，货运量比重非常大。基于此原因，本章节选取港口货物吞吐量和全港集装箱吞吐量作为反映港口效率的最直接指标。

四、港口腹地经济发展对港口效率影响力测度模型的建立

（一）模型建立依据

港口腹地经济发展对港口效率影响是一个复杂的因果关联系统。第一，因为反映港口腹地经济发展对港口效率影响的因素太多而且太复杂，在分析时只能选取有限的主要指标来进行分析。第二，各类指标的统计数字十分有限，而且现有数据较少，数据大都没有典型的概率分布。这就导致现有以回归法、集对分析等为主的数量统计方法很可能得不出较准确的结论。

本章侧重于港口腹地经济发展对港口效率提升的带动效应测度研究。港口效率的提升、港口的发展离不开港口腹地经济的发展，它依赖于腹地经济。没有腹地经济的后台支撑，港口发展会受到很大地制约，港口效率的提高更是空中楼阁。因此港口腹地经济对港口效率的提升的促进作用是不容忽略的。综上分析，如何综合量化港口腹地经济对港口效率提升的促进作用显得非常重要。这对政府或港口制定相应的提升经济效率、整合港口资源，大力发展港口政策具有重大的指导意义。

基于以上分析，本章建立港口腹地经济发展对港口效率影响力测度模型研究港口腹地经济发展对港口效率的带动效应。针对内容不一样、指标数量不一样的不同对象之间的因果关联关系，建立模型的基本思想是根据不同对象指标之间的相近程度来判断其影响程度大小。港口腹地经济发展对港口效率影响力测度模型主要体现的是港口腹地经济对港口效率提升效应的发展变化的分析，也是对系统动态发展过程的量化分析。

（二）腹地经济发展对港口效率影响力测度模型的建立

1. 港口腹地经济发展和港口效率指标矩阵的确定

设x_{ij}表示第个 i 港口腹地经济指标第 j 年的数据（$i=1，2，\cdots，k$；$j=1$，

① Wang J. J. Slaek B. The evolution of aregion aleon tain erport system [J]. Journal Transport Geography, 2000, 8 (2): 263-275.

2，…，t），y_{mj}表示第 m 个反映港口效率指标第 j 年的数据（$m=1$，2，…，l；$j=1$，2，…，t），反映港口腹地经济发展和港口效率指标的数据形式如表 7－9 所示。

表 7－9　　　　腹地经济指标与港口效率指标的数据形式

	第 1 年	第 2 年	…	第 t 年
国内生产总值	x_{11}	x_{12}	…	x_{1t}
工业生产总值	x_{21}	x_{22}	…	x_{2t}
…	…	…	…	…
社会消费品零售总额			…	
全港货物吞吐量	y_{11}	y_{12}	…	y_{1t}
全港集装箱吞吐量	y_{21}	y_{22}	…	y_{2t}

由表 7－9，则得到 X 表示港口腹地经济发展指标矩阵如下：

$$X=\begin{bmatrix} x_{11} & x_{21} & \cdots & x_{k1} \\ x_{12} & x_{22} & \cdots & x_{k2} \\ \vdots & \vdots & \cdots & \vdots \\ x_{1t} & x_{2t} & \cdots & x_{kt} \end{bmatrix}$$

Y 表示港口效率经济指标矩阵如下：

$$Y=\begin{bmatrix} y_{11} & y_{21} & \cdots & y_{l1} \\ y_{12} & y_{22} & \cdots & y_{l2} \\ \vdots & \vdots & \cdots & \vdots \\ y_{1t} & y_{2t} & \cdots & y_{lt} \end{bmatrix}$$

2. 港口腹地经济发展和港口效率指标矩阵标准化

由于港口腹地经济发展和港口效率指标的度量方式及单位不同，故要对其进行标准化。为准确地计算影响力，将矩阵 X 做标准化处理，得到矩阵 W：

$$W=\begin{bmatrix} w_{11} & w_{21} & \cdots & w_{k1} \\ w_{12} & w_{22} & \cdots & w_{k2} \\ \vdots & \vdots & \cdots & \vdots \\ w_{1t} & w_{2t} & \cdots & w_{kt} \end{bmatrix}$$

其中，$w_{ij}=\dfrac{x_{ij}}{\left(\dfrac{1}{t}\sum\limits_{j=1}^{t}x_{ij}\right)}\quad(i=1,2,\cdots,k)$

同理可得港口效率指标标准化矩阵 Z：

$$Z=\begin{bmatrix} z_{11} & z_{21} & \cdots & z_{l1} \\ z_{12} & z_{22} & \cdots & z_{l2} \\ \vdots & \vdots & \cdots & \vdots \\ z_{1t} & z_{2t} & \cdots & z_{lt} \end{bmatrix}$$

其中，$z_{mj}=\dfrac{y_{mj}}{\left(\dfrac{1}{t}\sum\limits_{j=1}^{t}y_{mj}\right)}\quad(m=1,2,\cdots,l)$

3. 差值矩阵的构造

构建港口腹地经济发展对第 m 个港口效率指标的差值矩阵X_{Y_m}

$$X_{Y_m}=\begin{bmatrix} \Delta_{11}^{m} & \Delta_{21}^{m} & \cdots & \Delta_{k1}^{m} \\ \Delta_{12}^{m} & \Delta_{22}^{m} & \cdots & \Delta_{k2}^{m} \\ \vdots & \vdots & \cdots & \vdots \\ \Delta_{1t}^{m} & \Delta_{2t}^{m} & \cdots & \Delta_{kt}^{m} \end{bmatrix}$$

其中X_{Y_m}的元素的计算公式为：

$$\Delta_{ij}^{m}=|w_{ij}-z_{ij}|\quad(i=1,2,\cdots,k;j=1,2,\cdots,t;m=1,2,\cdots,l)$$

4. 影响力系数的确定

有上述结果可以得到港口腹地经济对第 m 个港口效率指标的影响力矩阵X'_{Y_m}

$$X'_{Y_m}=\begin{bmatrix} \eta_{11}^{m} & \eta_{21}^{m} & \cdots & \eta_{k1}^{m} \\ \eta_{12}^{m} & \eta_{22}^{m} & \cdots & \eta_{k2}^{m} \\ \vdots & \vdots & \cdots & \vdots \\ \eta_{1t}^{m} & \eta_{2t}^{m} & \cdots & \eta_{kt}^{m} \end{bmatrix}$$

其中，$\eta_{ij}^{m}=\dfrac{\min\limits_{i\leqslant 1\leqslant k}\min\limits_{1\leqslant j\leqslant t}\Delta_{ij}^{m}+0.5\max\limits_{i\leqslant 1\leqslant k}\max\limits_{1\leqslant j\leqslant t}\Delta_{ij}^{m}}{\Delta_{ij}^{m}+0.5\max\limits_{i\leqslant 1\leqslant k}\max\limits_{1\leqslant j\leqslant t}\Delta_{ij}^{m}}$

5. 影响力的计算

对X'_{Y_m}的各列求均值，则可以得到第 i 个港口腹地经济发展指标对第 m 个港口效率经济指标的影响力，其计算公式为：

$$\pi_i^m = \sum_{j=1}^{t} \frac{\eta_{ij}^m}{t} (i = 1,2,\cdots,k; m = 1,2,\cdots,l)$$

π_i^m 的经济含义是第 i 个港口腹地经济发展指标与第 m 个港口效率经济指标的相近程度。该值越大，说明第 i 个港口腹地经济发展指标对第 m 个港口效率经济指标的影响力越大。但是 π_i^m 并没有表示出港口腹地经济发展对港口效率的一种综合影响力，故下面引入综合影响力，港口腹地经济发展对港口效率的综合影响力计算公式为：

$$\pi_i = \sum_{m=1}^{l} \frac{\pi_i^m}{l} \quad (i = 1,2,\cdots,m)$$

π_i 越大，说明第 i 个港口腹地经济发展指标对港口效率的综合影响力越大，也就是说，第 i 个腹地经济发展指标对港口效率的提升的带动效应的影响程度越大。综合影响力体现了港口腹地经济对港口效率的经济指标数据影响程度，是较为全面地表示港口腹地经济发展指标对港口效率影响力是否紧密的一个数量指标。①

五、港口腹地经济发展对港口效率影响的实证分析——以广州港为例

（一）样本数据的选取

广州港的腹地为华南地区及中部的一些省份，为了便于分析，在此选取其直接以广东作为经济腹地来做分析。本章所用数据均来自广东统计年鉴、中国港口年鉴。所选取的反映港口效率的经济指标为广州港 2005 ~2009 年全港货物吞吐量和全港集装箱吞吐量。

表 7 -10　　反映广州港口效率的经济指标

项　目 \ 年　份	2005	2006	2007	2008	2009
港口货物吞吐量 Y1（万吨）	48 743	58 067	65 785	69 036	70 700
港口集装箱吞吐量 Y2（万 TEU）	2 143	2 577	3 123	3 342	3 050

选取的港口腹地经济发展指标包括国内生产总值、工业、农业等共 8 个指标，经济发展指标 2005 ~2009 年的原始数据（见表 7 -11）。

① 匡海波：《中国港口效率测试研究》，大连理工大学 2007 年版。

表 7－11　　广州港口腹地经济发展指标原始数据

项目 \ 年份	2005	2006	2007	2008	2009
国内生产总值 X1（亿元）	22 367	26 204	31 084	35 696	39 483
工业生产总值 X2（亿元）	41 662	51 132	62 760	73 290	75 887
农业生产总值 X3（亿元）	2 448	2 678	2 821	3 298	3 338
地方财政收入 X4（亿元）	1 807	2 179	2 786	3 310	3 650
对外贸易总额 X5（亿元）	4 280	5 272	6 340	6 835	6 111
社会消费品零售总额 X6（亿元）	7 883	9 118	10 598	12 772	14 892
邮电业务总量 X7（亿元）	2 122	2 541	3 071	3 565	3 938
货运量 X8（万吨）	158 470	148 543	165 426	176 279	179 722

（二）实证分析

对原始数据标准化处理后得到数据见表 7－12。

表 7－12　　标准化处理后的广州港口腹地经济发展指标及港口效率指标值

X1	X2	X3	X4	X5	X6	X7	X8	Y1	Y2
0.72	0.68	0.84	0.66	0.74	0.71	0.70	0.96	0.78	0.75
0.85	0.84	0.92	0.79	0.91	0.82	0.83	0.90	0.93	0.91
1.00	1.03	0.97	1.01	1.10	0.96	1.01	1.00	1.05	1.10
1.15	1.20	1.13	1.21	1.19	1.16	1.17	1.06	1.11	1.17
1.27	1.25	1.14	1.33	1.06	1.35	1.29	1.08	1.13	1.07

基于表 7－12 的标准化数据，通过上述的方法对港口效率指标之一货物吞吐量指标构造差值矩阵 $X_{Y_1(5\times 8)}$

$$X_{Y_1(5\times 8)} = \begin{bmatrix} 0.06 & 0.10 & 0.06 & 0.12 & 0.04 & 0.07 & 0.08 & 0.18 \\ 0.08 & 0.09 & 0.01 & 0.14 & 0.02 & 0.10 & 0.10 & 0.03 \\ 0.05 & 0.02 & 0.09 & 0.04 & 0.05 & 0.09 & 0.05 & 0.05 \\ 0.05 & 0.10 & 0.03 & 0.10 & 0.08 & 0.05 & 0.06 & 0.04 \\ 0.14 & 0.11 & 0.01 & 0.20 & 0.07 & 0.22 & 0.16 & 0.05 \end{bmatrix}$$

由上述差值矩阵 $X_{Y_1(5\times 8)}$ 可以得到港口腹地经济对第 1 个港口效率指标港口货物吞吐量 $Y1$ 的影响力矩阵 $X'_{Y_1(5\times 8)}$

$$X'_{Y_1(5\times8)}=\begin{bmatrix}0.71&0.58&0.71&0.52&0.81&0.68&0.62&0.42\\0.62&0.60&0.99&0.49&0.96&0.56&0.58&0.84\\0.75&0.90&0.61&0.81&0.77&0.59&0.77&0.73\\0.76&0.58&0.88&0.57&0.63&0.75&0.69&0.79\\0.47&0.54&0.98&0.39&0.66&0.37&0.44&0.76\end{bmatrix}$$

对X'_{Y_m}的各列求均值，则可以得到各个港口腹地经济发展指标对港口效率经济指标港口货物吞吐量的影响力。

表 7-13　各个港口腹地经济发展指标对港口效率指标—港口货物吞吐效率的影响力

	X1	X2	X3	X4	X5	X6	X7	X8
Y1	0.66	0.64	0.84	0.55	0.76	0.59	0.62	0.71

同样过程可以得出每个港口腹地经济发展指标对港口效率指标港口集装箱吞吐量的影响力

表 7-14　各个腹地经济发展指标对港口集装箱吞吐效率指标的影响力

	X1	X2	X3	X4	X5	X6	X7	X8
Y2	0.68	0.63	0.69	0.59	0.94	0.63	0.67	0.68

由表 7-13 和表 7-14 结合港口腹地经济发展对港口效率的综合影响力计算公式 $\pi_i=\sum_{m=1}^{l}\frac{\pi_i^m}{l}$ 可以得到腹地经济对广州港港口效率的综合影响力为表 7-15 所示。

表 7-15　各个腹地经济指标对广州港港口效率的综合影响力

	X1	X2	X3	X4	X5	X6	X7	X8
C	0.67	0.63	0.77	0.57	0.85	0.61	0.64	0.70

结果分析：从表 7-13、7-14、7-15 的单个影响力和综合影响力实证结果可以看出，对广州港全港港口效率的综合影响力由大到小的港口腹地经济发展指标依次是对外贸易总额、农业、货运量、国内生产总值、邮电业、工业、社会消费品零售总额、财政收入。对广州全港港口货物吞吐量的影响力由大到小的城市经济指标依次是农业、对外贸易总额、货运量、国内生产总值、工业、邮电业、社会消费品零售总额、财政收入。对广州港港口效率的集装箱吞吐量影响力由大到小的港口腹

地经济发展指标依次是对外贸易总额、农业、货运量、国内生产总值、邮电业务量、工业、社会消费品零售总额、财政收入。

由此可见，对外贸易总额经济指标无论是对广州港的货物吞吐量，还是对集装箱吞吐量都有最大的影响，特别是对集装箱吞吐量的影响尤为突出，影响力达到了0.94，社会消费品零售总额、财政收入对两个港口经济指标的影响虽然较小，但影响力也达到了0.55以上。由此可见，港口腹地经济的发展与港口的发展正在结合为一个整体，不仅加强了港口的交通枢纽功能，而且日益成为港口发展、港口效率提升的核心动力。

从对广州港的实证分析结果表明，港口腹地经济发展对港口效率的影响力比较高，对提升港口效率的带动作用非常大。因此，我们要充分利用目前国家宏观经济高速增长的这个大好时机，充分利用港口腹地经济发展的机会，大力推动港口发展，提高港口的经营效率，把我国的港口建成世界强港。

六、主要对策与建议

结合上述的实证结果以及中国港口的现状对港口腹地经济发展促进港口效率的提升提出以下对策与建议：

1. 将港口腹地经济发展和港口的发展作为一个有机整体，合理布局、有序发展。首先应按科学发展观对港口腹地经济发展对港口发展的作用有一个全面的认识。港口发展既要着眼于当前，更要注重其长远的发展，既要保持港口的传统功能和在国际、区域的竞争力，又要通过港口产业升级和多样化实现全面协调发展。这就需要对港口的长远发展进行科学的规划与合理的布局，将港口和腹地作为一个有机整体，充分利用港口腹地经济发展的契机，直接推动本区域的基础设施建设，带动港口相关产业的发展，进而提高港口的经营效率。目前我国港口腹地经济的发展对港口的带动效应和影响程度越来越明显，把港口腹地经济的发展与港口的发展作为一个有机整体，合理布局、有序发展，对提升我国港口效率，增强港口活力，是非常有必要的。

2. 发挥“区港联动”的政策优势，促进腹地经济与港口经济互动发展。港口与开发区和保税区一体化的组合，可以为港口成为区域的跨国工业贸易物流中心创造条件，使港口增加区域跨国工贸核心港的功能。这既可以加快港口发展、拓展港口发展空间，又对调整城市的产业结构和提升城市经济的国际竞争力均具有积极的意义，是促进港城经济互动发展的非常重要的政策优势。我国实行的港口与保税区、开发区一体化的政策已经在上海、大连、青岛、宁波、厦门、广州、深圳等港口取得了初步成效，并将为这些港口的未来发展做出更大贡献。

3. 沿海港口城市应具有不同功能分工，形成各具特色和优势的港口和港口城市。目前我国的港口城市建设尤其是主要区域内邻近港口城市的发展规划、战略定位都不同程度的出现雷同，客观上产生重复建设、重复布局、区域产业雷同的现象，成为恶性竞争和不必要冲突的基础。其结果是既降低了资源的配置效率，阻碍了经济发展还降低了我国港口城市的国际竞争力。港口城市如果能根据自身特点及优势，确定不同的功能，形成各具特色的港口及港口城市，通过差异化发展，将可实现共赢和资源的优化利用。

4. 强化铁路大通道建设为主的大能力集疏运系统建设，将港口建设成现代物流的核心载体。港口城市在完成了经济集聚发展之后，将在产业结构优化升级的同时，大力拓展发展空间。从某种意义上来说，城市可持续发展的竞争力主要取决于空间的规模和影响力。所以港口城市需要加强与内陆纵深腹地密切联系。随着我国西部大开发和中部崛起战略的实施，我国东中西部经济互动格局正在逐步形成中，加工工业逐步向内陆纵深迁移，内陆地区经济发展将对港口提出新的货运需求。然而，在土地、环境和能源已经成为东部地区发展主要的瓶颈制约下，通道建设应重点加强具备大运量、中长途运输技术经济优势的铁路和水运。这既适应经济发展趋势需要，又能满足交通可持续发展要求。特别是在没有水路集疏运通道以外的沿海其他地区，如环渤海、福建沿海及环北部湾港口，强化大能力铁路通道就显得十分重要。此外，随着跨国物流链的形成和发展，港口间的竞争已演变成物流链之间的竞争，将港口建设成为现代物流中心的载体就成为必然要求。

第五节　基于港口效率的港口竞争力测度

一、港口竞争力理论

（一）港口竞争力概念

竞争力是竞争主体（国家、地区和企业等），在市场竞争中争夺资源或市场的能力。这种能力是竞争主体在竞争过程中逐步形成并表现出来的，是竞争主体多方面因素和实力的综合表现。竞争力根据不同的标准可以划分为不同的层次，通常可分为国家竞争力、区域竞争力、产业竞争力、企业竞争力和产品竞争力。而国家或区域竞争力的核心是产业竞争力，离开了产业竞争力，国家或区域竞争力就成了空中楼阁。产业竞争力是指产业内产品竞争优势的集合，是介于国家竞争力和企业竞争力之间的中观竞争力。波特把产业竞争力定义为：一国在某一产业的国际竞争力，为一个国家能否创造一个良好的商业环境，使该国产业获得竞争力。竞争力是指竞争主体在竞争过程中，对竞争目标实现的能力。比如厂商获得客户的能力、占有和控制市场的能力。从经济学的角度而言，竞争力的本质是竞争主体在竞争中的比较能力，即比较生产力。竞争力显然是某些独立生产者在共同市场取得优势地位，而另一些人处于劣势地位的比较的表现。这种关系是一种相互较量的关系，较量的结果以竞争力不同而有胜负。竞争力的这一本质决定了动态性是竞争力最显著的特征。竞争主体的竞争力必然随着市场结构的变化和竞争主体之间的力量消长而变化。①

当港口作为竞争主体时，其竞争力的含义具有两层意义：一层是港口的经济性，即港口的企业性质，需要实现经济盈利的目的。另一层是港口的社会性，即港口是港口城市乃至周边地区的对外贸易窗户，货物、交通工具、信息、资金、人才等资源通过港口的交流得到增值和合理配置。所以，港口在社会各种资源配置方面起着积极的作用，也就成为港口城市规划的重中之重。从这个角度来看，港口竞争力是指对各种资源的吸引能力，是港口在市场竞争过程中，通过自身要素的整合、优化以及与外部环境的交互作用，在占有市场、创造价值和维持可持续发展方面相对于其他港口所具有的比较优势。因此，本章节所研究的港口竞争力不仅仅决定于港口本身的地理位置、基础设施、运营条件和服务水平，更受制于港口城市的集疏运系统发达程度、政策环境、潜在机遇乃至于整个腹地的经济实力。

（二）港口竞争力的特征

港口在社会经济中具有两重特性：一方面是港口的企业特性；另一方面，港口还具有社会公益性的特性。因此，港口竞争力不仅具有一般企业竞争力的特征，同时也具有自身的特征。企业竞争力具有四个基本特征。

1. 效率性。竞争是各行为主体之间的相互较量，企业竞争力源自企业所拥有的能够在相互较量中获取优势的能力与资源。企业竞争力的首要特征就是效率性或者有用性，即能够提升企业的行为效率和经营业绩。

2. 比较性。企业竞争力是一个相对的、比较的概念，说一个企业有竞争力总是指对谁而言有竞争力的。正是在市场竞争的比较中，同行业的企业表现出竞争的优势或劣势。

3. 动态性。企业的竞争力随着市场结构和竞争行为的变化而变化，企业竞争的优势或劣势不是绝对持久的，优势企业可能变为劣势企业甚至消亡，劣势企业可能变为优势企业。

4. 层次性。企业竞争力是一个具有层次性、综合性的系统。一方面，企业竞争力最终体现在竞争业绩中，包括产品的市场控制能力和企业的经营状况。另一方面，企业竞争力在内体现为企业所拥有的各类的竞争资源与能力。它们是企业竞争

① 陆成云：《港口竞争力评价模型的构建及应用》，上海海运学院 2003 年版。

业绩的内部支撑力，是企业竞争力的深层次土壤和真正的源泉。

而港口的竞争力需具有社会公益性的特性，即港口要在自身盈利的同时，还要为社会经济的发展做出贡献，如为社会提供港口产业及相关产业的就业机会，对经济腹地的物资交流产生强大的经济辐射作用，促进地区经济和临港产业带的发展，从而产生巨大的社会经济效益。所以，港口之间竞争除了具有企业竞争的共性，同时也有自身的特点。

港口竞争的“政府因素”。港口是国民经济的基础设施，优先发展项目，为各级政府所重视。因此，各级政府为争夺本地区的海运优势，从政策、资金等方面对港口倾斜。从这个意义上说，当前港口企业的竞争并非完全意义上的“市场竞争”，它的一部分表现为“政策竞争”。当地政府对港口发展的政策导向和配套设施建设的支持，也是体现港口竞争力的一个方面。

港口竞争的“区位因素”。港口企业竞争的基础是服务质量及设施和作业的有效性。但是港口企业所处的区位条件至关重要，其中包括港口的自然环境，如地域特点、气候等；还包括港口所依托的城市条件，如所在城市经济水平及其发展规模、环境条件；还有港口城市的服务功能，如金融服务等；集疏运条件，如公路、铁路、航空、水路运输条件等。所有这些因素都将直接影响到船方、货主对港口的选择。

港口竞争的焦点是货源。港口作为国民经济基础设施、先行工程，往往被列为超前发展项目，在可行性论证上充分强调港口建设的社会效益，淡化码头本身的经济效益。这种有别于普通商业投资决策的思维特点，是由港口的社会性所决定的，从而也决定了港口的竞争目标是货源。

（三）港口竞争的决定因素

港口竞争力受到港口地理位置、腹地综合运输发达程度、腹地和所在城市的经济实力、自然条件、政策环境、通关环境、基础设施、集疏运系统发达程度、运营条件、潜在的发展机遇与挑战、港口收费、管理水平和服务水平等要素的影响。

地理位置及自然条件。地理位置及自然条件包括港口的水文条件、气候条件以及区域地理位置。自然条件优劣的标准是随历史的推进而变化的。对形成港口竞争力来说，是否是天然良港，是否是位于国际主干航线上，这些固然重要，但不能孤立地看自然条件对形成港口竞争力的作用，必须同宏观上运输网络体系的状况、腹地的状况以及其他条件一起综合考虑。

集散传输条件。港口的集散传输条件是随科技的进步不断发展的。从目前来看，港口的集散传输条件包括腹地发达的海陆空内河集疏运条件、邮电通讯、卫星通讯、全球互交网络、区域性或行业性交互网络。

体制及政策条件。港口的集散调配功能的辐射面至少是一个区域性的直接腹地市场，所以在其市场体系、法律制度环境、政策状况方面就体现两个基本要求，那就是，自由化和稳定性。自由化是港口竞争力形成的重要条件，这是保证港口企业追求集散效率的关键因素。稳定性包括政治经济体制的稳定、法律规范的稳定、政策的稳定以及经济运行状况的稳定。从港口的发展来看，有一个趋势是鲜明的，那就是由依靠自然条件到依靠体制的推进。

经济条件。港口竞争的焦点是货源。货源的充足依赖于腹地经济的快速发展和对外贸易的剧增。而历史上港口"领头羊"的更替同世界经济重心转化的路径相吻合这一事实，也证明了经济条件对形成港口竞争力的重要作用。此外，港口的功能和主要特征也是由腹地经济和贸易的发展所决定的。

基础设施。随着全球综合物流时代的到来，为适应现代运输技术的发展，尤其是船舶大型化对港口设备要求的提高，港口基础设施方面的建设正得到前所未有的重视。

二、基于港口效率的港口竞争力评价指标体系的构建

遵循基于港口效率前提下以及港口竞争力理论，本节内容构建了如下指标体系。

港口吞吐能力。港口吞吐能力从产出角度直接反映了港口技术效率的提升对港口竞争力的影响，也是港口实力的一种表现形式，实际上是效率的一种的表现形式。而港口吞吐量的增长率则反映了港口集装箱吞吐量的变化趋势及发展的速度，代表着港口现状又反映港口未来发展的指标，主要包括港口集装箱吞吐量、港口货物吞吐量、港口客运吞吐量和港口外贸吞吐量四个二级指标。

港口作业能力。港口作业能力是反映港口基础设施条件及其技术效率的综合指标，是港口效率和港口竞争力中的一种"物"的基础。港口作业能力从投入的角度直接反映了港口技术效率对港口竞争力的影响。港口作业能力包括港口装卸器械、港口泊位数、泊位长度、港口库场面积4个指标。

港口环境。港口环境主要是指港口的自然环境以及港口的经济环境，各港口有着不同的地理位置、水域条件，有着不同港口腹地经济作为支撑。港口环境体现是港口综合效率中的被"外在环境"引致提升效率和竞争力的能力，港口环境特别是港口腹地经济发展水平和程度会影响港口效率，从而间接影响港口的竞争力。在这里，本研究对港口环境主要选取了包括港口吃水深度及港口城市 GDP 两个二级指标。

以上三个因素可以进一步细分为10项具体指标，如表7－16所示。

表7－16　　基于港口效率的港口综合竞争力评价指标体系

一级指标（准则层）	二级指标（指标层）
港口吞吐能力 A1	港口集装箱吞吐量 A11
	港口货物吞吐量 A12
	港口客运吞吐量 A13
	港口外贸吞吐量 A14
港口作业能力 A2	港口装卸机械台数 A21
	港口泊位个数 A22
	港口泊位长度 A23
	港口库场面积 A24
港口环境 A3	港口吃水深度 A31
	港口城市 GDP A32

由此，港口竞争力指标体系较科学的把港口吞吐量、港口作业能力和港口环境三个主要影响因素考虑。

三、基于港口效率的港口竞争力测度模型的建立

（一）熵权原理①

在信息论中，信息熵是系统无序程度的度量，其计算公式为：

$$H(M) = -k\sum_{i=1}^{n} P(M_i) \times \ln(M_i)$$

其中 k 为大于0的系数，且 $0 < P(M_i) < 1$，$\sum_{i=1}^{n} P(M_i) = 1$。

一般来说，综合评价中某项指标的指标值变异程度越大，信息墒越小，该指标提供的信息量越大，该指标的权重也应越大。反之，该指标的权重也应越小。因此，可以根据各项指标值的变异程度，利用熵计算出各指标的权重—熵权。

（二）TOPSIS 法简介

TOPSIS 法（technique for order preference by similarity to ideal solution）是一种

① 胡永宏：《对 TOPSIS 法用于综合评价的改进》，载于《数学的实践与认识》2002 年第 7 期，第 572～575 页。

多目标决策方法。① 由 Wang 和 Yoon 于 1981 年首次提出。TOPSIS 法相较于传统的用于评价问题的多元统计方法来说具有分析原理直观，计算简便，对样本量要求不大等特点。本节采用熵权 TOPSIS 法建立港口综合竞争力评价模型。

（三）港口竞争力评价模型的建立

设港口竞争力评价有 n 个目标（指标、因素等）（D_1，D_2，…，D_n），m 个被评价港口（M_1，M_2，…，M_m），港口$M_i(i=1, 2, \cdots, m)$ 在目标D_j 下取值为M_{ij}，则决策矩阵为：

$$(M_{ij})_{m\times n} = \begin{bmatrix} M_{11} & M_{21} & \cdots & M_{m1} \\ M_{12} & M_{22} & \cdots & M_{m2} \\ \cdots & \cdots & \cdots & \cdots \\ M_{1n} & M_{2n} & \cdots & M_{mn} \end{bmatrix}$$

原始指标数据矩阵$(M_{ij})_{m\times n}$的每项M_j 指标的指标值M_{ij}的差距越大，则该指标在综合评价中所起的作用就越大；如果某项指标的指标值都相等，则该指标在综合评价中不起作用，因此可将该指标剔除掉。然后，对剩余指标引入熵权。根据各指标的差异程度，利用信息熵可计算各指标的权重。具体步骤如下：

1. 各指标归一化

计算第 j 项指标下第 i 个港口竞争力指标值的相对比重P_{ij}，其公式为：

$$P_{ij} = \frac{M_{ij}}{\sum_{i=1}^{m} M_{ij}} \quad (1)$$

这样就得到了原始指标数据矩阵$(M_{ij})_{m\times n}$的规范化矩阵$(P_{ij})_{m\times n}$，即：

$$(P_{ij})_{m\times n} = \begin{bmatrix} P_{11} & P_{21} & \cdots & P_{m1} \\ P_{12} & P_{22} & \cdots & P_{m2} \\ \cdots & \cdots & \cdots & \cdots \\ P_{1n} & P_{2n} & \cdots & P_{mn} \end{bmatrix} \quad (2)$$

2. 计算第 j 项指标的熵值

利用式（1）即：

$$e_j = -k\sum_{i=1}^{n} P_{ij}\ln P_{ij} \quad (3)$$

① Ozernoy V M. Choosing the "best" multiple criteria decision-making method. INFOR, 1992 (30): 159 - 171.

其中 $k=\frac{1}{\ln n}>0$，$0\leqslant e_j\leqslant 1$。

3. 计算第 j 项指标的差异性系数 $g_j=1-e_j$

对于给定 j，M_{ij}的差异性 g_j 越小，则 e_j 越大。当M_{ij}全部相等时，$e_j=e_{\max}=1$，此时关于各港口竞争力的比较指标 M_j 就不会对评判产生影响，因此该指标就没有作用；当各港口竞争力的比较值相差越大时 e_j 越小，该项指标对于各港口竞争力的比较，作用就越大，由此可定义各指标的权重为 $X_i=\frac{g_i}{\sum_{i=1}^{n} g_i}$，则熵权矩阵为：

$$X=\begin{bmatrix} X_1 & 0 & \cdots & 0 \\ 0 & X_2 & \cdots & 0 \\ \cdots & \cdots & \cdots & \cdots \\ 0 & 0 & \cdots & X_n \end{bmatrix}$$

4. 构造加权规范化矩阵

因为各因素的重要性不同，所以应考虑各因素的熵权，将规范化数据加权，构成加权规范化矩阵：

$$V=X(P_{ij})_{m\times n}=\begin{bmatrix} X_1P_{11} & X_2P_{21} & \cdots & X_nP_{m1} \\ X_1P_{12} & X_2P_{22} & \cdots & X_nP_{m2} \\ \cdots & \cdots & \cdots & \cdots \\ X_1P_{1n} & X_2P_{2n} & \cdots & X_nP_{mn} \end{bmatrix}$$

5. 确定理想解和负理想解

下面确定理想解和负理想解，即有

$$V^{+}=\left\{(\max_{1\leqslant i\leqslant m} v_{ij}\mid j\in J_1),(\min_{1\leqslant i\leqslant m} v_{ij}\mid j\in J_2)\mid i=1,2,\cdots,m\right\}$$

$$V^{-}=\left\{(\min_{1\leqslant i\leqslant m} v_{ij}\mid j\in J_1),(\max_{1\leqslant i\leqslant m} v_{ij}\mid j\in J_2)\mid i=1,2,\cdots,m\right\}$$

其中 J_1 为效益型指标集，J_2 为成本型指标集，V^{+} 为效益型指标集的理想解和负理想解，V^{-} 为成本型指标集的理想解和负理想解。

6. 计算距离

评价对象与理想解和负理想解的距离分别为：

$$d_i^{+}=\left[\sum_{j=1}^{n}(v_{ij}-v_j^{+})^2\right]^{\frac{1}{2}}\quad(i=1,2,\cdots,m)$$

$$d_i^{-}=\left[\sum_{j=1}^{n}(v_{ij}-v_j^{-})^2\right]^{\frac{1}{2}}\quad(i=1,2,\cdots,m)$$

7. 确定相对接近度

评价对象与理想解的相对接近度为：

$$C_i = \frac{d_i^+}{d_i^+ + d_i^-} \quad (i = 1,2,\cdots,m)$$

8. 高层次指标评价重复步骤 1 – 7

当评价对象的指标划分成不同层次时，就需要利用多层次评价模型进行评价。多层次模型是在单层次评价模型基础上得到的，即由各评价对象的相对接近度当做上一层的指标，并把 C_i 组成上一层次的评价矩阵，再采用上述步骤 1 ~7 对相对接近度评价矩阵进行评价，可得到最终评价结果向量，从而最终确定评价港口的综合竞争力的排序。①

四、广东省沿海港口竞争力实证分析

（一）样本数据的采用

本节选取广州港、深圳港、珠海港、湛江港、汕头港等广东省最主要的 5 个港口 2009 年的数据来进行研究，主要数据来源为中国港口年鉴、中国交通部网站、中国港口协会网站及各港口网站信息。其原始指标数据见表 7 – 17。

表 7 – 17　　广东沿海主要港口竞争力测度指标体系数据

	广州	深圳	珠海	湛江	汕头
集装箱吞吐量（万 TUE）	1 119.98	1 825	56.39	23.16	82.06
货物吞吐量（万吨）	36 395.00	19 365.00	4 406.79	11 838.00	3 102.00
客运吞吐量（万人次）	78.08	288.29	457.03	822.19	0.07
外贸吞吐量（万吨）	8 357.29	14 344.25	1 804.62	4 586.57	867.88
港口装卸器械（台）	1 180	1 172	213	670	312
港口泊位（个）	132	156	118	146	82
港口泊位长度（米）	18 082	28 937	11 600	14 015	8 752
港口库场面积（万平方米）	215	177.8	5.6	87.8	26.7
港口吃水（米）	9.00	15.00	8.00	13.00	11.00
港口城市 GDP（亿元）	9 138.21	8 201.32	1 038.66	1 156.67	1 035.87

① 匡海波：《中国港口效率测试研究》，大连理工大学 2007 年版。

（二）港口竞争力的评价

因为各因素的重要性不同，所以应考虑各因素的熵权，将规范化数据加权，构成加权规范化矩阵。由所述方法可以计算出各指标的熵值、差异性指数和权重（见表7－18、7－19、7－20、7－21）。

表7－18　　港口吞吐能力指标熵值、差异性系数及权重

	集装箱吞吐量	货物吞吐量	客运吞吐量	外贸吞吐量
熵值	0.57	0.80	0.77	0.79
差异性系数	0.43	0.20	0.23	0.21
权重	0.40	0.19	0.21	0.20

表7－19　　港口作业能力指标熵值、差异性系数及权重

	港口装卸器械	港口泊位数	港口泊位长度	港口库场面积
熵值	0.89	0.98	0.95	0.77
差异性系数	0.11	0.02	0.05	0.23
权重	0.27	0.05	0.12	0.56

表7－20　　港口环境指标熵值、差异性系数及权重

	港口吃水	港口城市 GDP
熵值	0.98	0.74
差异性系数	0.02	0.26
权重	0.06	0.94

表7－21　　基于港口效率的港口竞争力评价结果

	港口吞吐能力排名	港口作业能力排名	港口环境排名	综合相对接近度	综合竞争力排名
广州港	2	1	1	0.87008	1
深圳港	1	2	2	0.78893	2
珠海港	4	5	5	0.72053	4
湛江港	3	3	3	0.74608	3
汕头港	5	4	4	0.71964	5

港口竞争力评价结果及建议。在港口吞吐能力指标上，货物吞吐量、客运吞吐量、外贸吞吐量的权重差别不大，而集装箱吞吐量的权重最大，是另外三项的2倍。在港口作业能力的指标集中，港口库场面积和港口装卸机械台数的权重较大，港口泊位数和泊位长度的比重较小。在港口环境指标集中，港口城市GDP的权重高达0.94，港口吃水的权重仅为0.06，凸显了港口城市的经济发展对港口环境进而对港口竞争力的巨大影响。

在港口吞吐能力上，深圳港是5个港口中最高的，广州港次之，汕头港最低。在港口作业能力上和港口环境的排名一致，其中广州港第一，珠海港最后。在综合港口竞争力排名上，广州港第一，深圳港第二，湛江港第三，珠海港第四，汕头港处于末位。

究其原因，主要是广州港、深圳港在三方面的能力上都高于其他三港，广州港、深圳港依靠经济发达的珠三角地区，吞吐量远远大于其他三港，因为经济实力港口基础设施建设比其他三港更加完善。广州港依靠较强的港口作业能力和较好的港口环境，在吞吐量低于深圳港情况下，其综合竞争力力压深圳港排名第一；深圳港可以在港口作业能力上做一些改善，提高其综合竞争力。湛江港无论在吞吐量上还是在港口作业能力和港口环境排名上都居中，所以最后其综合竞争力也处于第三位。其他两港中汕头港的港口作业能力和港口环境虽然略优于珠海港，但由于其吞吐能力比珠海港稍逊一筹，导致最后的综合竞争力排在珠海港后处于末位。珠海港主要可以通过加大投资提高其港口作业能进而提高综合竞争力，汕头港则应在各方面发展自身，从而改善其现有的港口现状，提高竞争力。

第六节　北部湾广东段客货吞吐量分析与预测

一、湛江港货客吞吐量分析

湛江港经过了60多年的建设，从港口货物吞吐量趋势图（见图7－3）以及1998～2009年港口货物吞吐量水平表（见表7－22）中可以看出湛江港货物吞吐量历史变化情况。1950年湛江开始恢复港口工作，21世纪以前基本上处于自然增长状态。21世纪以后，为了适应国家西部大开发战略的要求以及全球经济一体化、船舶运输大型化的趋势，湛江港港口规模不断扩大，吞吐量急剧增长。于2000年3月湛江港动工建设10万吨级航道工程，2000年年底完成了一期工程，航道水深由原来的－9.8米到达－12.6米，底宽140米。二期工程在一期工程的基础上拓宽浚深，于2002年4月22日完工，该航道水深加至－14.6米，底宽170米，是当时华南地区最深的航道，并获准开始试通航，因此吞吐量相应大幅度地增加。2002

年港口吞吐量首次突破2 000万吨，货物吞吐量增长率为25.9%。“十五”期间，湛江市港口建设完成投资约26.1亿元，新增泊位13个，相继建成30万吨级航道、30万吨级油码头、20万吨级铁矿石码头。于2004年湛江港务局实行政企分开后，湛江港首次突破3 000万吨大关，增长率为27.9%。“十一五”期间，湛江港投资80亿元建设港口，续建30万吨级航道，重点开发建设东海岛、宝满港区，继续强化湛江港作为主枢纽港的地位。2007年成立湛江港（集团）股份有限公司，公司注册资本36亿元，为湛江港的建设增加了更为雄厚的资金来源。从2004年以来，连续5年每年以超过1 000万吨吞吐量增量快速增长，2008年首次超过1亿吨，成为了湛江港货物吞吐量历史性跨越，实现了港口跨越式发展。

表7－22　　1998～2009年港口货物吞吐量水平表　　单位：万吨

年份	港口货物吞吐量总计	外贸总计	内贸总计	出口小计	进口小计	港口货物吞吐量增长率((当年－前年)/前年×100%)
1998	2 256	907	1 349	760	1 496	
1999	2 265	932	1 333	768	1 497	0.4
2000	2 689	1 228	1 461	946	1 743	18.7
2001	2 848	994	912	942	1 906	5.9
2002	3 586	1 788	1 798	1 153	2 433	25.9
2003	3 985	1 986	1 999	1 256	2 721	11.1
2004	5 096	2 493	2 603	1 414	3 682	27.9
2005	6 620	3 117	3 503	1 977	4 643	29.9
2006	8 173	3 770	4 403	2 534	5 639	23.5
2007	9 165	3 932	5 233	2 874	6 291	12.1
2008	10 404	4 095	6 309	3 554	6 852	13.5
2009	11 838	4 587	7 251	3 963	7 875	13.8

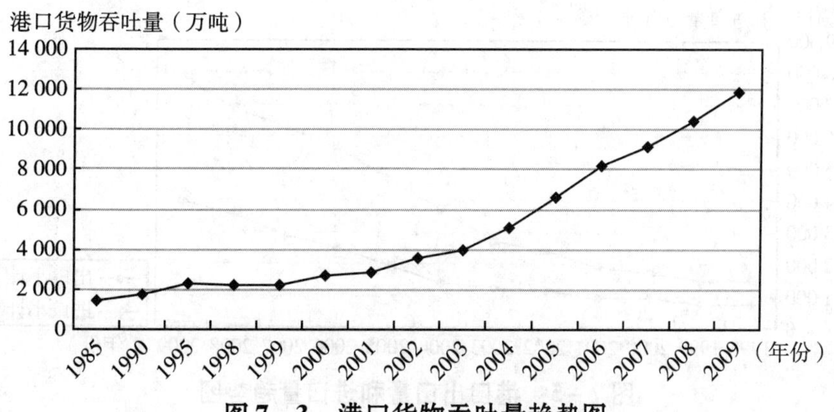

图7－3　港口货物吞吐量趋势图

从港口外贸量和内贸量趋势图（图7-3）以及1998~2009年港口货物吞吐量水平表（表7-22）中可以看出湛江港内贸与外贸吞吐量的发展情况。湛江港的外贸与内贸吞吐量在2001年以前处于平稳发展阶段，图7-3中显示1998~2001年间每年外贸与内贸吞吐量略有波动，但总体变化不大。自2002年以来，外贸与内贸吞吐量迅速增加，内贸吞吐量从1 000多万吨剧增至7 000多万吨，外贸吞吐量也从1 000万吨左右增至4 000多万吨，呈现出一种向上的发展趋势。此外，外贸吞吐量几乎始终低于内贸吞吐量，内向型特征明显，说明了湛江港的对外开放程度仍比较低，国外市场的利用率不高，并不完全符合全球经济一体化的趋势，显然是一个保守型的港口。

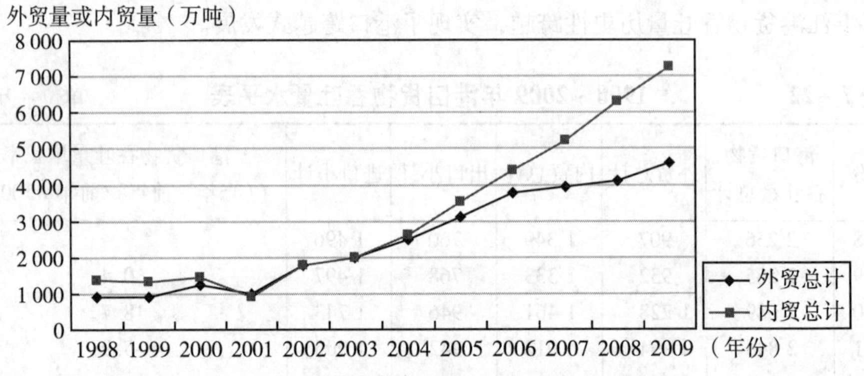

图7-4　港口外贸量和内贸量趋势图

从港口出口量和进口量趋势图（图7-4）以及1998~2009年港口货物吞吐量水平表（图7-5）中可以看出湛江港的出口量和进口量趋势。湛江港历年来吞吐量均是进口大于出口，且近十几年来出口量占吞吐量比重始终在30%左右，进口量占吞吐量比重始终在70%左右。湛江及其腹地经济有不断上升的趋势，自身生产能力却不足。虽然湛江港的出口量和进口量有不断上升的趋势，但是两者占吞吐量的比重仍没有多大变化。

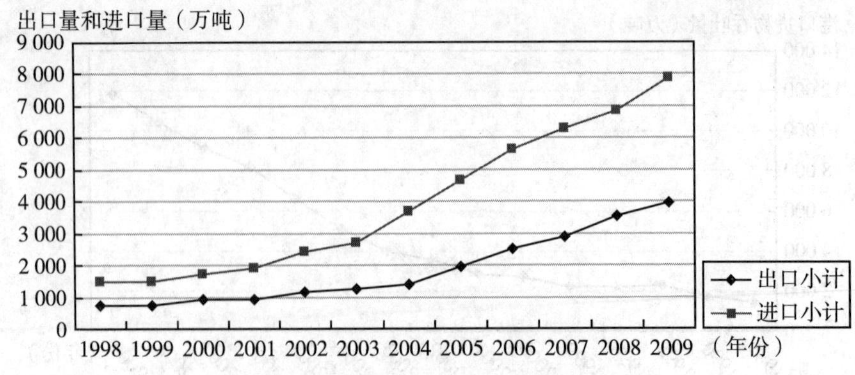

图7-5　港口出口量和进口量趋势图

1998～2009年港口货运量和客运量水平表（表7－23）显示出货运量和客运量水平。从近十几年的情况来看，货运量有略微的增加，但幅度非常小，平均增长率为5.2%；货运周转量的增幅就较大些，平均增长率为10%左右；客运量趋于平稳，按新口径计算后客运量将明显增加，但仍将趋于平稳态势；客运周转量有略微的增长，平均增长率为4%，按新口径计算后客运周转量也将增加。

表7－23　　1998～2009年港口货运量和客运量水平表

年份	货运量（万吨）	货物周转量（万吨）	客运量（万人）	旅客周转量（万人公里）	换算为货物周转量
1998	930	100 400	260	5 550	1 850
1999	840	94 000	235	5 000	1 666
2000	950	105 500	230	7 360	2 453
2001	1 046	89 715	158	5 764	1 921
2002	1 046	118 908	217	6 893	2 298
2003	1 017	141 635	224	7 154	2 384
2004	1 177	149 500	234	7 377	2 459
2005	1 071	163 275	223	7 180	2 393
2006	997	174 727	198	6 388	2 129
2007	1 082	209 400	196	6 342	2 114
2008	1 445	251 239	221	7 160	2 387
2009	1 469	362 654	656	9 218	3 073

湛江港的货运结构状况如下，湛江港是华南沿海主要的铁矿石接卸港之一，服务范围遍布云南、贵州、广西、四川、湖南等省区，服务对象包括柳州钢铁厂、重庆钢铁集团公司、攀枝花钢铁集团公司、昆明钢铁集团公司、水城钢铁集团公司、湘潭钢铁厂、涟源钢铁厂等大型钢铁企业。湛江港也是华南地区重要的石油化工品中转基地之一，目前我国三大石油公司相继在湛江增加新项目或扩大投资额度，例如，大连华农和辽宁富虹两个大型民营企业集团从中国北方来到大陆最南方投资办实业，两个项目的年产值均超过40亿元；俄罗斯塔氏集团在湛江投资建设了亚洲最大的液化氨项目。作为湛江港支柱类重点货源，石油化工品、铁矿石吞吐量已分别突破2 000万吨、3 000万吨。其中，铁矿石吞吐量达3 300多万吨，同比增长29.5%；石油及制品吞吐量约2 000万吨，同比增长5.8%。随着湛江港周边地区经济的快速发展，能源需求进一步加大，湛江港的石油、铁矿石吞吐量将进一步增长。

二、湛江港货客吞吐量预测

（一）GM（1，1）模型做湛江港客货吞吐量的短期预测

GM(1，1）模型灰色预测具有要求数据少、不考虑分布规律和变化趋势、运算方便、短期预测精度高等优点。所以以湛江港2004～2009年港口货物吞吐量、货运量客运量为原始数据，建立GM(1，1）模型，利用matlab程序预测2010～2013年湛江港货物吞吐量、货运量。

表7-24　湛江港短期货物吞吐量预测表　单位：亿吨

项目＼年份	2005	2006	2007	2008	2009	2010	2011	2012	2013
序号	1	2	3	4	5	6			
实际值	0.662	0.8173	0.9165	1.0404	1.1838	1.36			
预测值	0.662	0.8074	0.9181	1.0440	1.1873	1.3501	1.5353	1.7459	1.9854
残差	0	0.0099	-0.0021	-0.0036	-0.0035	0.0099			

由表7-24数据可知：从整体上看，灰色模型预测较为精确，特别是2007～2009年预测结果更为理想，这证实了灰色模型在X（N）后3位预测结果精确度高的特点。鉴于灰色模型预测后3个数精确的特点，估计2011年湛江港口货物吞吐量为1.5353亿吨（见图7-6）。

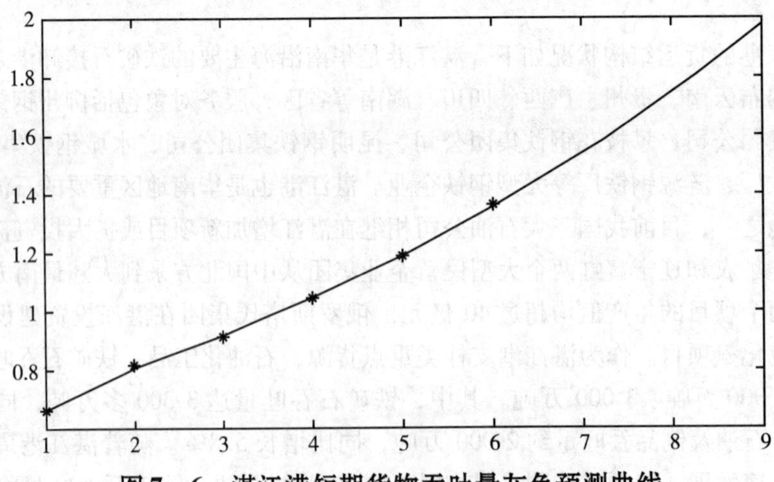

图7-6　湛江港短期货物吞吐量灰色预测曲线

（二）线性回归模型做湛江港客货吞吐量的中长期预测

从港口货物吞吐量趋势图可以看出湛江港的货物吞吐量近似呈线性趋势，为此使用线性回归模型拟合，通过 SPSS16.0 软件进行拟合预测。线性回归模型的拟合优度为0.934，比较理想，预测出 2020 年和 2030 年的港口货物吞吐量分别为 20 791.23 万吨和 29 910.92 万吨。于2020 年湛江港的货物吞吐量将再一次发生历史性的跨越，突破 2 亿吨大关，2030 年可能再一次地突破，货物吞吐量超过 3 亿吨（见表 7－25）。

表 7－25　　2020 年和 2030 年港口货物吞吐量预测值　　单位：万吨

年　份	港口货物吞吐量总计	出口小计	进口小计
2020	20 791.23	8 316.49	12 474.74
2030	29 910.92	9 356.05	11 435.18

随着腹地产业结构调整、西部大开发战略和广东省区域协调发展战略的实施和湛江港建设的不断完善，特别是宝钢湛江港钢铁项目和中科炼化项目的相继实施，湛江港的出口量和进口量比重将发生变化。根据我们的预测，出口量将不断逼近进口量，甚至超过进口量，同样外贸量也将逼近内贸量，2020 年的出口量为 8 316.49 万吨和进口量为 12 474.74 万吨，2030 年的出口量为 9 356.05 万吨和进口量为 11 435.18 万吨。

根据我们的预测，2020 年水路货运量 2 582.920237 万吨，货物周转量 1 078 515.189 万吨，客运量 675.68 万人次，旅客周转量 9 494.54 万人公里；预测 2030 年水路货运量 4 314.389576 万吨，货物周转量 2 904 890.153 万吨，客运量 695.9504 万人次，旅客周转量 9 779.3762 万人公里。客运量的增幅不大，主要是由于人口的控制以及各交通工具之间相互竞争。

表 7－26　　2020 年和 2030 年港口货运量和客运量预测值

年　份	货运量（万吨）	货物周转量（万吨）	客运量（万人）	旅客周转量（万人公里）
2020	2 582.92	1 078 515.19	675.68	9 494.54
2030	4 314.39	2 904 890.15	695.95	9 779.38

第七节　港口平衡协调发展战略

港口建设与实际需求的平衡发展，有助于实现港口功能的升级换代，实现港口的跨越发展；通过建成与国际、国内物流需求相适应的现代化港口设施，完善的集疏运通道能够实现港口的硬件方面的发展；通过培养出一批与现代化港口相适合的管理人才和专业技术人才，不断提高港口经营管理水平与信息化建设水平，能够促进港口软件方面的发展。这些都需要采取科学有效的策略实施来实现。

一、管理创新战略

1. 以港务企业为中心，推进制度创新。要尽快建立符合现代企业制度规范的母子公司体制，形成产权清晰、权责明确、政企分开、管理科学的现代企业新模式，把广东沿海主要港口发展成为以装卸为主、多元化经营的综合性港口企业集团。

2. 以效率为目标，探索港口民营化。通过港口民营化，以尽可能多盈利为目标，在保护国家利益和公共利益的基础上，利用私营企业的力量在竞争环境中经营管理港口，把提高生产效率、改善服务质量、降低生产成本和增加利润作为重要目标。

二、技术创新战略

1. 要以物流为中心，强化技术创新。物流发展要以服务于国内外企业和提高经济效益为宗旨，充分发挥港口和大陆桥的优势。

2. 以港口为龙头，国际和国内货物运输为载体，现代电子商务为支撑，国际物流与国内物流并举。

3. 大力发展物流经营主体，加快港口和以港口为中心的集疏运网络、仓储、信息网络等物流基础设施建设，努力把港口建设成为布局合理、功能完善、设施先进、管理科学、运作高效的区域性现代物流中心。

三、港城互动战略

1. 以港兴城、以城促港，实现港城互动，是许多港口发展的经验所在。大力推进港区一体化发展，把港口与在地域上相邻的地区作为一个整体统一规划、统一发展。那么，港区一体化发展可以为港口功能拓展提供发展空间，实施港区一体化发展战略是湛江港功能结构调整的必然选择。

2. 坚持多元化策略。现代港口发展趋势是港口功能的多元化，与港口运输息息相关的港口产业，如临港工业区、物流中心、仓储保税区、出口加工区等通常都要落户到最临近港口的地块上，这些都可能远远超出传统意义上的港口范围。

四、市场拓展战略

1. 适应物流服务市场发展的需要，彻底转变生产方式和经营观念，从单一的装卸运输及仓储等分段服务，向原材料、产成品到消费全程的物流服务转变。港口可以利用自身仓库、货场改造成适合物流服务用途的配送中心，提供给物流经营人经营。

2. 加强港口货代、船代等方面的服务功能，建立能提供一条龙服务的完善服务网络，扩大港口的货源腹地和业务范围，以最便方式、最佳运距、最短时间完成运送程序，使物流的效率与效益达到最大程度。

五、产业优化战略

1. 要在完善港口主业的同时，依托主业，充分发挥现有的和潜在的优势，着力开发能够发挥港口特色的项目。

2. 调整产业结构、提高竞争实力、扩大生存空间。大力发展港口航运业和修造船业，积极探索发展加工业。

3. 积极探索在港区发展农副产品、海产品的加工业，发展冷冻业，研究硅铁、矿工砂等货物的待装和改装技术，以达到提高经济收益、减少空箱，从而减少运输成本的目的。

4. 大力开发港口旅游资源，加快发展旅游经济。要充分利用港口旅游资源丰富的优势，加大市旅游设施建设力度，为游客提供食、住、行、游、购、娱均满意的服务。

六、结构调整战略

应该顺应世界贸易、世界港口的发展趋势，借鉴世界级大港、强港的发展经验，并考虑自身的发展趋势，认真推行港口货种结构的战略性调整，为港口向大型化商港转变奠定基础。在积极发展原有优势货种的同时，重点发展集装箱。

七、形象塑造战略

1. 要加强对外公关宣传以吸引货源。可借助于电视、报纸、杂志、互联网、信函、宣传册、港区标语等各种途径向货主、货代、船代等做广泛的宣传，以传播自己的港口优势和有关政策，以达到吸引货源的目的。

2. 加强与各级政府部门的沟通，建立起和谐、宽松的政企关系，为港口发展营造良好的市场环境、政策环境及舆论环境。

参考文献

［1］于谨凯:《我国海洋产业可持续发展研究》，经济科学出版社2006年版。

［2］高忻:《海洋产业如何流过融资瓶颈》，载于《中国投资》2004年第6期。

［3］王永生:《我国海洋产业评价指标及其测算分析》，载于《海洋开发与管理》2004年第4期。

［4］法丽娜:《我国海洋产业生存与发展安全评价及政策选择》，载于《世界经济情况》2008年第4期。

［5］王秋实:《我国海洋资源安全法律制度探析》，东北林业大学2010年版。

［6］谭柏平:《我国海洋资源保护法律制度研究》，中国人民大学2007年版。

［7］杨涛、毛磊军:《海洋权益与海洋发展战略》，海洋出版社2008年版。

［8］季国兴:《中国海洋安全和海域管辖》，上海人民出版社2008年版。

［9］刘雪飞:《海洋石油运输通道国际安全制度之构建》，中国海洋大学2006年版。

［10］帅梦宇:《中国的海洋安全环境和海洋战略探析》，载于《长沙铁道学院学报（社会科学版）》2010年第11期。

［11］刘兰、徐质斌:《关于中国海洋安全的理论探讨》，载于《太平洋学报》2011年第19期。

［12］朱坚真:《南海周边国家及地区产业协作系统问题研究》，海洋出版社2003年版。

［13］朱坚真:《海洋资源开发的经济学分析》，载于《中国渔业经济》2010年第3期。

［14］陈小南:《湛江港铁矿石运输存在的问题及对策探讨》，载于《水运工程》2009年第7期。

［15］毛丽娜:《湛江港集团物流园区规划研究》，武汉理工大学2006年版。

［16］邓敏:《湛江港：深化改革　阔步前进》，载于《水运管理》2006年第3期，第34~35页。

［17］邓敏:《湛江港发展走新路》，载于《中国港口》2008年第1期，第12~18页。

[18] 朱坚真:《南海国际大通道与海陆产业统筹发展》,载于《中央民族大学学报》2010年第6期。

[19] 朱坚真:《海洋经济学》,高等教育出版社2010年版。

[20] 朱坚真:《海洋产业经济学导论》,经济科学出版社2009年版。

[21] 白福臣、方芳:《湛江港城互动发展现状与对策探讨》,载于《中国集体经济》2008年第5期,第34~35页。

[22] 张翼:《科学管理铸就现代化湛江港》,载于《中国水运》2008年第1期,第12~13页。

[23] 周迎春:《防城港集装箱运输竞争力评估与吞吐量预测》,上海海事大学2007年版。

[24] 李玉连:《南京港吞吐量预测及发展对策研究》,大连海事大学2000年版。

[25] 朱坚真:《海洋国防经济学》,经济科学出版社2010年版。

[26] 朱坚真:《海洋资源经济学》,经济科学出版社2010年版。

[27] 朱坚真:《海洋环境经济学》,经济科学出版社2010年版。

[28] 方俊:《湛江港集装箱码头物流发展研究》,上海海事大学2004年版。

[29] 陈臻:《湛江港进口铁矿石物流系统的优化研究》,大连海事大学2006年版。

[30] 李珠江、朱坚真:《21世纪中国海洋经济发展战略》,经济科学出版社2007年版。

[31] 章雁:《我国国际航运企业发展环境的SWOT分析》,载于《港口与航运》2005年第9期。

[32] 杨华龙、任超、王清斌等:《基于数据包络分析的集装箱港口绩效评价》,载于《大连海事大学学报》2005年第31期。

[33] 王丹、杨赞:《港口吞吐量影响因素分析》,载于《水运工程》2007年第1期,第45~48页。

[34] 庞瑞芝:《我国主要沿海港口的动态效率评价》,载于《经济研究》2006年第6期,第92~100页。

[35] 匡海波:《中国港口效率测试研究》,大连理工大学2007年版。

[36] 闫高升:《沿海港口群内港口竞争博弈研究》,武汉理工大学2007年版。

[37] 李学工、辛玉颉、任伟等:《现代港口物流发展的投入产出评价体系》,载于《港口科技》2006年。

[38] 黎延海、马引弟:《基于模糊层次分析的灰色关联分析法及程序实现》,载于《科技情报开发与经济》2009年。

[39] 陆成云:《港口竞争力评价模型的构建及应用》,上海海运学院2003

年版。

[40] 邓萍:《港口物流与腹地区域经济相关性测度研究》,载于《武汉理工大学》2010年。

[41] 刘枚莲、朱美华、黄键:《港口吞吐量预测影响因素筛选方法研究》,载于《水运工程》2011年第3期。

[42] 汤洪:《基于港口集装箱运输腹地划分的吞吐量预测研究》,载于《长沙理工大学硕士学位毕业论文 收藏本》2005年

[43] 陈秀瑛、古浩灰:《色线性回归模型在港口吞吐量预测中的应用》,载于《水运工程》2010年第5期,第89~92页。

[44] 王丹、杨赞:《港口吞吐量影响因素分析》,2007年。

[45] 黄健元、严以新:《港口集装箱运输竞争力综合评价指标体系的设计方案》,载于《水运管理》2004年第26期。

[46] 李世泰:《港口核心竞争力影响因素及分析评价研究》,载于《特区经济》2006年第7期,第327~328页。

[47] 吕永波、杨蔚然等:《我国主要集装箱运输港口的竞争力评价研究》,载于《北方交通大学学报》2002年第5期,第102~105页。

[48] 郝俊利、雷蜜:《运用AHP评价港口竞争力》,载于《中国港口》2005年第1期,第42~43页。

[49] 杨静蕾、刘秉镰、刘军:《港口物流国际竞争力评价研究》,载于《物流技术》2005年第5期,第23~25页。

[50] 纪永波、苏萍、韩京伟:《模糊优选模型在集装箱港口综合竞争力评价中的应用》,载于《水运科学研究》2005年第12期。

[51] 吕俊萍:《危机管理与战略管理》,载于《决策借鉴》2001年第14期。

[52] 干勤:《危机管理及其相关概念探析》,载于《商业研究》2001年第4期。

[53] 顾爱华:《公共管理》,东北大学出版社2002年版。

[54] 和金生:《企业战略管理》,天津大学出版社2003年版。

[55] 陈振明:《政策科学——公共政策分析导论》,中国人民大学出版社2003年版。

[56] 樊勇明、杜莉:《公共经济学》,复旦大学出版社2002年版。

[57] 马丁·冯彼得、杨(著)、陈通、梁皎洁(译):《公共部门风险管理》,天津大学出版社2003年版。

[58] 张成福:《公共危机管理、全面整合的模式与战略、公共危机启示录》,中国人民大学出版社2003年版。

[59] 迟福林:《危机后应加快向公共服务型政府转变》,载于:http://Fi-

inance. sina. com. cn，2003年6月10日。

[60] 万军：《面向21世纪的政府应急管理》，党建读物出版社2001年版。

[61] 任德生：《危机处理手册》，新世界出版社2003年版。

[62] 薛澜：《危机管理》，清华大学出版社2003年版。

[63] 谈锋：《安全预警》，经济日报出版社2004年版。

[64] 王明旭、刘家英主编：《突发公共卫生事件应急管理》，军事医学科学出版社2004年版。

[65] 谭晓东：《突发性公共卫生事件预防与控制》，湖北科学出版社2003年版。

[66] 秦启文：《突发事件的管理与应对》，新华出版社2004年版。

[67] 国家科委全国重大自然灾害综合研究组：《中国重大自然灾害及减灾对策》，科学出版社1994年版。

[68] 中国灾害防御协会：《中国减灾与新世纪发展战略》，气象出版社1995年版。

[69]《公共危急应急处理法律手册》，中国法律出版社2003年版。

[70] 彭和平：《公共行政管理》，中国人民大学出版社2002年版。

[71] 李经中：《政府危机管理》，中国城市出版社2003年版。

[72] 罗伯特、希斯（Robert Heath）：《危机管理》，中信出版社2004年版。

[73] 北京太平洋国际战略研究所：《应对危机——美国国家安全决策机制》，时事出版社2001年版。

[74] 中国现代国际关系研究所危机管理与对策研究中心：《国际危机管理概论》，时事出版社2003年版。

[75] 许厚德：《加大地方政府在应急事务管理中的原则与实际工作》，地震出版社2001年版。

[76] 吴宗之：《重大事故应急救援系统及预案导论》，冶金工业出版社2003年版。

[77] 张强：《台风灾害及其影响》，载于《中国减灾》2006年第5期。

[78] 何建邦、田国良、王劲峰：《重大自然灾害遥感监测与评估研究进展》，中国科学技术出版社1993年版。

[79] 孙又欣：《关于湖北省抗旱立法的思考》，载于《湖北水利》2005年。

[80] 鹿守本：《海洋资源与可持续发展》，中国科技出版社1999年版。

[81] 周光召：《科技进步与科学》，科学出版社1998年版。

[82] 明光：《越南的海洋经济资源》，学术期刊电子出版社1994~2008年。

[83] 陈继章：《越南经济的支柱产业——石油天然气业》，载于《东南亚纵横》2004年第9期。

[84] 翁羽:《大规模建设中的越南港口》，载于《集装箱化》2007 年第 7 期。

[85] Department of Energy-Statistics，http：//www. doe. gov. ph/，2011 年 6 月 25 日。

[86] Department of Agriculture-Bureau of Fisheries and Aquatic Resources-Statistics. 1988 – 2008.

[87] 陈思行:《印度尼西亚渔业概况》，载于《海洋渔业》2002 年第 4 期。

[88] 陈焕龙:《印尼石油政策及项目研究》，载于《中国石油企业》2007 年第 7 期。

[89] 龙菲:《马来西亚：尽显亚洲魅力》，载于《理论与当代》2007 年第 5 期，第 55 ~ 56 页。

[90] 刘才涌:《马来西亚港口业快速发展的现状及前景》，载于《经济纵横》2002 年第 11 期，第 43 ~ 45 页。

[91] 尚合峰:《东马来西亚深海渔业现状与发展前景》，载于《水产科技》2005 年第 1 期，第 36 ~ 39 页。

[92] 羽洁:《马来西亚海军发展扫描》，载于《环球军事》2003 年第 5 期。

[93] 周子涵:《文莱：金碧辉煌的袖珍之国》，载于《进出口经理人》2009 年第 11 期，第 62 ~ 63 页。

[94] 钱伯章:《文莱石油和天然气的出口潜力》，载于《石油知识》2004 年。

[95] 娄承:《文莱油气工业向着可持续发展方向迈进》，载于《世界石油工业》1999 年。

[96] 罗毅志、王俊:《文莱大力发展鱼虾业》，载于《海洋与渔业》2008 年。

[97] M ShahidulIslam、姚小文:《东盟十国经济发展趋势—文莱经济展望》，载于《东南亚纵横》2005 年版。

[98] 李国强:《南中国海研究：历史与现状》，黑龙江教育出版社 2003 年版。

[99] 李金明:《南沙海域的石油开发及争端的处理前景》，载于《厦门大学学报》2002 年第 4 期。

[100] 宋燕辉、鞠海龙:《南海问题分析与预测（2010 ~ 2011）》，载于《东南亚研究》2011 年第 3 期。

[101] 魏洁:《越南开建潜艇基地觊觎南海，进攻性海上力量剑指中国》，载于《凤凰周刊》2010 年第 32 期。

[102] 黄耀东:《菲律宾：2010 ~ 2011 年回顾与展望》，载于《东南亚纵横》2011 年第 3 期。

[103] 朱盈库:《菲律宾参议长主张疏远美国向中国靠拢》，载于《环球时报》2010 年 11 月 4 日。

[104] 吴金平:《菲律宾 2010 年经济、政治与外交形势回顾》，载于《东南亚

研究》2011 年第 2 期。

[105] 杨晓强、韦忠福林:《印度尼西亚:2010 ~ 2011 年回顾与展望》,载于《东南亚纵横》2011 年第 3 期。

[106] 周东施:《派遣渔政船是为了维护海洋权益》,载于《新闻晨报》2010 年 9 月 10 日。

[107] 韦朝晖:《马来西亚:2010 ~ 2011 年回顾与展望》,载于《东南亚纵横》2011 年第 3 期。

[108] 马静、马金案:《文莱:2009 年回顾与 2010 年展望》,载于《东南亚纵横》2010 年第 3 期。

[109] 鞠海龙:《文莱海上安全政策初探》,载于《东南亚研究》2010 年第 6 期。

[110] 张帆:《环境与自然资源经济学》,上海人民出版社 1998 年版。

[111] 张莉:《南海海洋生物多样性保护和可持续发展》,载于《南海研究与开发》2001 年第 2 期,第 15 ~ 18 页。

[112] 梁松:《南海资源与环境研究文集》,中山大学出版社 1999 年版。

[113] 麦贤杰:《中国南海海洋渔业》,广东经济出版社 2007 年版。

[114] 郭渊:《地缘政治与南海争端》,中国社会科学出版社 2011 年版。

[115] 朱坚真、乔俊果、师银燕等:《南海开发与中国东中西产业转移的大致构想》,载于《海洋开发与管理》2008 年第 1 期。

[116] 狄乾斌:《海洋经济可持续发展的理论、方法与实证研究》,辽宁师范大学 2007 年版。

[117] 刘中民:《世界海洋政治与中国海洋发展战略》,时事出版社 2009 年版。

[118] 卢宁:《山东省海陆一体化发展战略研究》,中国海洋大学 2009 年。

[119] 张培刚、张建华:《发展经济学》,北京大学出版社 2009 年版。

[120] 邹桂斌、师银燕、朱罡:《略论北部湾经济区海洋生物资源开发与保护》,载于《创新》2008 年第 3 期。

[121] 隋春花:《全面认识 21 世纪的海洋资源》,载于《韶关学院学报(自然科学版)》2001 年第 9 期。

[122] 王永生:《海洋矿产开发:现状、问题与可持续发展》,载于《国土资源》2007 年第 10 期。

[123] 高艳:《海洋综合管理的经济学基础研究——兼论海洋综合管理体制创新》,中国海洋大学 2004 年。

[124] 朱坚真、师银燕:《环北部湾经济增长和主导产业选择》,载于《经济研究参考》2007 年第 40 期。

[125] 广东人民政府网:《广东与国家海洋局签订框架协议 促进海洋经济强省建设》,载于 http://www.gd.gov.cn/gdgk/gdyw/201012/t20101209_133953.htm,

2010 年 12 月 9 日。

[126] 韩增林、王茂军、张学霞：《中国海洋产业发展的地区差距变动及空间集聚分析》，载于《地理研究》2003 年第 22 期。

[127] 赵改栋、赵花兰：《产业—空间结构：区域经济增长的结构因素》，载于《财经科学》2002 年第 2 期。

[128] 广东人民政府网：《印发〈珠江三角洲产业布局一体化规划（2009 ~ 2020 年）〉的通知》，载于http：//zwgk. gd. gov. cn/006939748/201008/t20100810_12102. html. 2010 年 7 月 30 日。

[129] 李宜良、王震：《海洋产业结构优化升级政策研究》，载于《海洋开发与研究》2009 年第 26 期。

[130] 周秋敏：《珠江三角洲城市群年鉴 2010》，广东人民出版社 2010 年版。

[131] 吕慎杰：《广东海洋经济绿色发展战略研究》，载于《现代乡镇》2008 年第 12 期。

[132] 李国平：《认真贯彻〈海域使用管理法〉全面提高依法治海水平》，载于《海洋开发与管理》2001 年第 6 期。

[133] 刘思华：《创建五次产业分类法，推动 21 世纪中国产业结构的战略性调整》，载于《生态经济》2000 年第 6 期。

[134] 曹曼、叶文虎：《循环经济产业体系论纲》，载于《中国人口·资源与环境》2006 年第 3 期。

[135] 罗必良：《广东产业结构升级：进展、问题与选择》，载于《广东社会科学》2007 年第 6 期。

[136] 白福臣：《中国海洋产业灰色关联及发展前景分析》，载于《技术经济与管理研究》2009 年第 1 期。

[137] 储永萍、蒙少东：《发达国家海洋经济发展战略及对中国的启示》，载于《湖南农业科学》2009 年第 8 期。

[138] 杨玉华：《“配第—克拉克”定理在我国工业的演进路径》，载于《河南科技大学学报（社会科学版）》2007 年第 5 期。

[139] 陈可文：《树立大海洋观念　发展大海洋产业——广东省海洋产业发展与广东海洋经济发展的相关分析》，载于《南方经济》2001 年第 12 期。

[140] 栾维新：《海陆一体化建设研究》，海洋出版社 2004 年版。

[141] 郑贵斌：《海洋新兴产业发展研究》，海洋出版社 2002 年版。

[142] 钟晓毅、雷铎、吴爱萍：《敢为天下先：海洋文化广东创新三十年》，暨南大学出版社 2008 年版。

[143] 郑伟仪：《大力推进海洋经济发展试点—实现海洋事业科学发展新跨越》，载于《海洋经济》2011 年第 1 期。